HSC-Fräsen von stäubenden Werkstoffen

Rezo Aliyev • Bertram Hentschel

HSC-Fräsen von stäubenden Werkstoffen

Strategien zur Auslegung von Prozess und Komponenten

Springer Vieweg

Rezo Aliyev
Institut für Maschinenelemente, Konstruktion und Fertigung | IMKF
TU Bergakademie Freiberg
Freiberg, Deutschland

Bertram Hentschel
TU Bergakademie Freiberg
Freiberg, Deutschland

ISBN 978-3-662-63692-3 ISBN 978-3-662-63693-0 (eBook)
https://doi.org/10.1007/978-3-662-63693-0

Die Deutsche Nationalbibliothek verzeichnet diese Publikation in der Deutschen Nationalbibliografie; detaillierte bibliografische Daten sind im Internet über http://dnb.d-nb.de abrufbar.

Springer Vieweg

Planung/Lektorat: Alexander Grün
Springer Vieweg ist ein Imprint der eingetragenen Gesellschaft Springer-Verlag GmbH, DE und ist ein Teil von Springer Nature.
Die Anschrift der Gesellschaft ist: Heidelberger Platz 3, 14197 Berlin, Germany

Vorwort

Die Anwendung, Weiterentwicklung und Optimierung des HSC-Fräsens steht seit Jahren im Vordergrund der Fertigung von Bauteilen mit komplexen Geometrien. Die optimale Auslegung dieser Fertigung setzt die ganzheitliche Betrachtung der Prozesskette sowie die Wechselwirkungen zwischen dem Werkstück mit dem Prozess und dessen Mitteln – Maschine, Werkzeug, Vorrichtungen – voraus. Aus dieser Sicht ist es das Anliegen dieses Buches die Gestaltung und Optimierung der Prozesskette und deren Komponenten im Zusammenhang zu behandeln.

Schwerpunkte sind dabei die Prozessmodellierung und analytische Methoden für die Optimierung des HSC-Fräsens von Werkstücken aus stäubenden Werkstoffen. Das Thema von stäubenden Werkstoffen ist nicht zufällig gewählt, da die Autoren auf diesem Gebiet mehrjährigen Erfahrungen sammeln konnten. Diese Erfahrungen umfassen neben der Prozessoptimierung auch die Werkzeugentwicklung.

Mit der dargestellten Vorgehensweise wollen die Autoren dem Anwender in der Praxis eine Hilfestellung bei der optimalen Auslegung von Prozessketten geben. Dafür werden analytischen Lösungen, die für einen breiten Einsatzbereich gültig sind, angeboten. Es ist die Absicht der Autoren, die auf verschiedenen Ebenen rund um das HSC-Fräsen tätigen Fachleute sowohl in der Praxis, als auch in Forschung und Entwicklung, anzusprechen.

Die Struktur des Buches und der Illustrationen wurden versucht so aufzubauen, dass die im Buch dargestellten Erkenntnisse für Ingenieure mit Erfahrungen auf dem Gebiet des Fräsens leicht verständlich aufzufassen sind. Die angewendete Methodik zur rationalen/optimalen Prozessgestaltung nimmt Bezug auf die zerspanungstechnologischen Grundlagen der Bearbeitung von stäubenden Werkstoffen. Dem Stand der technischen Entwicklung und der Forschung wird im Buch eine besondere Beachtung geschenkt.

Darauf aufbauend werden die Komponenten des HSC-Fräsens detailliert erörtert und die technologischen Schwerpunkte einzelner Prozessschritte strukturell dargelegt. Mit der Anwendung der Rückwärtsoptimierung gelingt es die Prozessstufen Schruppen, Schlichten und Restmaterialbearbeitung so auszulegen, dass eine zeitminimale Fertigung des Werkstücks möglich ist.

Mit der Anwendung der TRIZ-Methode schließt das Buch ab. Es wird die Anwendung dieser Erfindungsmethode bei der Entwicklung eines Werkzeuges an einem Beispiel dargestellt und damit das Potential der genannten Methode hervorgehoben.

Die Autoren bedanken sich bei Frau Bromby und Herrn Dr. Grün vom Springer Vieweg Verlag für die unterstützende Zusammenarbeit bei der Realisierung dieses Buches.

Freiberg, Deutschland
August 2021

Rezo Aliyev
Bertram Hentschel

Inhaltsverzeichnis

1 Einleitung

Unter stäubenden Werkstoffen versteht man die Materialien, bei denen bei spanender Bearbeitung überwiegend kleine Werkstoffbruchstücke (staubartig) als Volumen eines Spanes freigesetzt werden. Zu diesen Werkstoffen gehören die nicht duktilen Werkstoffe mit kristallinen Mischstrukturen, wie z. B. Keramiken, Grafit, gebundener Formstoffsand und Gips. Diese Werkstoffe finden in verschieden Industriebereichen breite Anwendung. Besonders Formwerkzeuge aus stäubenden Materialien für Urformzwecke nehmen in der Anwendung zu. So ist die direkte Herstellung von Urformen ohne Modelle aus diesen Materialien bei geringen Stückzahlen wirtschaftlich. Das direkte Fräsen von Sand- und Keramikformen lassen bei der Herstellung von Gussteilen die Fertigungs- und Durchlaufzeit stark kürzen und Modelkosten sparen. Das Erodieren tief liegender Geometrien in den Metallformen durch gefräste Graphitelektroden bietet ein weiteres Potenzial zur Aufwandsminimierung.

Die Komplexität der Geometrien der Formen und Bauteile und der Spanungsmechanismus dieser Materialien stellen spezielle Anforderungen an die Bearbeitung. Um einen leistungsfähigen und sicheren Spanungsprozess zu gestalten, sollen die speziellen Eigenschaften der stäubenden Materialien und die daraus resultierenden Anforderungen an die Spanungstechnik berücksichtigt werden. Die mangelnden Kenntnisse über den Spanungsvorgang und die Prozessführung beim Fräsen von stäubenden Materialien macht es erforderlich, Phänomene des Prozesses zu untersuchen. Diese Problematik wird aus der Sicht der Praxis anhand des Fräsens von Grafit, Keramiken, Formstoffsand und Gips näher dargestellt.

Neuerdings kann man auch bei der Entwicklung der additiven Fertigungsverfahren für Bauteile einen Einsatz einer spanenden Bearbeitung stäubender Werkstoffe beobachten. Üblicherweise scheint es aufgrund der Genauigkeitsanforderungen an die Bauteile notwendig zu sein diese nachzubearbeiten. Eine häufig genutzte ist dabei die spanende Nach-

R. Aliyev, B. Hentschel, *HSC-Fräsen von stäubenden Werkstoffen*,
https://doi.org/10.1007/978-3-662-63693-0_1

bearbeitung in einem eigenen Arbeitsschritt/-gang oder um das Formbildungspotential der additiven Verfahren zu nutzen auf sog. Hybridmaschinen.

Eine Monografie die sich diesem speziellen fertigungstechnischen Gebiet zuwendet und das vorhandene Wissen systematisch in Beziehungen setzt und damit die Praxisanwender in die Lage versetzen soll ihre speziellen Probleme effektiv zu lösen, existiert noch nicht und mit dieser Veröffentlichung soll die Lücke geschlossen werden.

Die Systematik der Darstellung geht von den wesentlichen Eigenschaften der zu bearbeitenden Werkstoffe, die sich stark von den üblichen im Maschinenbau verwendeten duktilen Materialien unterscheiden, aus. Die ausführliche Darstellung der spezifischen Eigenschaftsprofile verschiedener Werkstoffe hilft beim Verständnis der Gesetzmäßigkeiten ihrer Bearbeitung. Diesem Tatbestand wurde bei der Gliederung des Buches Rechnung getragen. Im Weiteren wird der Fertigungsprozess in dem die Bearbeitung der Werkstücke eingeordnet ist formal im Aufbau und begrifflich gesamtheitlich dargestellt, da gerade im NC-Programmierumfeld sich eine Vielfalt an Begriffen zu gleichen Gegenständen etabliert hat. Darauffolgend wird der typische Prozessablauf zur Bearbeitung eines Werkstückes mittels NC-Fräsens und notwendiger technischer Komponenten dargestellt.

Heutzutage existieren viele wissenschaftlichen Arbeiten, die Grundlagen der Oberflächenausbildung beim HSC-Fräsen darstellen. Die praktische Anwendung dieses Wissens ist jedoch aufgrund der Komplexität des Zerspanungsvorganges nur begrenz möglich. Daher arbeitet man öfter nur mit Richtwerten für Schnittgeschwindigkeit, Vorschub und Schnitttiefe aus unterschiedlichen Quellen ohne die Auswahl wirtschaftlich zu begründen. Ein so gestalteter Fräsprozess konzentriert sich nur auf eine konkrete Prozessstufe und nimmt Wechselbeziehungen zwischen den Protestrufen nicht in Betracht. Gerade dieses Phänomen wird in diesem Buch auf der Grundlage des HSC-Fräsprozesses näher erläutert und so Grundlagen für die Gestaltung eines mehrstufigen Fertigungsprozesses mittels Fräsverfahren geschaffen. Abgerundet wird dieses gestalterische Vorgehen durch die Anwendung des Optimierungsprinzips und entsprechender Optimierungsmethoden. Die mathematische Modellierung der Werkzeugdurchdringung unter vereinfachenden Annahmen bietet die Möglichkeit im Rahmen der Prozessoptimierung die Schnittwerte in jeder Prozessstufe für eine wirtschaftliche Prozesskette zu bestimmen.

Zum Schluss des Buches wird das Gestalten materieller Komponenten des Fräsprozesses, die problembezogen entwickelt werden sollten, anhand einer Werkzeugentwicklung vorgestellt. Die Vorgehensweise der erfinderischen Problemlösung lehnt sich dabei an die leistungsfähigen Werkzeuge der TRIZ-Methode zum Erkenntnisgewinn an, die mittelbar mit den physikalischen Effekten der Naturwissenschaften arbeitet. Die im Buch systematisierte Darstellung der evolutionären Entwicklung von Fräswerkzeugen kann z. B. für andere Zerspanungswerkzeuge übernommen werden.

2 Spanende Bearbeitung von stäubenden Werkstoffen

2.1 Besonderheiten der Zerspanung

Die stäubenden Materialien bestehen in der Regel aus kleinen Körnern und Kristallen und ggf. einem Bindemittel, die diese zusammenhält und damit eine feste Struktur bilden. In Abhängigkeit von den Materialien der Körner und ggf. Binder und der Herstellungsverfahren der Werkstoffe entstehen feste Strukturen mit unterschiedlichen mechanischen Eigenschaften. Diese Werkstoffe sind nicht oder nur gering elastisch verformbar (spröde), was bei der Zerspanung im Vergleich zu duktilen (verformbaren) Werkstoffen einen durch Bruchvorgänge gekennzeichneten Trennvorgang hervorruft. Die Prozessauslegung bei der Bearbeitung von stäubenden Materialien erfordert Kenntnisse über diese „Spanbildung" während des Eindringens der Werkzeugschneide ins Material. In den bisherig durchgeführten Untersuchungen von Werkstoffen (z. B. beim Graphitfräsen oder Keramikschleifen) wurden unterschiedliche Modelle zur Beschreibung des „Spanungsvorganges" dargestellt [CAMA91, JAHA98, KOEN97, SPUR89]. Die Modellvorstellungen basieren hier mehr auf äußere Erscheinungen (Staub, Oberfläche) als auf das Verhalten des Werkstoffes während der Belastung. Die beim Spanen entstehende Staubentwicklung erschwert die direkte (visuelle) Untersuchung der Spanungszone, die ein aussagekräftiges Ergebnis liefern könnte. Deshalb sind die vorhandenen Modelle entweder allein aus theoretischen Vorstellungen oder anhand von Ritzversuchen mit einer scharfen Schneide entwickelt worden.

Da stäubende Materialien global eine ähnliche mechanische Struktur aufweisen, kann der Spanungsvorgang mit einem Modell beschrieben werden. In der Abb. 2.1 ist der Spanungsvorgang bei stäubenden Materialien anhand bisheriger Untersuchungen [CAMA91, KOEN97, WANG07, ZANG94] dargestellt. Beim Eindringen der Schneide bildet sich an der Schneidkante eine Bruchzone, die Risse zur Oberfläche hin induziert und über die

R. Aliyev, B. Hentschel, *HSC-Fräsen von stäubenden Werkstoffen*,
https://doi.org/10.1007/978-3-662-63693-0_2

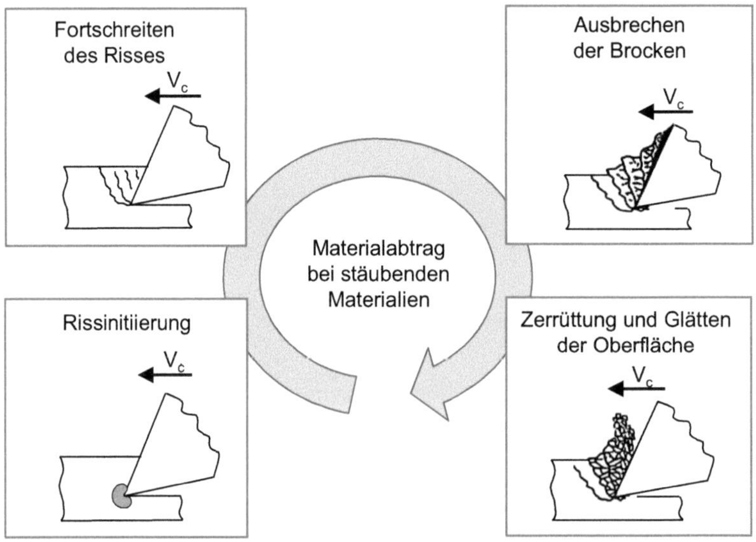

Abb. 2.1 Schematische Darstellung des Spanens von stäubenden Materialien

Schnittbewegung zu einem Transport des getrennten Materials führt. Während des Transportes zerbricht das Material weiter und verlässt die Wirkzone als verschieden große gebrochene Materialstücke.

Der hier beschriebene „Spanbildungsmechanismus" basiert auf der Bruchmechanik von Sprödmaterialien mit Initialriss. Legt man den schon begonnenen Schnittvorgang zu Grunde, so erfolgt ein Drücken des gesamten Werkstoffvolumens vor der Spanfläche. Da der spröde Werkstoff nur ins Freie entweichen kann, erfolgt eine Bewegung entlang der Spanfläche unter Wirkung von Zugspannungen in Austrittsrichtung. Unter der Wirkung der Druck- und Zugspannungen kommt es zu Scherungen in den interkristallinen Werkstoffbereichen und Aufheben des Werkstoffzusammenhaltes (Reißen). Aufgrund der Ausschubbewegung mit Volumenvergrößerung und der Spannungsverteilung und dessen Leitung im Werkstoff und der Reibung auf der Spanfläche kommt es zu einem in Bewegung gesetzten Werkstoffkegel auf der Spanfläche, der zur Werkstückaußenseite sich öffnet. Die konkrete Ausbildung ist von den Korngrößen, ggf. des Verhältnisses von Korn- zu Bindervolumen (ggf. auch Porenanteil), der Spannungsverteilung und der Spanflächenreibung abhängig. Die zum Zerstören des Stoffverbundes führenden Scherspannungen werden von der Schergeschwindigkeit beeinflusst. Je höher die Geschwindigkeit ist, desto höher sind die durchschnittlichen Scherspannungen in einem kleiner werdenden Bereich vor der Spanfläche. Der Anteil der innerkristallinen Brüche an der Gesamtscherung nimmt zu und damit die Scherarbeit. Die Bruchstücke werden in Richtung der Schnittgeschwindigkeit beschleunigt und verlassen die Wirkstelle als „Staubstrahl", dessen Intensität von den Schnittparametern abhängt. Die Reibung des Werkstoffes an der Schneide in Schnittrichtung scheint weitgehend unabhängig von den Schnittparametern zu sein. Dennoch spielen Kenngrößen wie Trennarbeit und Beschleunigung des „Staubstrahles" bei der Entstehung der Zerspankraftkomponenten eine signifikante Rolle.

2.2 Bearbeitung keramischer Werkstoffe

2.2.1 Spezifische Eigenschaften

Die Anwendung der seit langer Zeit bekannten keramischen Werkstoffe in vielen Bereichen der Technik führte zur intensiven Forschung nicht nur ihrer Herstellungsverfahren, sondern auch deren mechanischer Bearbeitung. Die Abgrenzung keramischer und metallischer Werkstoffe sowie von keramischen und hochpolymeren Werkstoffen wird mittels spezieller Werkstoffeigenschaften charakterisiert [HORN94].

Das Spektrum moderner Keramikstoffe ist sehr breit und unterscheidet sich sowohl der Komponenten, der Struktur und den Eigenschaften, als auch nach ihren Anwendungsgebieten. Zurzeit laufen intensive Forschungen zur Schaffung von neuen technischen Keramiken als Konstruktionswerkstoff, die dem gleichzeitigen Einfluss hoher Temperatur, mechanischer Belastung und korrosivem Umfeld standhalten können. Besonders im Automobilbau im Bereich des Verbrennungsmotorenbaues finden neue Entwicklungen statt.

Unter dem Begriff „Technische Keramik" werden die Keramikwerkstoffe bezeichnet, die eine optimale Eigenschaft für die Anwendung in technischen Prozessen und technischen Konstruktionen besitzen. Sie zeichnen sich durch verbesserte mechanische Eigenschaften (z. B. Festigkeit) aus, mit denen sie als moderner Konstruktionswerkstoff an Attraktivität gewinnen. In den technischen Anwendungen kommen hautsächlich zwei keramische Werkstoffgruppen zum Einsatz:

- Oxidkeramik
- Nichtoxidkeramik.

Zu der ersten Gruppe gehörende keramischen Werkstoffe auf Basis von Oxiden, Nitriden und Carbiden zeigen höhere Festigkeitswerte (σ_b = 100 … 300 MPa) bei höheren Temperaturen. Als Oxidkeramik ist Aluminiumoxid Al_2O_3 und Zirkonoxid ZrO_2 verbreitet. Ein strukturoptimiertes Aluminiumoxid weist hervorstechende Werkstoffeigenschaften aus hoher Festigkeit, hoher Zähigkeit, hoher Korrosionsbeständigkeit und hoher Verschleißfestigkeit auf. Die hohe Temperaturwechselbeständigkeit der Zirkonoxid-Keramiken ermöglicht sie in hoch temperaturbeanspruchten Prozessen (über 2000 °C), wie z. B. in der Metallurgie, einzusetzen. Nachteile der Zirkonoxide gegenüber den Aluminiumoxiden bestehen darin, dass es ohne Stabilisieren nicht dicht gesintert werden kann. Eine Stabilisierung mit den Zusätzen Magnesiumoxid, Yttriumoxid oder Kalziumoxid erweitert den Einsatzbereich dieser Keramikart auf die Medizintechnik [KOLL18, SPUR89].

Eine weitere Verbesserung der mechanischen Eigenschaften von Oxidkeramiken ist durch mehrphasige Materialien möglich. Durch die Variation der Anteile der oxydischen Mehrstoffsysteme sind beste Eigenschaften hinsichtlich der Anforderungen auf Festigkeit, Zähigkeit oder Härte zu erreichen.

Nichtoxidkeramische Werkstoffe basieren auf den Grundwerkstoffen der Carbide, Nitride, Boride und Silizide. Diese Stoffgruppen werden hauptsächlich als Schichtverbundwerkstoffe für Schneid- und Umformwerkzeuge verwendet, da sie durch sehr gute tribologische Eigenschaften gekennzeichnet sind. Die Dichtleisten von Kreiskolbenmotoren (Wankel) bestehen komplett aus Siliziumnitridkeramik. Sie werden auch als Hochtemperaturwerkstoffe bezeichnet. Nach dem Kornaufbau werden Grob- und Feinkeramik unterschieden. Bei den Feinkeramiken sind die Größe der Gefügebestandteile des Werkstoffes geringer als 0,1–0,2 mm. Nach der Deutsche Keramische Gesellschaft e. V. (DKG) wird darunter technische Keramik mit feinkristallinem Gefüge ausschließlich für technische Anwendungen verstanden [KRIE17].

Für den zielgerichteten Einsatz von keramischen Werkstoffen ist die Genauigkeit des Formgebungsverfahrens sehr wichtig. Dieser Faktor spielt beim Ersetzten eines metallischen Bauteiles durch ein keramisches Bauteil eine entscheidende Rolle, da für keramische Bauteile besondere Konstruktions- und Fertigungsprinzipe gelten.

Als Nachteile von Keramiken gelten die Sprödigkeit und schwere Zerspanbarkeit. Das empfindliche Bruchverhalten zeigt sich unter mechanischen oder thermischen Stoßbelastungen sowie unter zyklischen Belastungsbedingungen deutlich. Besonders sind keramische Bauteile beim Einsatz als Maschineteile sehr empfindlich. Hohe Temperaturen bereiten bei chemisch beanspruchter Oxidkeramik keine Probleme, da sie sich bereits in der höchsten Oxidationsstufe befinden. Geringere Temperaturwechselbeständigkeit bei diesen Keramiken macht jedoch deren Einsatz in bewegten Maschineteilen unmöglich. Sie sind sehr rissempfindlich.

Andererseits lassen hohe Wärme- und Korrosionsbeständigkeit und eine geringe Wärmeleitfähigkeit des keramischen Werkstoffes diese als Wärmeschutzelemente erfolgreich einsetzen. Bei Temperaturen über 1000 °C ist Keramik fester als alle Metalllegierungen und ihre Kriech- und Wärmebeständigkeit ist höher. Dies ist auf die zum Teil erheblichen kovalenten Bindungsanteil der Keramik zurückzuführen. Diese stabile Bindung ist auch für ihre Sprödigkeit verantwortlich. Mangelndes Verformungsvermögen des Werkstoffes, das seinerseits mit starken Gitterbindungskräften in Verbindung steht, erlaubt keine Versetzung von Kristallen. Demzufolge bricht der Werkstoff bei Überschreiten der Belastungsgrenze [KOLL18, SPUR89].

Die Anforderungen an die mechanischen Eigenschaften von Keramiken bestimmen den gesamten Herstellungsprozess von der Pulveraufbereitung bis zur Endbearbeitung der Oberfläche. Diese Eigenschaften formieren sich in mehreren eng miteinander verknüpften und aufeinander abgestimmten Prozessstufen des Herstellungsprozesses, worauf die Pulvereigenschaften, die Formgebungsparameter und der Sinterprozess einen entscheidenden Einfluss haben (Abb. 2.2). Schon geringere Unterschiede in diesen Prozessstufen bewirken unter Umständen beträchtliche Veränderungen ihrer Eigenschaften. Die

Abb. 2.2 Fertigungsprozess keramischer Bauteile aus Aluminiumoxid nach [TIET94]

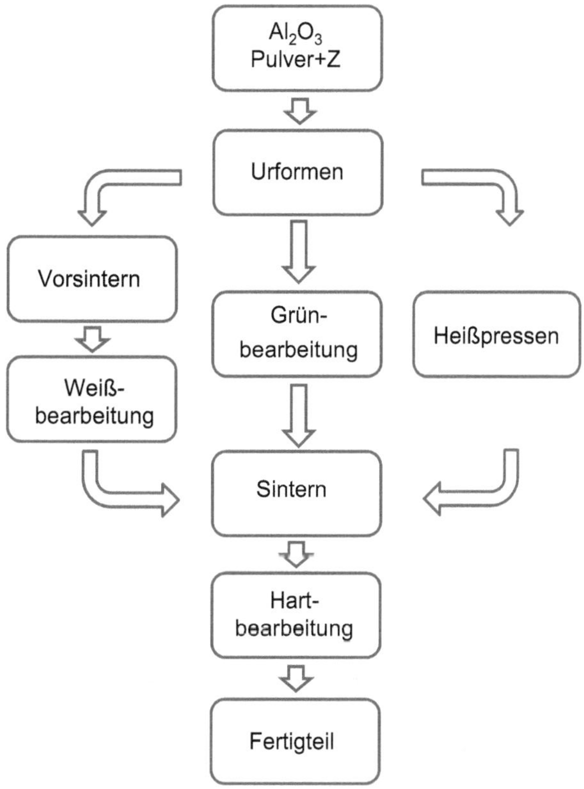

Eigenschaften keramischer Bauteile unterscheiden sich erheblich von den Eigenschaften der Ausgangsteile (Grünlinge). Während des Formgebungs- und Sinterprozesses steigern sich die mechanischen Eigenschaften der Werkstoffmischung bis zur Endfestigkeit. Um die mechanische Bearbeitung der technischen Keramik einigermaßen zu ermöglichen, werden die Vorteile von „Zwischenfestigkeiten" genutzt.

Ein optimal ausgelegtes Urformverfahren soll die mögliche Annäherung der Rohwerkstückgeometrie an die Endform ermöglichen. Nach dem Sinterprozess werden die keramischen Bauteile i. R. mit Diamantwerkzeugen bearbeitet. Dies verursacht eine lange Fertigungszeit und hohe Kosten. Um den Aufwand der Hartbearbeitung des Werkstückes zu minimieren, soll die mechanische Bearbeitung vorwiegend im weichen Zustand, vor dem Sintern, erfolgen. Die Qualität gepresster keramischer Formteile in diesem Prozessschritt hinsichtlich ihrer Homogenität ist vorrangig vom Pressverfahren, den Materialeigenschaften, der Plastizität und der Elastizität der Pulvergemische abhängig. Infolge der auftretenden Strukturdefekte entstehen im weiteren Prozessablauf Form- und Maßabweichungen, die mit einer Bearbeitung der Werkstückkonturen kompensiert werden können [SCHN89, GANT06, TEIC06]. Die nach dem Urform- und Sinterprozess auftretenden großen Maßabweichungen machen die Nachbearbeitung oft unvermeidbar, um die geforderte Qualität und Genauigkeit der Bauteile zu sichern.

Weiterhin wird versucht das Nacharbeiten durch konstruktive Maßnahmen zu minimieren. Dafür wurden zahlreiche Maßnahmen erarbeitet und umgesetzt [TIET94]. Formelemente, die nur unter Entstehung höherer Kosten zu realisieren sind, sollten vermieden werden. Die Formgebung soll die problemlose Entformbarkeit des Teiles ermöglichen. Scharfe Kanten und dünne Wände können dabei erhebliche Probleme bereiten.

Die Werkstoffeigenschaften, die geforderte Werkstückqualität, die Stückzahl usw. bestimmen den Umfang des Fertigungsaufwandes. Ob die spanende Fertigbearbeitung von keramischen Bauteilen in der Grün-, Weiß- und/oder Hartbearbeitungsetappe durchgeführt wird, wird aus technologisch-wirtschaftlichen Gründen für die Minimierung des Formgebungsaufwandes entschieden. Technologische Entscheidungsgründe basieren auf der Erzeugung von Formelementen, die nicht durch Pressen herstellbar sind (z. B. Gewinde, Hinterschneidungen, Querbohrungen). Die Herstellkosten keramischer Bauteile sind stark von den formgebundenen Werkzeugkosten abhängig, die nur bei hohen Stückzahlen gerechtfertigt sind. Daher bietet die spanende Bearbeitung eine Alternative für die wirtschaftliche Teilefertigung kleinerer Stückzahlen.

Der Einsatz spanender Fertigung eröffnet neue Wege zur Anwendung von unterschiedlichen Optimierungsstrategien für die Keramikbearbeitung, die eine fertigungsgerechte Prozessgestaltung voraussetzt. Abb. 2.2 zeigt die Stelle der mechanischen Bearbeitung in der gesamten Prozesskette zur Fertigung von Aluminiumoxid-Bauteilen. Die wichtigen mechanischen Eigenschaften von keramischen Werkstoffen, die für die Untersuchung der Zerspanbarkeit des Werkstoffes relevant sind, werden im Weiteren näher erläutert.

Schwindung

Während des Formgebungsprozesses der keramischen Masse tritt eine Volumenverkleinerung der Werkstücke auf. Im Sinterprozess nimmt die spezifische freie Oberfläche der Partikel aufgrund von Diffusionsvorgängen, Bildung von Schmelzen und Phasenumwandlungen ab. Dies führt zur Verdichtung des Gefüges und damit zu einer Verminderung des Volumens, welches als Schwindung bezeichnet wird. Die Schwindung muss schon in der Formgebung mit einem Aufmaß (Volumenvergrößerung) berücksichtigt werden, um die in den folgenden Prozessschritten eintretende Werkstückverkleinerung zu kompensieren (Tab. 2.1).

Dichte

Die Dichte ist ein wichtiger Parameter zur Charakterisierung keramischer Werkstoffe. Sie variiert je nach Herstellungsverfahren und Mischung der Rohmaterialien im Bereich von 2,8 bis 4,0 g/cm^3 (Tab. 2.2). Nur Zirkonoxid hat einen höheren Wert bis 6,0 g/cm^3. Je feiner die Partikel sind und die höher die Presskraft bei der Formgebung ist, desto höhere Dichte wird erreicht. Sie bleiben jedoch unter denen der Metallwerkstoffe, was am Ende zu einem Vorteil führt. Die niedrigere Dichte erlaubt Keramiken als Konstruktionswerkstoff im Leichtbau einzusetzen, wobei eine Gewichtseinsparung bis zu 65 % erreichbar ist [STEI12]. Die Dichte dieser Werkstoffe ist von der Porosität abhängig.

Tab. 2.1 Fertigungsgenauigkeit bei der Herstellung keramischer Teile nach [CHEN02, DOI17, SPUR89, TIET94]

Fertigungsverfahren		Schwindung [%]	Maßtoleranz [%]	Oberflächenrauheit Ra [µm]
Formgebung	Strangpressen	10	±3 … 5	
	Trockenpressen	7 … 10		
	Nasspressen	15 … 17		
	Grün- u. Weißbearbeitung		±0,5 … 3	
Trocknung	gegossene Rohlinge	3 … 4		
	trockengepresste Rohlinge	0,2 … 2		
Sintern	Silikatkeramik	… 20		
	Oxidkeramik	15 … 20		
	SiSiC	0		
	SSiC	20 … 30		
Spanen	Flachschleifen		±1 … 20	0,2 … 2
	Außenrundschleifen		±5 … 25	0,2 … 2
	Innenrundschleifen		±1,5 … 15	1 … 2
	Trennschleifen		±15 … 60	
	Honen		±2 … 10	0,2 … 1
	Läppen		±1 … 5	0,02 … 0,3
	Polieren			<0,05
	Laser-Trennen		±20	

Tab. 2.2 Mechanische Eigenschafen einiger Keramikstoffe im Vergleich, nach [KOLL18, MUNZ89, SPUR89, TIET94]

	Dichte [g/cm³]	Wärmeleitfähigkeit [W/(m·K)]	Vickershärte VH
Diamant	3,52	138	10.060
B_4C	2,52	30–70	5500
SiC	3,21	30–200	3500
MgO	3,5	25–50	750
Al_2O_3 (dicht)	4	30	3300
Zr_2O_3 (PSZ)	6,1	1,5–2,5	2200
HM	12,75–15,20	120	2500
Ck45	7,8	50	260

Härte

Die bekannte höhere Härte keramischer Werkstoffe entsteht bei höherer Schmelztemperatur der chemischen Komponenten der Mischung, die eine feste Bindung aufweisen. Für die höhere Härte sind ein höherer E-Modul (bis 500 GPa), höhere Bindungsenergien und geringere Bruchzähigkeit verantwortlich. Obwohl die Härte als volumenbezogene Widerstand gegen Formänderung bezeichnet wird, erfolgt die Bewertung der Härte nur anhand der Bestimmung der Volumenänderung an die Oberfläche mittels unterschiedlicher Messmethoden [MUNZ89, SALM82].

Die Härtemessung der Keramik unterscheidet sich von den duktilen Werkstoffen. In der Regel ist eine Härteprüfung mit einer Rissbildung begleitet. Aufgrund der Sprödigkeit der keramischen Werkstoffe ist bei der Härteprüfung auf Besonderheiten zu achten. Höhere Härte ermöglicht nur kleine Eindrücke mit einer schwer beschreibbaren Rissbildung. Es wurde festgestellt, dass bei Eindringen des Prüfkörpers das Überschreiten der kritischen Kraft zur Initiierung eines Risses führt. Die umgebende Druckspannung wird überwunden und die Rissöffnungen verteilen sich um den Druckkörper [KOLL18, MUNZ89].

Die mit Bornitrid oder Diamant vergleichbar höhere Härte von Hochleistungskeramiken ist für das Verschleißverhalten einerseits und für die Zerspanbarkeit andererseits von großer Bedeutung.

Festigkeit

Die Festigkeit keramischer Bauteile wird durch die maximal ertragbare Zugspannung, die zu einem Versagen führt, definiert. Diese Eigenschaften sind stark von materialinhärenten Defekten bestimmt [KOLL18]. Daher zeigen sehr kleine keramische Bauteile höhere Festigkeiten auf, als größere Bauteile, weil sie zwangsläufig mit kleineren Defekten behaftet sind. Die Defekte können unterschiedliche Ursachen haben. Typische Defekte sind Poren, Fremdpartikel, Agglomerate, grobe Kristallite oder Mikrorisse, die im Herstellungsprozess entstehen.

Die theoretische Festigkeit von keramischen Werkstoffen weicht aufgrund der Defekte von den realen Werten ab. Eine Streuung der Festigkeitswerte wird durch Spanungskonzentrationen infolge stochastisch verteilter Gitterbaufehler verursacht. Diese Erscheinung erschwert die Auslegung von sicheren Bearbeitungsprozessen und auch die Anwendung keramischer Bauteile in der Praxis. Nach [RICH87] ist dabei mit einer Standardabweichung von 20 bis 25 % zu rechnen.

Unter der Annahme, dass das Versagen der Bauteile häufiger aufgrund kleinster Defekte entsteht, lässt sich das Streuverhalten der Festigkeit keramischer Werkstoffe mit einer von Weibull entwickelten Theorie gut zu beschreiben. Dieser Ansatz ermöglicht die Festigkeitsverteilung als „Weibullverteilung" darzustellen. Mit größer werdender Bauteilgröße sinkt die mittlere Festigkeit, weil bei größeren Bauteilen die Anwesenheit größerer Defekte wahrscheinlicher ist [TIET94].

Bruchverhalten

Die plastische Verformung unter wirkenden mechanischen Kräften, die für duktile Werkstoffe charakteristisch ist, spielt bei der Entwicklung und Einsatz von keramischen Werkstoffen eine untergeordnete Rolle. Die keramischen Werkstoffe reagieren auf große Kräfte mit einem Bruch. Die Kräfte führen zur Trennung der Bindungen zwischen den Kristallen. Während bei duktilen Materialen die getrennten Bindungen im plastisch verformten Bereich sich wieder schließen können, ist das bei einer sich weit ausbreitenden Trennung der keramischen Werkstoffe nicht möglich.

Die oben erwähnten Defekte der Gefüge erzeugen unter Last eine höhere Spannungskonzentration, die im kritischen Fall mit der Entstehung eines Risses endet. Bei duktilen

Materialien wird im Bereich einer Rissausbildung die Fließgrenze überschritten, so dass in diesem Bereich eine plastische Verformung entsteht, was zur Entschärfung des Rissausbreitens führt. Bei den keramischen Werkstoffen findet aufgrund der hohen Bindungskräfte kaum keine plastische Verformung, statt [MUNZ89]. Dieser Effekt ist bei der mechanischen Bearbeitung von keramischen Werkstoffen maßgebend.

Die funktionsbedingten Qualitätsansprüche im Maschinen- und Motorenbau stellen höhere Anforderungen an die Herstellung der Bauteile, die nur durch den Einsatz spanender Bearbeitung gesichert werden können, da die traditionelle Keramikproduktion nicht in der Lage ist die Endgenauigkeit und -qualität im geforderten Umfang zu realisieren.

2.2.2 Spanende Bearbeitung

Zerspanbarkeit

Die Kenntnisse über die Zerspanbarkeit von keramischen Werkstoffen dient zuerst für die grobe Bewertung, ob man den Werkstoff überhaupt unter gegebenen Bedingungen spanend bearbeiten kann. Die ausführlichen technologischen Informationen zur Zerspanbarkeit werden darüber hinaus für die Auslegung des gesamten Prozesses (Auswahl der Maschine, des geeigneten Werkzeugsystems, Bestimmung der Schnittwerte, usw.) angewendet.

Die Eigenschaften der Keramik zeigen die Bedingungen, unter denen ihre Zerspanbarkeit bei der mechanischen Bearbeitung mit geometrisch bestimmter Schneide möglich ist. Wie die gefräste Oberfläche aussieht, welche Zerspankräfte im System bewirkt werden, wie die Materialtrennung verläuft und auch wie sich die Werkzeuge beim Fräsen verhalten hängen neben den Eigenschaften der Keramik auch stark mit den technologischen Parametern des Prozesses zusammen.

Das Zerspanen von keramischen Werkstoffen unterscheidet sich von duktilen Werkstoffen dadurch, dass die für duktile Werkstoffe charakteristische plastische Verformung, die zu einer Abtrennung des Spans führt, bei der Bearbeitung von Keramiken nicht stattfindet. Auf Grund dieser Tatsache erfolgt der Materialabtrag fast ohne plastische Verformung durch Zerstörung der Bindung zwischen den Materialteilchen. Spanbildung bei der Bearbeitung mit geometrisch bestimmter Schneide wird, als rein mechanischer Prozess des Zerteilens von spröden Materialien durch Zerstörung, vor allem durch Auseinanderbrechen der Kristalle und Zerstörung selbiger beschrieben [ZANG94]. Die Untersuchungen belegen, dass während des Eindringens der Schneide in den Werkstoff der Spanbildungsprozess in mehreren nacheinander folgenden Etappen abläuft. Nach der Berührung der Werkzeugschneide mit dem Werkstück wächst der Druck zwischen Werkzeug und Werkstück (Abb. 2.3a). Die Spannungen breiten sich ins Materialinneren aus (Abb. 2.3b). Beim Überschreiten der Festigkeitsgrenze des Materials durch die induzierten Spannungen entstehen erste Mikrorisse im Kontaktbereich (Abb. 2.3c). Weiteres Eindringen der Schneide ins Material baut die Spannung weiter auf. Inter- und transkristalline Risse breiten sich in alle Richtungen aus (Abb. 2.3d). Die Oberfläche in der Kontaktzone wird zermürbt. Die Ausbreitung der Risse in die Tiefe findet an Stellen einer wiederholten Werkzeugspur auf der Oberfläche statt. Dieser Vorgang ist beendet, wenn die Materialteilchen vom Werkstück infolge des spröden Bruches abgetrennt sind. Beim Erreichen einer bestimmten Größe des fortgeschrittenen initialen Risses in der Kontaktzone unter Druck- und Zugbelastungen findet die Zerstörung statt. Nach der Entstehung eines großen Risses wird ein großer Brocken entfernt, was zur Entstehung eines groben Reliefs mit starken Spitzen in der Schnittfläche führt. Im folgenden Schnitt schneidet und reibt die Schneide die Spitzen der auskragenden Kanten und dadurch glättet sich die raue Oberfläche (Abb. 2.3e). Danach wird der nächste Riss ins Material initiiert und der Vorgang der Oberflächenausbildung wiederholt sich.

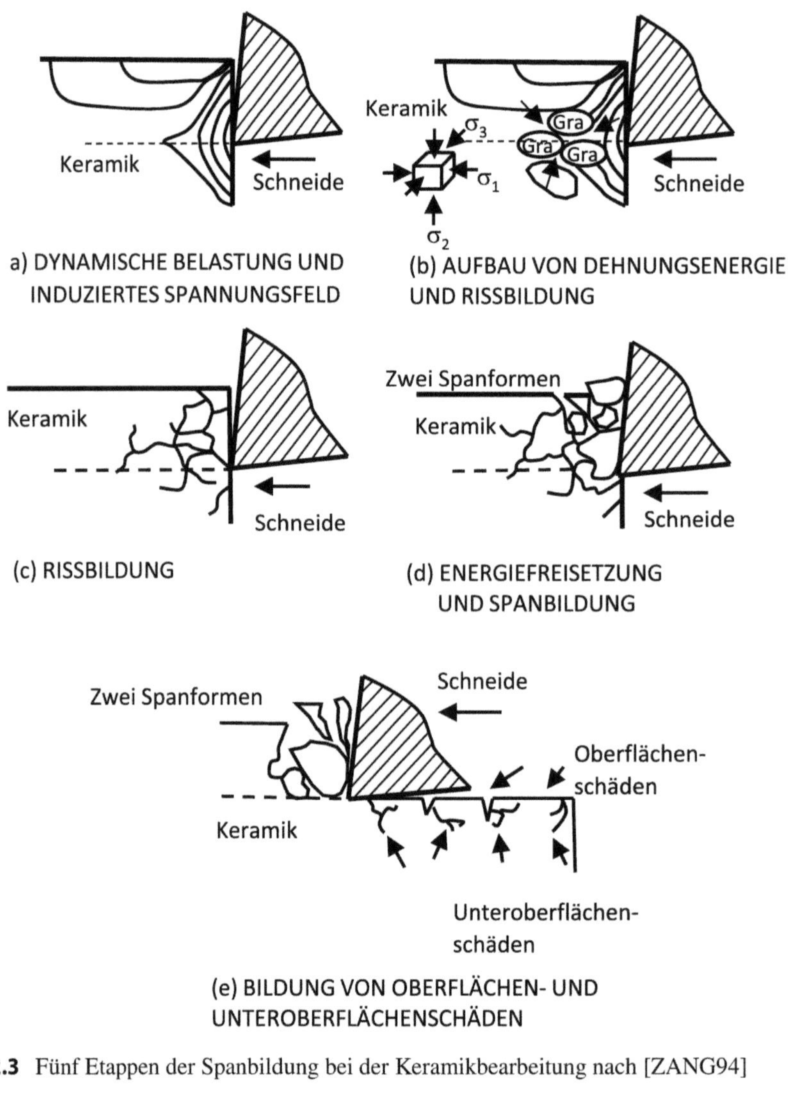

Abb. 2.3 Fünf Etappen der Spanbildung bei der Keramikbearbeitung nach [ZANG94]

Die während der elastischen Verformung der Materialbrocken entstehende Arbeit wandelt sich z. T. in Wärmeenergie um, welche während des Zerspanens der härteren Keramikarten als Funkenflug zu beobachten ist. Erhöhte Zerspantemperatur kann zu einer Oberflächenbeschädigungen in Form eines Brandflecks führen. Eine Veränderung der mechanischen Eigenschaften ist ebenfalls eine Folge.

Da die Spanfragmente als Ergebnis des spröden Materialbruches in der Zerspanzone entstehen, führt dieses zur Bildung der Abplatzungen auf der bearbeiteten Keramikoberfläche (Schnittfläche). Das Zerspanen begrenzt sich nicht nur auf die Oberflächenzerstörung. Die Kristalle der Keramik stehen in der darunterliegenden Schicht unter Spannungen, die vom Werkzeug bewirkt wurden. Diese Zone zeichnet sich durch viele Mikrorisse verschiedener Größe aus, die sich in einem „Vorzerstörungsstadium" befinden. Das weitere Eindringen des Werkzeuges in das Material führt zur Zerstörung der rissbehafteten Oberfläche. Beim nächsten Schnitt wird diese rissbehaftete Oberfläche zerstört. Die Beschädigungen der Fläche nach dem letzten Schnitt bleiben auf der Oberfläche als Fehler bestehen. Diese Erscheinung verlangt eine angepasste Bearbeitungsstrategie, die eine bessere Oberflächenqualität ermöglicht.

Die Oberflächenqualität der bearbeiteten Keramikoberfläche hängt andererseits von der Größe der Körnung der Kristallite ab. Das Abreißen großer Kristalle mit einer Werkzeugschneide senkt die Qualität der Oberfläche, weil danach große „Krater" entstehen. Daher ermöglichen feinkörnige Keramiken bei entsprechenden Schnittwerten bessere Oberflächenparameter.

Das Volumen der Spanstücke ist ein wichtiger Qualitätsindikator bei der mechanischen Bearbeitung. Das zunehmende Volumen, das von den Schnittbedingungen abhängig ist, führt zu gröberen Oberflächen. In größeren Spanvolumina ist das Auftreten großer Brocken sehr wahrscheinlich. Demzufolge sind mehr Schäden auf der Oberfläche zu beobachten.

Bei der Bearbeitung keramischer Werkstoffe ist die Zerspankraft nicht nur für das Verhalten des Fertigungssystems, sondern auch für die Ausbildung der Oberflächenbeschaffenheit wichtig. Eine geringere Zerspankarft begünstigt das Erzielen einer besseren Oberflächengestalt und -beschaffenheit.

Fräsen

Die Entwicklung der NC-Technik hat die mechanische Bearbeitung von komplexen keramischen Teilen durch Fräsen für die Anwender attraktiver gemacht [HERO04]. Die bessere Zerspanbarkeit dieser Werkstoffe hat neue Wege für die Erhöhung der Leistungsfähigkeit des Herstellungsprozesses eröffnet. Die Schnittgeschwindigkeit der Bearbeitung ist nur durch die mechanische Festigkeit des Werkstoffes begrenzt die im „nicht gesinterten" Zustand niedrig und im Allgemeinen geringer als 2,0 MPa ist [KAMB03]. Es ist auch bekannt, dass die deutliche Steigerung der Schnittgeschwindigkeit infolge der veränderten Reibungsverhältnisse die Oberflächenausbrüche begünstigt. Das ist eine der wichtigsten Restriktion zur Sicherung der geforderten Oberflächengüte.

Da die Ausgangsgrößen des Fertigungsprozesses der Keramikformgebung gleichzeitig Eingangsgrößen für die spanende Bearbeitung sind, verlangt die Gestaltung der Prozesskomponente der spanenden Bearbeitung die Kenntnis der Einflussgrößen sowie deren Wirkungen auf den Prozessverlauf beim Fräsen. Neben den physikalischen Werkstoffeigenschaften spielen auch die Oberflächengestalt und -Beschaffenheit (z. B. Oberflächenrauheit, Maß-, Form- und Lagegenauigkeit, Eigenspannungen, Risse, Ausbrüche) eine wichtige Rolle.

Die Auslegung eines Fräsprozesses zur Keramikbeabeitung erfordert ausreichende technologische Informationen. Diese Informationen bestehen aus spanungstechnischen Gesetzmäßigkeiten, die funktionale Zusammenhänge zwischen Eingangs- und Ausgangsgrößen beschreiben, sowie aus den Planungs- und Optimierungsmethoden [SCHN89].

Aus der Praxis ist bekannt, dass die Keramikteile überwiegend im Grün- oder Weißzustand mittels Dreh- oder Fräsverfahren in ihre Form gebracht werden. Eine Bearbeitung im Hartzustand ist mehr oder weniger aus der Zahntechnik bekannt. Diese drei Werkstoffzustände bewirken die Zerspanbarkeit der Keramik unterschiedlich. Während die Bauteile im Grünzustand unter Einsatz von Hartmetallwerkzeuge leicht zu bearbeiten sind, wird bei der Weiß- und Hartbearbeitung schon auf den Einsatz von noch härteren Schneidstoffen wie PKD oder Diamant geachtet.

Die Oberflächenausbildung bei der Grün- und Weißbearbeitung unterscheiden sich dadurch, dass bei der Grünbearbeitung ein mit duktilem Werkstoff ähnlicher Zerspanprozess stattfindet, während bei der Weißbearbeitung die Trennung von rissbehafteten Materialen durch einen Sprödbruch entsteht. Aufgrund der organischen Bindung zwischen den Aluminiumoxidpartikeln entstehen bei der Grünbearbeitung mehr duktile Späne als Sprödbrüche. Andererseits kann die höhere Duktilität zu Spanaufklebungen an der Schneide führen, was eine bessere Abstimmung von Prozessparametern verlangt [KLOC99]

Die Aspekte der Keramikbearbeitung in der Grün- und Weißbearbeitung wird voranging durch niedrige Spanungskräfte, Staubbildung und extrem hohen abrasiven Werkzeugverschleiß gekennzeichnet. Die charakteristischen Eigenschaften dieser Bearbeitungsetappen verlangen die Betrachtung der Prozessschritte im Einzelnen.

Grünbearbeitung

Um Teile mit komplizierter Geometrie herzustellen, werden gepresste aber nicht gesinterte, sogenannten „Grünrohlingen“ mechanisch bearbeitet (Abb. 2.4). Die Formgebung durch Grünbearbeitung verkürzt den Aufwand des Herstellungsprozesses der komplexen keramischen Teile besonders bei geringeren Stückzahlen. Nach dem Abformen besitzen die Werkstücke in der Regel nur eine Regelgeometrie, die spanend an die Sollgeometrie angepasst werden soll.

Die Zerspanbarkeit keramischer Werkstoffe im Grünzustand lässt die Werkstücke mittels der üblichen spanenden Verfahren (z. B. Drehen, Bohren, Fräsen) sehr gut bearbeiten. Die niedrigen Zerspankräfte ermöglichen den Einsatz von Hartmetallwerkzeugen und konventionellen Metallbearbeitungsmaschinen unter Berücksichtigung des Faktors der

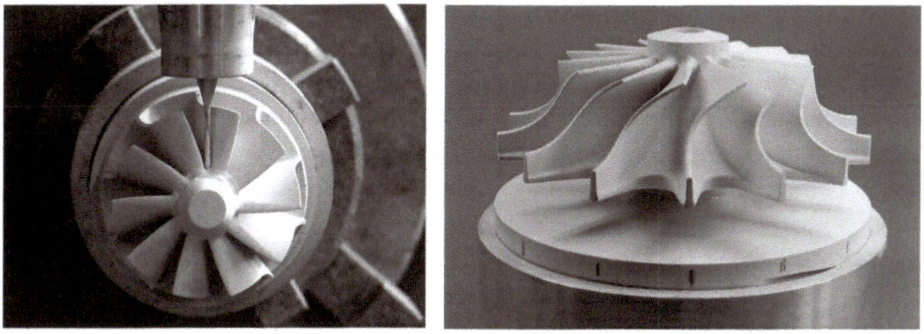

Abb. 2.4 Fünfachsfräsen technischer Keramik im Grünzustand [IKTS21]. (Quelle: IKTS Dresden)

Staubentwicklung. Eine Realisierung der Grünbearbeitung auf einer Werkzeugmaschine verlangt einige Schutzmaßnahme, um den negativen Einfluss der Staubentwicklung für die Maschine als auch für das Bedienpersonal zu minimieren.

Die Grünbearbeitung gehört zwar zur Vorbearbeitung, sie soll trotzdem eine hohe Oberflächenqualität aufweisen. Aus der Praxis ist bekannt, dass jeder kleiner Fehler, der in der Grünbearbeitung entsteht, später beim Sintern zu Rissen oder Gefügeinhomogenitäten führt. Teilweise werden die Fehler aus dem vorhergehenden Formgebungsprozess vererbt [TIET94]. Zum Beispiel kann die ungleichmäßige Dichteverteilung schon beim Pressen aufgrund der nicht ausreichenden Qualität des Pulvergranulats, der Presskraft und die Reibung zwischen den Pulverpartikeln bzw. zwischen Pulverpartikeln und Matrizenwand den Aufbau von Spannungen während des Auswerfens usw. verursachen [KOLL18]. Das fehlerbehaftete Werkstück geht nach der mechanischen Bearbeitung in die nächste Etappe.

Die Untersuchungen zeigen, dass bei der Bearbeitung von Grünligen aus Aluminiumoxid, Silizium und Siliziumkarbid Besonderheiten hinsichtlich der technologischen Parameter auftreten. Die Parameter

- Schneidgeometrie,
- Scheidenzahl und
- Schnittwerte

sind die wichtigen Einflussparameter auf das Prozessergebnis beim Fräsen von Grünlingen [KAMB03]. Außerdem bewirken die werkstoffseitigen Eigenschaften des Werkstückes wie Dichte und Festigkeit unterschiedliche Zerspankraftkomponenten und Verschleißerscheinungen und bestimmen damit den Verlauf des Fräsprozesses. Zu den Vorgängen in der Zerspanungszone beim Fräsen ist wenig bekannt. Die Untersuchungen betreffen hauptsächlich die Zerspanbarkeit von keramischen Werkstoffen durch Drehen. Da die grundlegenden Kenntnisse vom Drehen meistenteils auf das Fräsen übertragbar sind, ist die nähere Betrachtung dieser Ergebnisse für die Gestaltung der Fräsprozesse sinnvoll.

Die Drehversuche in [TIET94] zeigen, dass der Verlauf des Werkzeugverschleißes bei der Grünbearbeitung einen mit Metallbearbeitung vergleichbaren Charakter hat. Mit steigendem Vorschubweg nimmt die Verschleißmarkenbreite an der Freifläche zunächst degressiv und danach nahezu linear zu. Stark gepressten Keramikteile führen zu höherem Verschleiß an der Werkzeugschneide, was auf die höhere Dichte und daraus folgende Festigkeit zurückzuführen ist. In diesem Fall zeigen die Hartmetallschneidplatten ein deutlich besseres Standwegvermögen (Abb. 2.5) auf.

Aus [SCHN89] ist bekannt, dass die Schneidengeometrie das Prozessergebnis erheblich beeinflusst. Mit der Vergrößerung des Einstellwinkels steigt die Reibungskraft im Kontaktbereich zwischen Werkzeug und Werkstück. Die ungünstigen Schneidengeometrien, wie z. B. größerer Einstellwinkel, verstärken die Kantenausbrüche, da sie zur Erhöhung der Schnittkräfte führen. Mit kleineren Einstellwinkel ($\chi \leq 45°$) können diese negative Erscheinung vermieden werden. Bei der Bearbeitung von Aluminiumoxid- und Siliziumnitrid-Bauteilen mit superharten Schneidstoffen, wie kubisches Bohrnitrid und polykristalliner Diamant kann eine erhöhte Werkzeugstandzeit erreicht werden. Siliziumkarbidstoffe zeichnen sich durch ihre bessere Zerspanbarkeit aus. Anhand ihres stabilen Werkstoffzustandes lassen diese Keramiksorten eine höhere Prozesssicherheit zu. Das ermöglicht die Werkzeugstandzeit besser vorherzusagen. Der Verschleißintensität bei der Bearbeitung dieser Keramikarten stehen auch unter dem Einfluss der Pulverzusammensetzung und des Pressdrucks. Mit steigendem Pressdruck nimmt der Werkzeugverschleiß zu [SCHN89].

Die Bearbeitungsparameter haben erhebliche Auswirkungen auf die Oberflächenqualität. Steigende Schnitttiefe führt infolge des höheren Pressdrucks in der Kontaktzone zu Verfestigungen auf der Oberfläche, die teilweise als harte Einschlüsse und Abplatzungen von Material auf der Oberfläche sichtbar sind [MARG17, YAYU19]. Es muss darauf geachtet werden, dass Abplatzungen an der Werkstückkante und innere Rissentstehungen, die durch Druckspannungen verursacht werden, vermieden werden [YIGI14.].

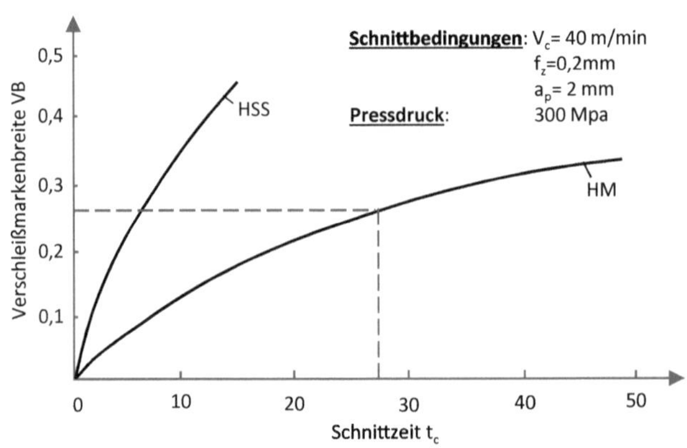

Abb. 2.5 Verschleißverlauf beim Drehen unterschiedlicher gepresster Aluminiumoxid-Teile nach [SCHN89, TIET94]

Die wichtigsten Schnittparameter, wie Schnittgeschwindigkeit und Vorschub zeigen unterschiedliche Auswirkungen auf die Oberflächenausbildung. Während die Steigerung der Schnittgeschwindigkeit bei der Bearbeitung von Grünlingen infolge der geringeren spezifischen Schnittkraft keine signifikante Wirkung zeigt, bestimmt die Größe des Zahnvorschubes die Oberflächenrauheit der bearbeiteten Oberfläche [BUKV12, KLOC99]. Große Vorschübe bedeuten große Abstände der Schnitte, die dann die Oberflächenrauheit geometrisch bestimmen (Abb. 2.6). Eine andere Problematik der Grünbearbeitung liegt darin, dass während der Bearbeitung Defekte in die Materialstruktur initiiert werden können. Diese qualitätsrelevante Störung ist schwer zu quantifizieren [DESF05, FORT11].

Weißbearbeitung

Die Weißbearbeitung hat die Aufgabe die schon vorgesinterten Grünlinge so gut wie möglich an die Endgeometrie anzunähern, so dass das Schleifen im harten Zustand möglichst minimal wird. Optimale Bearbeitung setzt die Beherrschung der Schwindungen von Formteilen beim Sintern voraus.

Da in diesem Zustand die Rohlinge schon vorgesintert sind, gestaltet sich der Prozess der mechanischen Bearbeitung gegenüber der Grünbearbeitung aufwendiger. Nach dem Vorsintern verstärken sich die Bindungen der Kristalle und damit die Festigkeit. Aus diesem Grund braucht die Werkzeugschneide mehr Kraft um die Oberfläche in die gewünschte Form zu bringen. Ein spröder Spanbildungsmechanismus infolge höherer Festigkeit macht sich bei Variation von Schnittparametern bemerkbar. Bei kleinen Vorschüben bleibt die Oberflächenrauheit unverändert. Hier wird der ganze Materialabtrag durch die im Kontaktbereich wirkende Druckspannungen dominiert. Nur die großen Vorschübe zeigen eindeutige Veränderungen auf der gedrehten Oberfläche (Abb. 2.7).

Die Vorteile der Weißbearbeitung liegen darin, dass danach die Schwindung nicht mehr so groß ist. Das ermöglicht die Bearbeitungszugabe für die Nachbearbeitung zu minimieren und in optimaler Größe sicherzustellen [TIET94].

Beim Fräsen im vorgesinterten Zustand kommt es auf die Sintertemperatur an. Je nach technologischen Anforderungen können verschiedene Temperaturen eingesetzt werden.

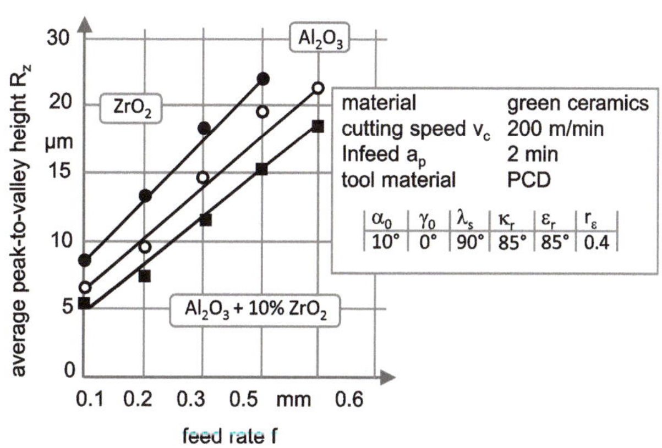

Abb. 2.6 Einfluss des Vorschubes auf die Oberflächenrauheit [KLOC99]

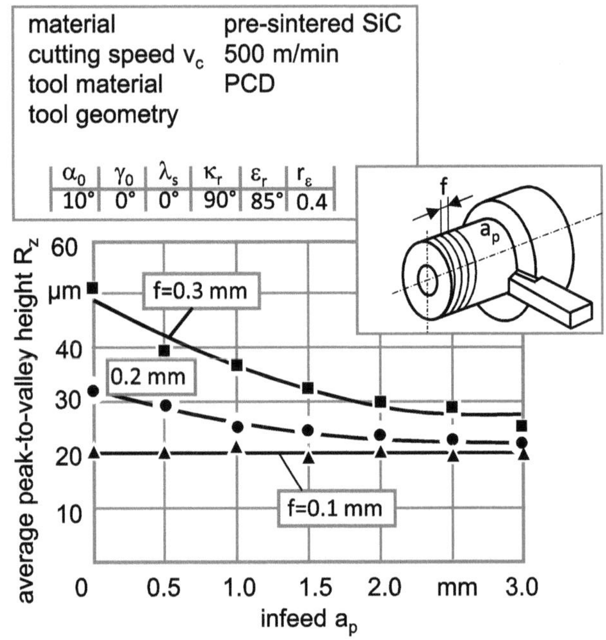

Abb. 2.7 Einfluss der Schnitttiefe und Vorschubes auf die Oberflächenrauheit [KLOC99]

Die Versuche in [SCHN89] zeigen, dass eine Variation der Sintertemperatur zwischen 950°–1250° zu starker Steigerung des Werkzeugverschleißes führt. Die vierfache Reduzierung der Werkzeugstandzeit ist als Folge zu beobachten. Mit steigender Temperatur steigen die mechanischen Kennwerte der Keramik, was ihre Zerspanbarkeit erschwert. Die Versuche an einem Versuchswerkstoff aus Al_2O_3/Y-TZP- Komposite zeigt die sprunghafte Vergrößerung der Schnittkraft ab 1000 °C [HA10]. Höhere Temperatur führt dazu, dass der Werkstoff infolge fortschreitender Verschmelzung von Pulverpartikeln fester und spröder wird. Der Prozess der Verfestigung wird vom Al_2O_3-Gehalt stark beeinflusst (Abb. 2.8).

Da das Fräsen mittels eines mehrschneidigen Werkzeuges realisiert wird, übt das Werkzeug bei jedem Ein- und Austritt auf die Werkstückkante einen enormen Druck aus, das mit Kantenausbrüchen endet. Je härter das Werkstück ist tritt dieser Effekt mehr in Erscheinung. Dabei sind die Größe des Eingriffswinkels und die Fräsrichtung die entscheidenden Faktoren [SCHN89]. Während beim Planfräsen diese Faktoren durch Auswahl des Werkzeugdurchmessers und des Fräsmodus zu beeinflussen sind, treten beim Fräsen der Freiformflächen die ungünstigen Bearbeitungsbedingungen zwangsläufig auf. Hier bleibt nur die Möglichkeit die negativen Einflüsse des Werkzeugaustrittes mit Hilfe von anderen technologischen Parametern zu kompensieren.

Das Literaturstudium liefert Erkenntnisse darüber, dass die meisten Untersuchungen zur Grün- und Weißbearbeitung an kleinen Keramikproben durchgeführt wurden. Diese Versuchsbedingung ist durch die Schwierigkeit der Herstellbarkeit von großen zerspan-

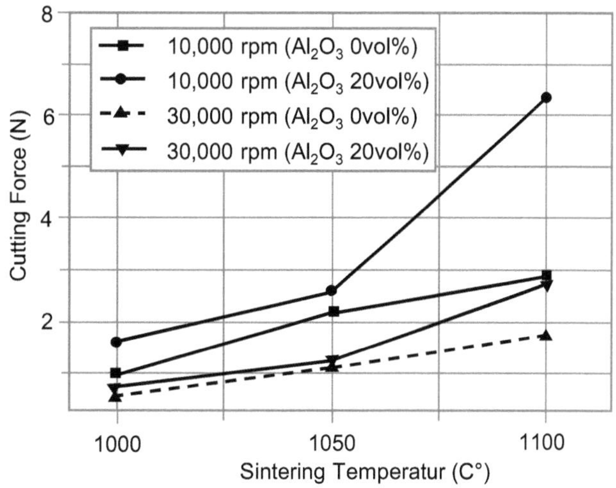

Abb. 2.8 Einfluss der Sintertemperatur und auf die Schnittgeschwindigkeit beim Fräsen [HA10]

baren Keramikrohlingen diktiert. Zum Beispiel bereitet schon die Herstellung eines homogenen Rohlings bis 1 m aufgrund der vielen Einflussfaktoren enorme Probleme. In [TEIC06, WEND05] wurden Versuche unternommen, im Rahmen eines Industrieprojektes eine Formgebungstechnologie für große Keramikblocke mit optimierter Zusammensetzung für Gießereizwecke zu entwickeln. Die Anforderungen an die höhere Temperaturfestigkeit und –Wechselbeständigkeit der Keramikformen, die den Abguss der Stahlschmelze ermöglichen sollte, konnte nur nach dem Sintern bei höheren Temperaturen gewährleistet werden. Andererseits sollte die Keramikform nicht bis zur Endfestigkeit gesintert werden, um ihre Fräsbarkeit zu ermöglichen. Ein Kompromiss konnte durch die Wahl einer geeigneten Zusammensetzung der Keramik gesichert werden. Das System CaO-Al_2O_3 erschien durch eine nadlige/blättrige Struktur und entsprechender Binderkomponente dafür am besten geeignet zu sein. Diese Verbindung war im vorgesinterten Zustand bis zur Temperatur 1400 °C gut zu fräsen.

Beim Keramikfräsen mit Vollhartmetall-Werkzeuge wurde erwartungsgemäß ein abrasiver Verschleiß entlang der Haupt- und Nebenschneide beobachtet. Dies ist auf die mechanische Reibung am Schneidkeil des Werkzeuges zurückzuführen. Da beim Keramikfräsen kein Span entsteht, sondern die Keramikkörner aus der Bindung herausgeschlagen werden, führt die dadurch entstehende raue Oberfläche zu erhöhter Reibung. Kolk- und Freiflächenverschleiß sind die Folge (Abb. 2.9).

Die Untersuchungen zeigen, dass ein optimaler Trocknungsprozess eine wichtige Etappe bei der Herstellung von großen Keramikblöcken ist. Die schnelle Trocknung führt zum Entstehen von Rissen. Daher sollte ein großer Keramikblock langsam getrocknet werden. Trotz unternommener technischer Maßnahmen blieb die Größe der hergestellten Blöcke bei 400 x 400 x 100 mm begrenzt [TEIC06].

Abb. 2.9 Verschleißverlauf beim Keramikfräsen an der Freifläche der Werkzeugschneide [GANT06]

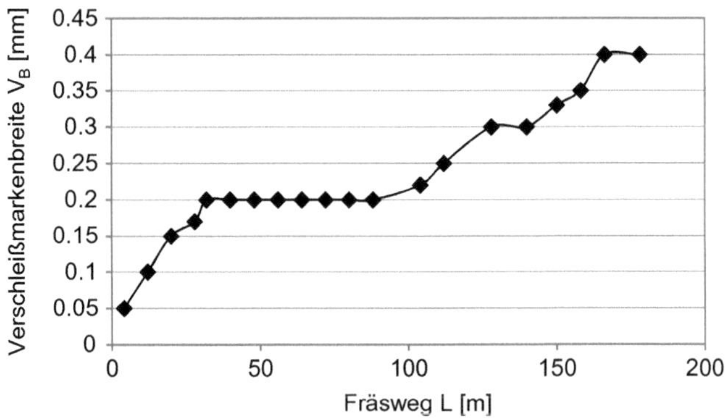

Schnittbedingungen:
v_c = 450 m/min
a_p = 5 mm
a_e = 5 mm
v = 10 m/min

Werkzeug:
D = 12 mm
z=2
VHM

Werkstoff: Keramik $CaO\text{-}Al_2O_3$,
Binderanteil 20 %

Abb. 2.10 Temperaturabhängigkeit der mechanischen Eigenschaften von Yttria stabilisierten Zirkonoxid [ITO17]

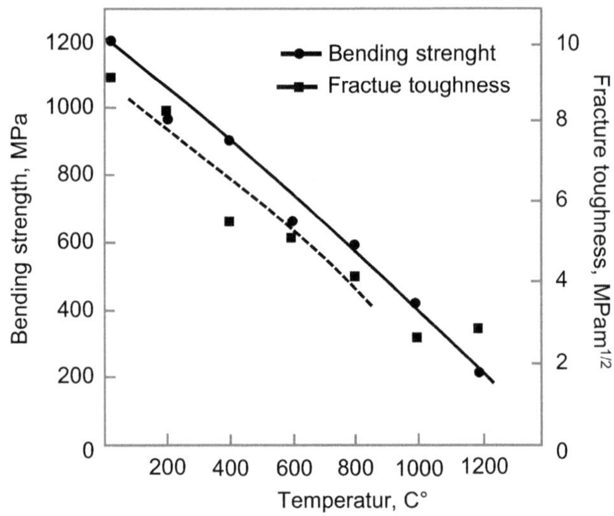

Hartbearbeitung

Die Hartbearbeitung von keramischen Bauteilen erfolgt im Werkstoffendzustand mit dem Ziel die geforderten Maß-, Form- und Lagegenauigkeit sowie Oberflächenrauheit zu sichern. Sie ist lediglich aus der Dentaltechnik bekannt. Die Zahnkronen werden aus vollem keramischem Material im gesinterten Zustand direkt gefräst.

Die Hartbearbeitung von technischen Keramiken erfolgt im fertig gebrannten Zustand. Die endgesinterten Keramiken besitzen solche mechanischen Eigenschaften, die die Durchführung einer mechanischen Bearbeitung mittels Fräsen erschwert. Das Fräsen der Werkstücke in diesem Zustand wird mit hoher Zerspanungstemperatur und -kraft begleitet. Eine Realisierung solch eines Prozesses ist nur mit diamantbeschichteten Fräswerkzeugen möglich. Hier kommt es darauf an, bei der Bearbeitung keine Risse oder

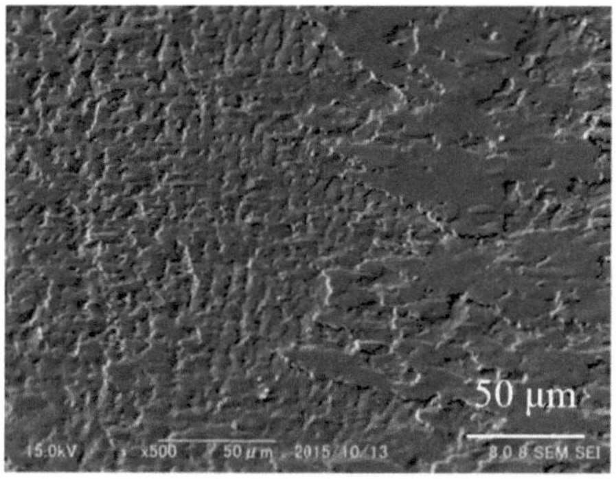

(a) Cutting speed: 11 m/min

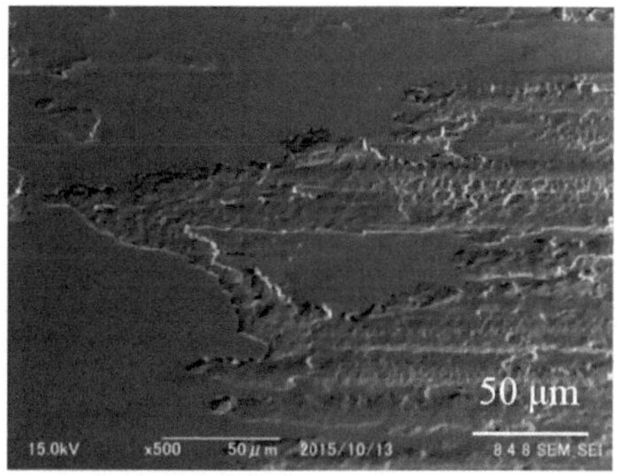

(b) Cutting speed: 44 m/min

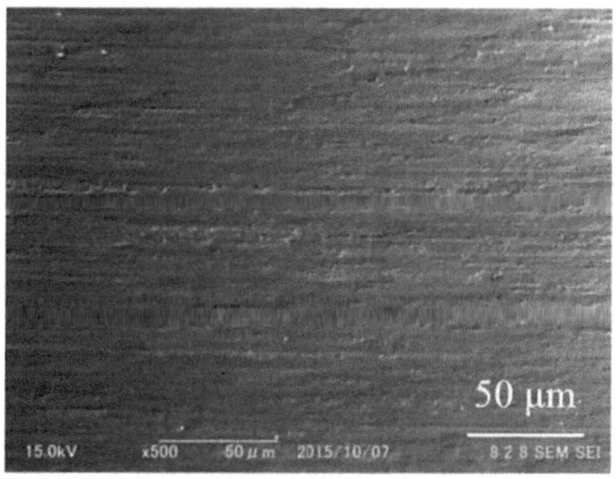

(c) Cutting speed: 670 m/min

Abb. 2.11 Gefräste Oberfläche eines keramischen Teiles (Werkzeugdurchmesser 2 mm; HM; Sintertemperatur 1350°) [ITO17]

Schadensmechanismen in das Werkstück einzubringen. Es ist auch bekannt, dass die keramischen Werkstoffe bei höherer Temperatur „weicher" werden (Abb. 2.10). Laserunterstütztes Fräsen von gesinterten Keramikteilen basieren auf diesen Effekt. Bei extrem harten Keramikarten kommen Fräswerkzeuge unter Ultraschall-Beaufschlagung zum Einsatz.

Neuste Studien liefern Erkenntnisse darüber, dass höhere Schnittgeschwindigkeiten und damit verbundene höhere Temperaturen beim HSC-Fräsen den Trennvorgang keramischer Werkstoffe positiv beeinflusst [ITO17]. Die hohe Zerspanungstemperatur kann bei einer Schnittgeschwindigkeit von 700 m/min bis 400 °C ansteigen. Mit entsprechendem Werkzeug ist bei diesen Regimen eine gute Oberflächengüte zu erreichen (Abb. 2.11).

2.3 Bearbeitung von Grafit

2.3.1 Spezifische Eigenschaften

Nach Definition der DKG [KLOS09] gehört Grafit zu den Keramiken. Grafit ist ein relativ weicher Werkstoff im Vergleich zu den anderen Kohlenstoffen und Keramiken. Spezifische Eigenschaften von Grafit wie gute elektrische Leitfähigkeit, minimale chemische Reaktivität und gute Schmiereigenschaften finden breitere Anwendung in vielen Industriezweigen.

Die hohe thermische und elektrische Leitfähigkeit und geringe Härte (Mohshärte = 1) macht ihn für einige Anwendungsgebiete interessant. Typische Anwendungen von Grafit sind Elektroden für Lichtbogenofen und für die Schmelzflusselektrolyse, Kohlebrüsten, Gießformen, Ofenauskleidungen usw. Neben wirtschaftlichen Aspekten ist vor allem das gute thermische Verhalten der Grafite ein wichtiges Merkmal. Bis 3000 °C bleibt Grafit im festen Aggregatzustand und ist durch hohe Temperaturwechselbeständigkeit charakterisiert. Die Festigkeit nimmt mit zunehmender Temperatur (bis 2500 °C) zu.

Aufgrund des geringeren Verschleißes bei größeren Abtragraten als bei Kupfer stellt das Grafit heute den am meisten verwendeten Elektrodenwerkstoff dar. Die Entwicklungen auf dem Gebiet des HSC-Fräsens ermöglicht die Bearbeitung von Graphitelektroden werkstoffgerecht und wirtschaftlich zu gestalten und dadurch die Bedeutung des Grafites für die Funkenerosion deutlich zu steigern. Der Einsatz des HSC-Fräsens bei der Herstellung von Graphitelektroden lässt das Zeitspanvolumen deutlich steigern. Im Bereich des HSC-Fräsens sind Schnittgeschwindigkeiten von 1000–3000 m/min zu erreichen [CAMA91].

Feinkörnige Spezialgraphite für die Funkenerosion besitzen eine Korngröße kleiner 100 µm. Diese Kristallstruktur bestimmt die Eigenschaften des Grafites hinsichtlich seiner Zerspanbarkeit mit geometrisch bestimmter Schneidwerkzeugen. Im Vergleich zu anderen Graphitsorten zeichnen sich diese Elektrodengraphite durch ihre gute Zerspanbarkeit aus. Mit beschichtetem Hartmetallwerkzeugen können diese Werkstoffe leicht spanend in die gewünschte Form gebracht werden.

Im Werkzeug- und Formenbau etablierte Graphitelektroden besitzen in der Regel die Aufgabe schwer erreichbare Konturelemente zeit- und kostenminimal abzutragen. Die Elektroden weisen neben der Regelgeometrie auch Freiformflächen auf. Die Geometrie-

Abb. 2.12 Gefräste Graphitelektroden [DIET16]. (Quelle: ProForma GmbH Radeburg)

vielfalt der gefrästen Konturen ist sehr breit (Abb. 2.12). Jede Fräsaufgabe verlangt daher eine spezielle Vorgehensweise zur Prozessgestaltung hinsichtlich Schneidstoff, Prozessparameter und -struktur.

Grafit ist eine allotrope Modifikation des Kohlenstoffs. Anhand der Erläuterung des Aufbaus und der Eigenschaften des Graphitidealkristalls kann man die Gefüge polykristallischer Grafite charakterisieren. Die Struktur eines Graphitkristalls weist eine extrem anisotrope Eigenschaftscharakteristik auf. Im Unterschied zu Diamanten zeichnet sich die Graphitstruktur durch eine sp^2-Hybridisierung aus, die zur Bildung parallel liegender Kohlenstoffbasisebenen führt. Im Graphitkristall ist jedes Kohlenstoffatom durch kovalente Bindungen innerhalb einer Gittereben gebunden. Zwischen den Atomen der benachbarten Ebenen besteht nur eine van der Waals-Bindung. Der Ebenen weise Schichtaufbau bedingt deutlich höhere mechanische Eigenschaften in der Ebene, sowie thermische (zweifache) und elektrische (fünffache) Leitfähigkeit als in dazu senkrechter Richtung. Je nach der Ebenenfolge entsteht eine hexagonale oder rhomboedrische Gitterstruktur [KOLL18]. In Naturgraphiten beträgt der Anteil von rhomboedrischen Grafiten bis 30 %. Die künstlichen Grafite bestehen dagegen komplett aus hexagonalen Strukturen. Bei einer Temperatur zwischen 2500–3303 K nimmt rhomboedrischer Grafit die hexagonale Kristallstruktur an.

Die Ursache für niedrige mechanische Eigenschaften des Grafites liegt an der schwachen Bindungskraft zwischen den Ebenen. Diese schwache Bindung begünstigt andererseits die gute Gleit- und Schmiereigenschaften des Grafites. In der Tab. 2.3 sind die wichtigen Eigenschaften des Graphitkristalls zusammengefasst, die für alle Graphitwerkstoffe repräsentativ sind. Die Struktur und damit verbundenen Eigenschaften des Grafits formieren sich während des Herstellungsprozesses und sind von der maximalen finalen Temperaturbehandlung abhängig [KOLL18].

Zur Charakterisierung des Gefüges eines Grafites ist es weiterhin wichtig den Herstellungsprozess und die prozessbegleitenden Einflussgrößen auf das Gefüge näher zu erläutern. Die industrielle Herstellung von Grafit basiert auf dem Verkoken kohlenstoffhaltiger Materialien. Je nach angewandtem Verfahren kommen als Hauptrohstoff Koks,

Tab. 2.3 Typische Eigenschaften von Grob- und Feingraphit für EDM [GRAI19, NN19, NN21, KOEN97, KOLL18]

Charakteristik	Grobgraphit	Feingraphit
Korngröße [μm]	12–25	15-4
Härte [Shore]	57–60	68–85
Dichte [kg/m³]x10³	1,8	1,87–1,93
Biegefestigkeit [MPa]	44–50	65–95
Wärmeleitfähigkeit Leitfähigkeit [W/m°K]	95–105	65–90
E-Modul [GPa]	10–11	11–12
Spez. el. Widerstand [μΩ-m]	12,5	15–17
Druckfestigkeit [MPa]	103	140–190

Grafit oder Anthrazit zum Einsatz. Die Formgebung im Grünzustand entspricht den Verfahren der Keramikherstellung.

Die Bestandteile des Rohstoffes werden nach der Aufbereitung mit erschmolzenem flüssigem Binderpech gemischt. Die Materialmischung wird durch Extrusion, Rüttelverdichten oder isostatisches Pressen in Form gebracht. Das Pressverfahren hat einen signifikanten Einfluss auf die Anisotropie des Grafites. Dieses bewirkt, dass viele makroskopische Eigenschaften des Grafits richtungsabhängig sind. Der Pressdruck gibt dem Körper eine Vorzugsrichtung senkrecht zur Druckrichtung [DELL83]. Der Binderanteil wird abhängig von der Korngröße der Feststoffanteile und vom Formgebungsverfahren dosiert und liegt im Bereich von 20 % bis 40 %.

Im nachfolgenden Prozessschritt wird der erstarrte Grünling unter Zufuhr von Luftsauerstoff bei 800–1200 °C in einem Ringofen gebrannt, wobei die flüchtigen Substanzen, vor allem Kohlenwasserstoffe ausgetragen werden. So erhält man eine erste verkokte Masse mit einem Kohlenstoffanteil von ca. 50–60 %. Nach der Verbrennung der Bindematerialien entstehen im Werkstoff die Poren, die mit der Materialschrumpfung in Verbindung stehen. Eine weitere Steigerung der mechanischen und elektrischen Eigenschaften des porösen Kohlekörpers erfolgt in mehreren Nachverdichtungsschritten. Nach dem Vakuumimprägnierungsverfahren der Kohlenstoffkörper im Imprägnierpech oder Harz wird der Körper einer Karbonisierungsbehandlung bei 800–1200 °C unterzogen [KOLL18].

Nach dem Brennen liegt ein Kohlenstoff vor, die sich durch deutlich höhe Härte und Sprödigkeit auszeichnet. Das Gefüge ist von geringer grafitischer Natur, d. h., dass in den Kristalliten eine geringe Ordnung vorliegt. Die Überführung des erhaltenen amorphen Kohlenstoffwerkstoffes in eine grafitische Struktur findet in der Hochtemperaturbehandlung, im sogenannten Graphitierungsprozess, bei Temperaturen über 2500 K statt [MARS82]. Die Graphitierung ist ein Kristallisierungsvorgang. Das Ziel der Graphitierung liegt darin, dem polykristallischen Gefüge einige Eigenschaften des idealen Graphitkristalls zu geben. Der Grad der Graphitierung hängt vom Zustand der vorliegenden Struktureinheit ab. Liegt eine ungünstige Orientierung dieser Einheiten vor, ist das Erreichen eines höheren Graphitierungsgrades schwieriger [KOEN97, QUIN13]. Wenn nach der Graphitierung große zusammenhängende Bereiche entstehen, so ist mit geringeren mechanischen Eigenschaften zu rechnen. Schlecht graphitierte Werkstoffe liefern dagegen eine hohe mechanische Festigkeit und besitzen eine verringerte elektrische Leitfähigkeit. Wie aus [SCHN87] bekannt ist, ändert sich die Festigkeit des Grafites mit zunehmender Einsatztemperatur. Graphitmaterialien weisen über 1200 °C eine hervorragende spezifische mechanische Eigenschaft auf. Es ist auch bekannt, dass bei einer Temperatur ab 400 °C die Graphitwerkstoffe oxidieren.

Mechanische Eigenschaften

Die mechanischen und topologischen Eigenschaften des Grafites sind für die Beurteilung der Zerspanbarkeit des Werkstoffes und die Interpretation der auftretenden Versagensphänomene von hoher Bedeutung. Die mechanischen Eigenschaften von Grafit sind stark von der kristallographischen Orientierung und der Temperatur abhängig. Charakteristisch für viele Graphitmodifikationen ist die Erhöhung der Zugfestigkeit mit steigender Temperatur um den Faktor 1,5 bis 2 und diese erreicht ihren höchsten Wert bei 2400–2800 °C. Bei Temperaturen zwischen 2200–2300 ° C steigt die Druckfestigkeit um das 1,3 bis 1,6 fache. Die weitere Erhöhung der Temperatur auf über 3000 °C bedingt einen rasanten Festigkeitsverlust. Bei 2000 °C ist der Grafit sehr spröde. Im Intervall von 2200–2600 °C ist eine große Restdehnung zu beobachten [RODI79].

Die Zug- und Biegefestigkeit des Grafites ist relativ gering. Er hat aber dagegen eine vergleichbar hohe Druckfestigkeit. Für praktische Anwendungen sind aber nicht nur die Werte der Zugfestigkeit und Dehnung, sondern auch Kenngrößen wie die Biege- und Druckfestigkeit sowie der Elastizitätsmodul bedeutend. Die Festigkeiten des Grafites sind stark von den Herstellungsmethoden abhängig. Durch Imprägnierungen mit Kunstharzen oder Metallen können die Festigkeiten, der E-Modul und die Härte des Grafites im Herstellungsprozess deutlich erhöht werden. In Abb. 2.13 ist die Spannungs-Dehnungs-Charakteristik von Grafit dargestellt. Trotz des spröden Bruchverhaltens unterscheidet sich Grafit von anderen keramischen Materialien darin, dass bei Belastung ein linearer Verlauf der Kurve fehlt. Nach der Belastung bis zu einer Spannung σ_0 und Dehnung ε_0 und folgender Entlastung entsteht eine Restdehnung ε_1, die je nach Graphitsorte zwischen $0{,}1 \cdot \varepsilon_0$ und $0{,}3 \cdot \varepsilon_0$ liegt [RODI79]. Es wurde nachgewiesen, dass die Nichtlinearität des Spannungs-Dehnungsverlaufes, als auch die starke Hysterese auf die Verschiebung der Gleitebenen und Mikrorisse, die unter Belastung entstehen, zurückzuführen sind. Die Risse können sich unter Last öffnen und schließen, was als Fließverhalten des Werkstoffes bezeichnen wird [DELL83, KELL81]. Die oben beschriebene, gekrümmte Deformationscharakteristik führt dazu, dass man das Elastizitätsmodul nicht einfach definieren kann. In der Praxis arbeitet man mit dem dynamischen Elastizitätsmodul, der mittels Resonanzfrequenzverfahren bestimmt wird. Die Bruchdehnung liegt bei 0,5 %.

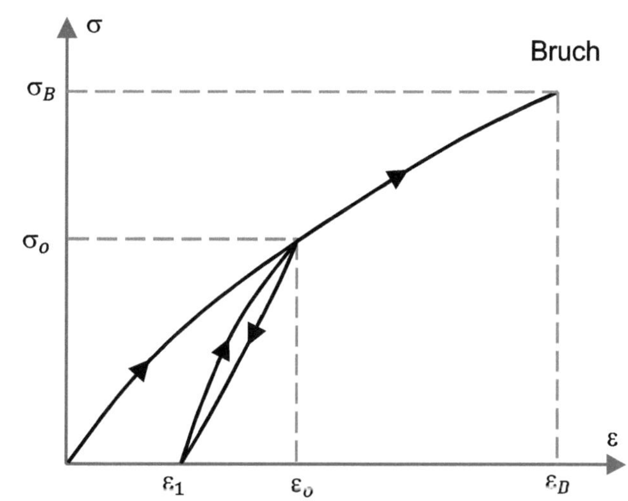

Abb. 2.13 Spannungs-Dehnungs-Diagramm Grafit [RODI79]

Die Deformierbarkeit der Graphitkristallite hängt stark von der Graphitierung ab. Eine bessere Graphitierung ermöglicht ein besseres Gleiten der Kristalle. Es ist auch bekannt, dass die Deformierbarkeit der Binderphase deutlich geringer als die der Kristallite ist und unter Last ein sich versteifende Charakteristik hervorruft [KOEN97, LOST81]. Mit steigendem Binderanteil kann daher der Elastizitätsmodul deutlich erhöht werden.

Als wichtige Einflussgröße bestimmt die Porosität das Werkstoffverhalten maßgeblich. Große Porosität bedeutet eine hohe Deformationsfähigkeit des Gefüges. Die Mikroporosität im Binder zeigt dagegen keinen signifikanten Einfluss auf die mechanischen Eigenschaften des Grafites [LOST81].

Laut den Untersuchungen in [KOEN97] zeigen die Bruchflächen keine Deformationsspuren durch Fließen. In der Abb. 2.14 sind die Ergebnisse der Bruchversuche bei Zug- und Druckbelastungen dargestellt. Die Bruchfläche nach der Zugbelastung zeigt eine interkristalline Trennung des Gefüges, die durch Defekte im Material bedingt sind. Charakteristisch für Graphitwerkstoffe ist eine Trennung der Kristallite parallel zu den Basisebenen. Am Bruch nehmen die Lamellen, bzw. Kristallite die nicht normal zur Belastungsrichtung liegen, teil. Geringere Schubspannungsanteile zwingen diese Kristallite zu einem Abgleiten. Beim Drücken findet ein Abgleiten oder Einsenken von Kristalliten aufgrund

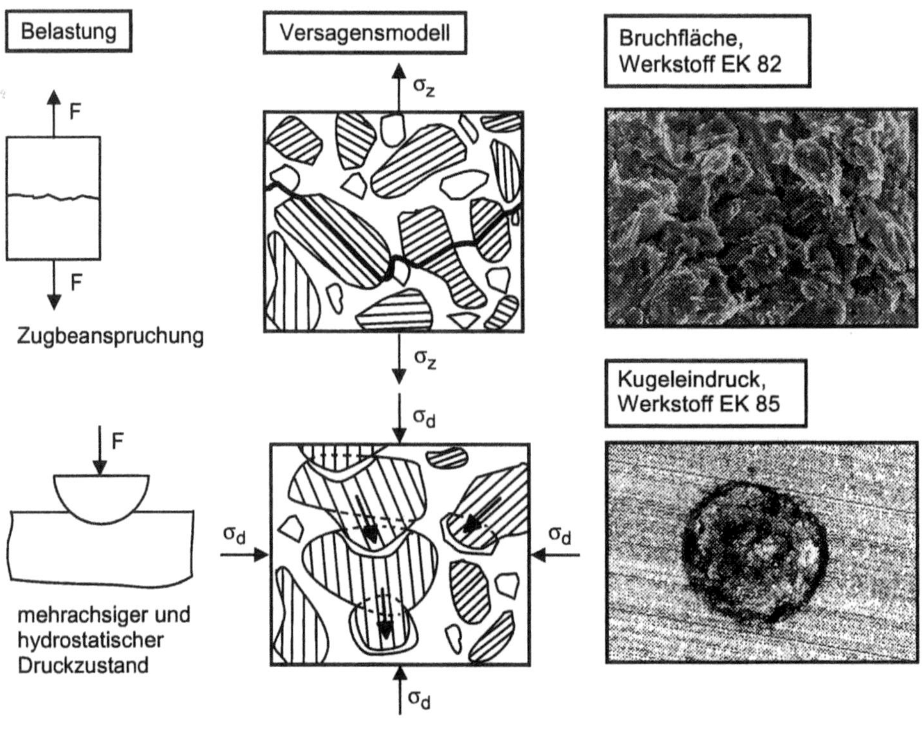

Abb. 2.14 Versagensarten des Grafites unter Zug- und Druckbelastungen [KOEN97]

der Porosität statt. Das Zusammenbrechen der Struktur infolge der Verlagerung führt zu Volumenverlust des Makrogefüges. Die Zerrüttung des Materials baut die makroskopischen Spannungen lokal ab, so dass an der Druckstelle keine Zugspannunsgebiete auftreten, die bei anderen keramischen Werkstoffen bekannt sind.

Die tribologische Eigenschaft des Grafites beim Gleiten als Reibpartner hat für den Verschleißvorgang an der Schneide eine große Bedeutung. Beim Gleiten eines Graphitkörpers zwingt die Schubspannung zur Trennung der Kristallite an der Oberfläche entlang der Basisebenen, deren Anzahl und Teilnahme im Gleitprozess stark von Graphitierungsgrad abhängt. Während des Gleitens stapeln sich die Schichten aufeinander. Dadurch kommen die geschobenen Ebenen zur Schieflage. Nach mehrmaligem Gleiten lösen sich die Strukturen des Graphitfilmes ab. Starke Druckwechselbelastung verstärkt den Abrieb der Graphitoberfläche infolge von Ermüdungsphänomenen, die von der mechanischen Festigkeit des Grafites abhängen. Dieses Phänomen kann den Verschleißvorgang beim Zerspanen beschleunigen [KOEN97, LANC75, QUIN63].

2.3.2 Spanende Bearbeitung von Grafit

Die oben beschriebenen Eigenschaften des Grafites lassen zu erwarten, dass bei Zerspanung eine spröde Materialabtragung auftritt. Da Graphitwerkstoff von seinem Strukturaufbau her zu den keramischen Materialien gehört, wird der Spanbildungsvorgang auch hier mittels bruchmechanischer Ansätze beschrieben.

Für die Beschreibung des bruchförmigen Abtrags bei der Graphitzerspanung wurden in [KOEN97] die Prinzipien der linearelastischen Bruchmechanik (LEBM) eingesetzt. Beim Eindringen der Schneide ins Material steigt die im Werkstück gespeicherte Energie. Erreicht diese die kritische Bruchenergie, bildet sich ein lokaler Bruch. Die freigesetzte Bruchenergie verringert die elastische Energie. Es entsteht ein initialer Riss, der mit dem nächsten Eindringen der Schneide fortschreitet. Der zyklische Auf- und Abbau der elastischen Energie führt zum bruchförmigen Abtrag des Materials vor der Schneide. Der Charakter und die Intensität der Rissöffnung und –fortpflanzung bestimmen die Zerspanbarkeit des Grafites. Dabei üben die Schneidengeometrie, besonders der Spanwinkel und der Schneidkantenradius, einen wesentlichen Einfluss auf die Rissbildung aus. Je nach Größe des Spanwinkels kann das Verhältnis Schub- zu Zugspannungen unterschiedlich ausfallen [WAN16]. Dieses Verhältnis führt zur Bildung von unterschiedlichen Spannungszuständen vor der Werkzeugschneide. Um die Spannungskonzentration in der Kontaktzone und den damit verbundenen Rissverlauf bei der Graphitbearbeitung zu erklären, verwendet man bruchmechanischer Lastfälle (Abb. 2.15). Dieser Ansatz ermöglicht das Eintreten des Bruches anhand der Spannungsintensitätskonzentration KIC vor der Schneide zu bestimmen. Trotzt der Vorhersage zum Risseintritt ist keine Aussage zum Rissfortschritt möglich.

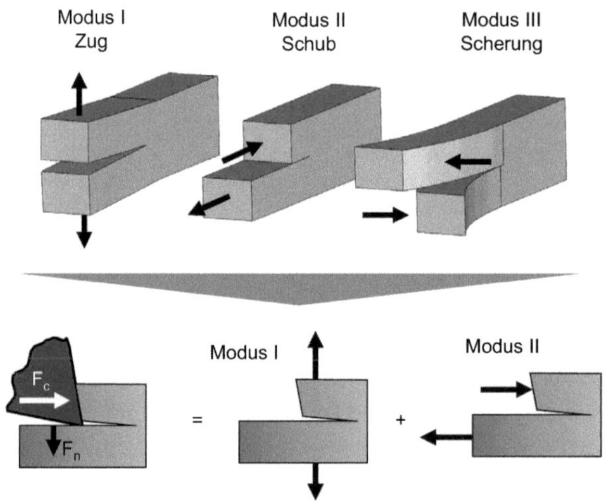

Abb. 2.15 Bruchmechanisches Ersatzmodel für den Schneideneingriff nach {KOEN97]

Das Ausbreiten des Risses unter Last ist vom Ablenkungswinkel abhängig, der von der Schubbelastung bestimmt wird. Bei einem Mixmode (Mode I + Mode III), der für die Zerspanung von spröden Materialien angenommen wird, bestimmt die Richtung der Schubspannung den Rissfortschritt [KOEN97].

Die Spanungsdicke hat einen großen Einfluss auf die Entstehung der Risse und damit des Materialabtrages. Bei kleinen Spanungsdicken entstehen vor der Werkzeugschneide keine ausreichenden Spannungen für einen Rissfortschritt. Aufgrund der wenigen Materialanhäufungen vor der Schneide werden geringere Schubspannungen erzeugt, wobei durch die Schneide aufgebaute elastische Energie durch Korngleiten abgebaut wird. Erst bei ausreichenden Materialvolumen vor der Schneide steigt die Spannungsintensität soweit, dass ein Ausbruch entsteht. Abhängig vom Schneidkantenradius werden die aufgebauten Druckspannungen so groß, dass der Werkstoff vor der Schneide ohne Rissbildung infolge von Mikrorissen und Gleiten lokal zerrüttet. In Schnittrichtung vor dieser Zone liegen die Voraussetzungen für einen Rissfortschritt vor, da trotz sinkender Druckspannung der Schubspannungszustand erhalten bleibt [DOKA89, KOEN97, PEKE78, WANG07]. Die Bildaufnahmen von [ZHOU09] bestätigen diese Hypothese. Strukturbedingte mechanische Eigenschaften des Grafites führen dazu, dass beim Zerspanen mit unterschiedlichen Spanungsdicken sich in Form und Struktur unterscheidende Späne entstehen. Mit sinkender Spanungsdicke erhöht sich die Zerspanarbeit, da die volumenabhängige plastische Zone zunimmt. Späne kleinerer Dicke ähneln einem Scherspan. Unter einer Spannungszunahme an der Werkzeugschneide beginnen dünne Graphitschichten entlang der Basisebenen zu gleiten (Abb. 2.16). Während die Rückseite des Spans ein zu einem Agglomerat zusammengeschobene Flocken ähnelt (Abb. 2.16a), sind an der Unterseite die Gleitspuren des Werkstoffes ersichtlich (Abb. 2.16c). Mit steigender

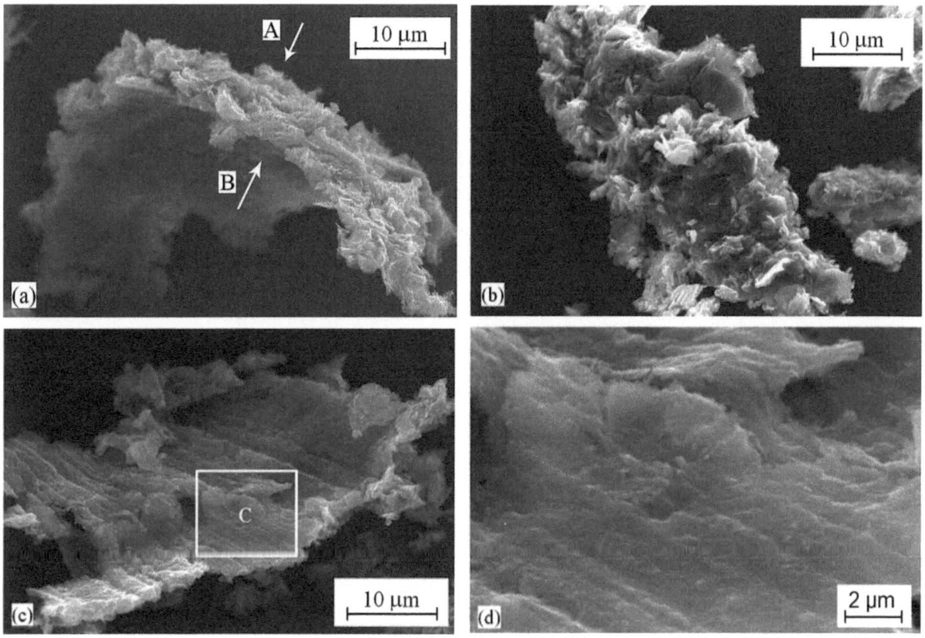

Abb. 2.16 Spanformen bei der Graphitzerspanung im Orthogonalschnitt [ZHOU09]. $a_p = 0{,}02$ mm, $\gamma_o = 5°$, v = 10 mm/min. (a) Seitenansicht; (b) Ansicht in Richtung A; (c) Ansicht in Richtung B und (d) Vergrößerung des Bereiches C.

Schnitttiefe ändert sich die Spanform stark. Bei größeren Schnitttiefen sind die Trennteile des Materials als Brocken zu bezeichnen (Abb. 2.17).

Die Größe der Späne korreliert mit der Schnitttiefe. Die Untersuchungen belegen, dass mit steigender Schnitttiefe von 0,02 mm auf 0,14 mm die Spanlänge von 10 µm auf 630 µm zunimmt [ZHOU09]. Dabei wurde festgestellt, dass die Anteile der mittleren und größeren Späne deutlich ansteigen, die den größten Anteil des Materialabtrags ausmachen. Der bruchförmige Abtrag ermöglicht zwar eine effiziente Nutzung der eingebrachten Energie pro Abtragvolumen, verschlechtert aber die Oberflächenqualität deutlich. Die großen Brocken hinterlassen große Bruchkrater auf der Oberfläche, die mit der Initiierung und Ausbreitung des Risses zusammenhängen. Mit zunehmender Druckbelastung in der Spanungszone ändert sich die Richtung der Rissausweitung. Bei großen Schnitttiefen ist die Ausweitung des anfänglichen Risses in das Material unterhalb der Schnitttiefe zu beobachten. Daher kann bei kleineren Spanungsdicken infolge des Entstehens des Fließspanes eine gute Oberflächengüte erzielt werden. In speziellen Fällen ist es notwendig für die geforderte Oberflächenrauheit eine Spanbildungungsoptimierung durchzuführen [ALIY10, LEVI06, LOPE06, YANG09].

Da bei der Graphitbearbeitung die auftretende Temperatur relativ gering ist, spielt dieser Faktor bei Ausbildung von Oberflächeneigenschaften eine untergeordnete Rolle. Sogar bei einem ununterbrochenen Schnitt steigt die Spanungstemperatur nicht über 100 °C.

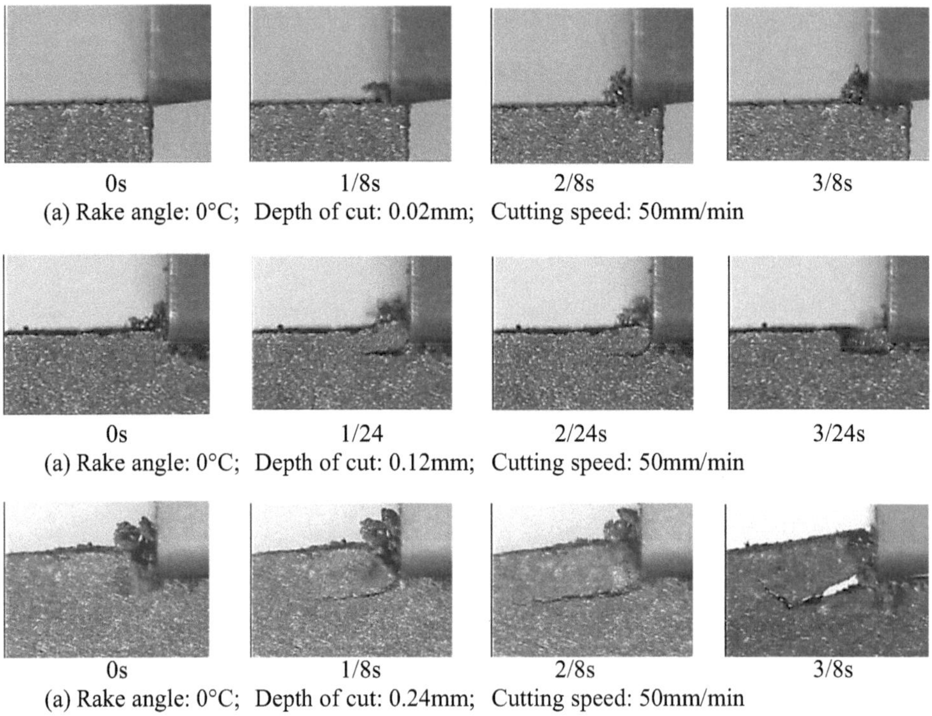

Abb. 2.17 Spanbildung bei der Graphitzerspanung bei unterschiedlichen Schnitttiefen nach [WANG07]

Die Genauigkeitsanforderungen der Graphitelektrode als konturbildendes Werkzeug verlangt eine entsprechende Prozessführung, wobei der Werkzeugverschleiß aufgrund der abrasiven Zerspanungsbedingungen eine grundsätzliche Rolle spielt. Von den bekannten Verschleißarten spielt die Abrasion für die Graphitbearbeitung aufgrund niedriger Kräfte und tribologischer Wechselwirkungen zwischen Grafit und dem Schneidstoff die wesentliche Rolle. Beim Schneiden werden die Graphitkristallite aus unterschiedlichen Richtungen belastet, wobei die Eigenschaften der Einzelkornkristalle den dominierenden Widerstand im Zerspanungsprozess darstellen. Daher ist das Verhalten einzelner Kristallite für das Gesamtverhalten des physikalischen Körpers hinsichtlich seiner mechanischen Eigenschaften besonders signifikant. Während des Graphitfräsens entstehen Partikel verschiedener Große, die über die Span- und Freifläche des Werkzeuges gleiten und unter Druckwirkung das Abtragen des Schneidstoffes bewirken. Je nach den Bedingungen, wie leicht die abgetrennten Partikel die Wirkzone verlassen können, entstehen unterschiedliche Verschleißformen. Die Wirkung einer höheren Schnittgeschwindigkeit und des Druckes bestimmt den Materialtransport aus der Zerspanungszone. Ausgestrahlte Partikeln beaufschlagen die Spanfläche außerhalb der Eingriffszone [CAMA91, KOEN97]. Der Verschleißstrahl führt zur Bildung eines Kolkverschleißes auf der Spanfläche. Seine Wirkung ist vom Strahlwinkel abhängig, was die Form des Kolkverschleißes mitbestimmt. Einem starken Kolkverschleiß kann man mit einem positiven Spanwinkel, hohen Spanungsdicken und höheren Schnittgeschwindigkeiten entgegenwirken.

Der ständige Kontakt der Freifläche mit der Schnittfläche intensiviert den Werkzeugverschleiß in diesem Bereich. Das Gleiten der Partikel verläuft unter den durch die Passivkraft erzeugten Druck. Freiwerdende Partikel wirken strahlend auf die Freifläche. Trotz des dargestellten abrasiven Verschleißmechanismus beim Fräsen von Elektroden ist der Freiflächenverschleiß im Vergleich zur Metallbearbeitung deutlich niedriger und beträgt nur ca. 60 % der Stahlbearbeitung.

Dem Strahlverschleiß an der Werkzeugschneide kann durch Einsatz von härtesten Schneidstoffen entgegengewirkt werden. Die Untersuchungen zum Graphitfräsen haben nachgewiesen, dass mit steigender Härte des Schneidstoffes der ermittelte Standweg des Fräsers zunimmt. Zum Beispiel, ein PKD CD10 Werkzeug liefert eine fünffach höhere Verschleißfestigkeit als die Hartmetallsorte P25. Der Verschleiß der HM-Werkzeuge wird primär durch Abrasion begleitend durch Oberflächenzerrüttung des Schneidstoffgefüges verursacht. Beim Fräsen mit PKD Werkzeugen ist dagegen kaum Abrasionsverschleiss festzustellen [CAMA91, COOK95, EVER98, KOEN97]. Hier ist mehr mechanische Schädigung als bruchförmiger Verschleiß der Schneidflächen zu bemerken. Aufgrund der thermischen und mechanischen Belastungen ist ein ungleichmäßiger Verschleiß zu beobachten, der auf stärkere Inhomogenität der Diamantschicht zurückzuführen ist [LIN92]. Andererseits lösen sich die Diamantkörner unter Belastung aus der Bindung und gleiten über die Freifläche. Dadurch entstehen infolge einer Mikrospanung die Spuren, die als Sekundärverschleiß beobachtet werden.

Der abrasive Prozessverlauf verlangt in erster Linie von den Schneidstoffen eine hohe Härte und Verschleißfestigkeit. Die Graphitwerkstücke können prinzipiell mit Hartmetall erfolgreich bearbeitet werden. Es kann aber mit dem Einsatz der Diamantbeschichtung noch erhebliche Standzeitgewinne erzielt werden (Abb. 2.18). Die Diamantschicht zeigt

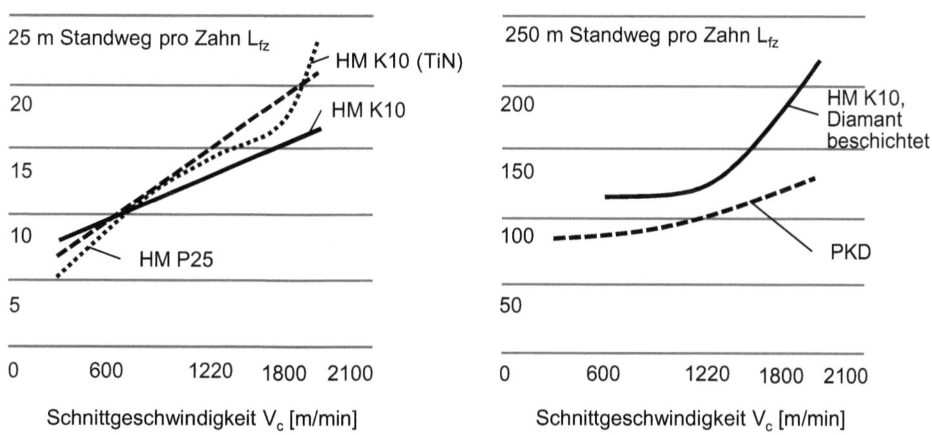

Abb. 2.18 Standwegverhalten unterschiedlicher Schneidstoffbeschichtungen beim Graphitfräsen [EVER98]

eine bessere Verschleißfestigkeit als bei PKD Werkzeugen, was mit einem besseren Kohlenstofffilmaufbau begründet werden kann. Das Ablösen einer dünnen Schicht führt zum schnelleren Verschleiß des Grundgefüges bei PKD Werkzeugen [KON97].

Die Bearbeitung mit Keramikschneiden bringt keinen nennenswerten Vorteil im Vergleich zu HM-K10 Werkzeugen. Der Standweg des Fräswerkzeuges mit einer Keramikschneide aus Mischkeramik (Al_2O_3 + ZiO_2) unterscheidet sich vom Standweg des HM-Werkzuges kaum. Die Schwierigkeiten des Einsatzes von Keramikschneiden liegen in ihrer Fertigung. Die Sprödigkeit dieses Schneidstoffes bedingt schon vor dem Einsatz kleine fertigungsbedingte Kantenausbrüche, die sich auf seine Fähigkeit negativ auswirkt [CAMA91].

2.4 Bearbeitung von Sand

2.4.1 Spezifische Eigenschaften

Die Eigenschaften des Sandblockes entscheidet die Auslegung des Fräsprozesses. Die mechanischen Eigenschaften des Formstoffblockes sind von den Anteilen der Bestandteile des Formstoffes abhängig. Die spezifische Formstoffeigenschaft, Festigkeit, ist zur Ausbildung der Formkontur bei der Formgebung, zum Sichern der notwendigen Stabilität der Formkontur beim Gießen und Erstarren der Schmelze von größter Bedeutung. Der Anteil des Binders und dessen physikalisch-chemischen Eigenschaften gewährleistet die feste Bindung zwischen den Sandkörnern und bilden durch ihren Bindemechanismus die erforderlichen mechanischen Eigenschaften des gebundenen Formstoffes aus. Andererseits ist die Korngröße, der wichtigste Faktor, der die Entstehung der Binderbrücken im chemischen Prozess beeinflusst (Abb. 2.19). In der Gießerei eingesetzte Sandkörnung besitzt eine Größe von 0,1 bis 0,2 mm. Eine feine Körnung braucht mehr Binder zur Umhüllung und Benetzen, was im Endeffekt eine zwangsläufig höhere Festigkeit zur Folge hat. Ob-

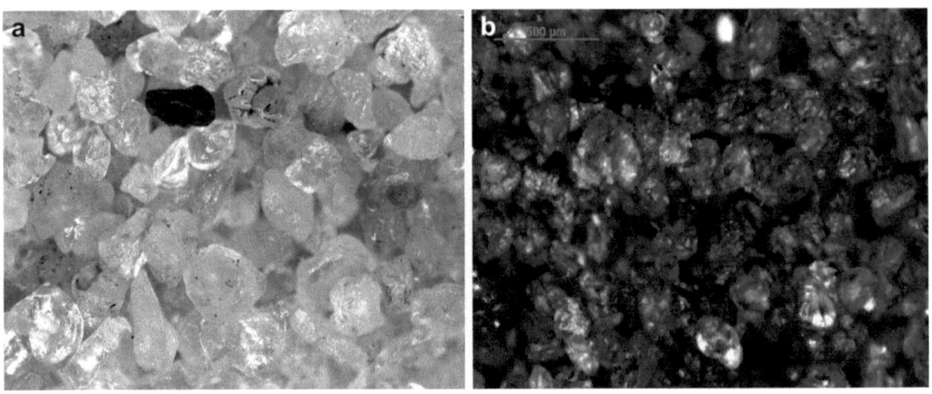

Abb. 2.19 Der Quarzsand als Grundstoff für Sandformen. a- ohne Binder, b-mit Binder

wohl die Herstellung verlorener Formen aus Sand ohne Modelle durch spanende Verfahren seit Mitte 70er-Jahre bekannt war [IRIE85, MIKU92, OHAS76], sind erste wissenschaftliche Untersuchungen der Oberflächenausbildung in Sandformen durch Fräsen in [MIKU92] zu verzeichnen. Neben der Zerspanung der Formstoffblöcke mit speziellen rotationssymmetrischen Werkzeugen wurden in dieser Arbeit die Sandblöcke auch mit Standardfräswerkzeugen bearbeitet und Anforderungen an die Werkzeugparameter formuliert. Die praktische Anwendung des Formstofffräsens für Gießformen ist nach intensiven Forschungen von unterschiedlichen Hochschulen und Firmen Mitte der 90er-Jahre möglich geworden.

Der Trennvorgang des Formstofffräsens kann wie bei einem Sprödwerkstoff charakterisiert werden. Der Materialabtrag stellt eine Kombination von Abscheren, Zerdrücken und Herausreißen von Sandkörnungen aus der Bindung dar. Dabei spielen die Korngröße und die Festigkeit eine besondere Rolle. Die unter Normalbedingungen ausgehärtete Gießform aus gießereiüblichen Formstoffen verfügen üblicherweise über eine Druckfestigkeit von über 600 N/cm^2. Daher setzt der Einsatz des HSC-Fräsens eine optimierte Formstoffzusammensetzung voraus. Durch die Optimierung des Verhältnisses von Bindemittelgehalt, Härter, Sandsorte und Aushärtezeit ist es möglich einen zu fräsenden Formstoffblock herzustellen [DEMA99, MATS97]. Eine optimale Druckfestigkeit variiert nach [MATS97] zwischen 200–600 N/cm^2. Da die für den Formstoff eingesetzte Körnung zwischen 0,2–1,5 mm und der Binderanteil bei maximal 5 % liegt, ist die Festigkeit des Formstoffes im Vergleich zu Grafit und Keramik deutlich niedriger. Ein üblicher Formstoff besitzt eine Zugfestigkeit in Höhe von 0,8 N/mm^2 (Abb. 2.20).

2.4.2 Spanende Bearbeitung

In allgemeinen kann die eingebrachte Energie beim Sandfräsen in Reibenergie, Umformenergie und Oberflächenenergie zur Bildung neuer Flächen und kinetische Energie zur

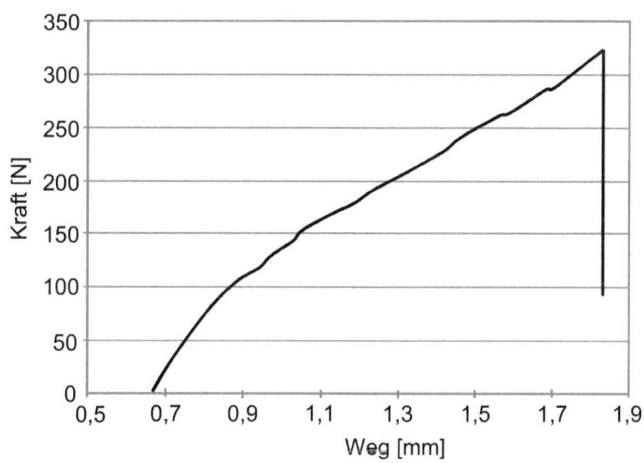

Abb. 2.20 Spannungs-Dehnungs-Diagramm einer Sandprobe mit einem Querschnitt 20 x 20 mm

Umlenkung der abgetrennten Partikel eingeteilt werden. Wesentliche Anteile der verbrauchten Energie werden in Reibenergie und Bruchenergie umgewandelt. Die anderen Energieteile sind relativ klein.

Die beim Werkzeugeindringen erzeugten Spannungen in der Schnittzone sind deutlich höher als die Zugfestigkeit des Formstoffes. Deshalb bilden sich durch die von einer Werkzeugschneide eingeführte hohe Energie keine größeren Brocken aus, sondern die Sandkörner werden bei weitgehender Zerstörung des Bindermaterials durch die hohen Druck- und Zugspannungen in der Schnittzone freigesetzt. Dieses Phänomen kann man bei der Durchführung des Prozesses mit unterschiedlichen Schnittgeschwindigkeiten genau beobachten. Bei niedriger Schnittgeschwindigkeit (quasi-statischer Versuch mit einem Ritzwerkzeug) entstehen relativ große Ausbrüche. In diesem Fall entspricht der „Spanbildungsvorgang" der Modellvorstellung wie er in Abb. 2.1 dargestellt ist. Die langsame Bewegung ermöglicht der vorhandenen Restelastizität im Trennvorgang wirksam zu werden und den abgetrennten Formstoffbrocken die Schnittzone im Ganzen zu verlassen. Die bei hoher Schnittgeschwindigkeit erzeugten Spannungen führen zum Entstehen von mehr Rissen in der Wirkzone vor der Werkzeugschneide und dem „Spanausschubkegel". Dabei wird das Bindermaterial unter der hohen Scherbelastung und der Reibbewegung beim Austragen aus der Wirkzone so weit zerkleinert, dass dieses als Feinstaub freigesetzt wird. Der Anteil zerstörter Sandkörner ist sehr gering. Die Untersuchungen zur Schnittkraftentwicklungen in Abhängigkeit von der Schnittgeschwindigkeit in [SHAN18, ZHAN17] weisen auf diesen Zusammenhang hin (Abb. 2.21).

Beim Sandfräsen ist die Größe der Spanungsdicke für die Staubentwicklung eine wichtige Einflussgröße. Wenn diese sich in der Größe der Korngröße bewegt (z. B. bei $f_z = 0{,}4$ mm), dann ist die Entstehung größerer Materialausbrüche kaum zu beobachten. In diesem Fall trifft die Werkzeugschneide beim Eingriff immer das Korn und reißt es aus der Bindung. Kleinere Materialmengen verursachen dabei eine geringere Staubentwicklung.

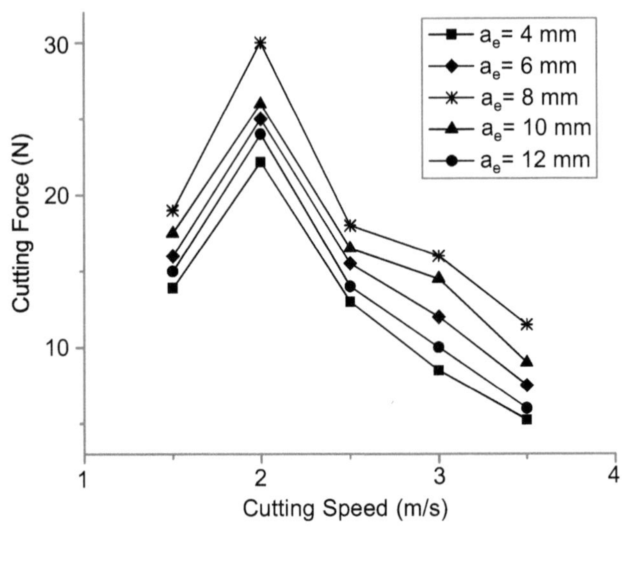

Abb. 2.21 Einfluss der Schnittgeschwindigkeit auf den Verlauf der Schnittkraft nach [ZHAN17]

Beim Fräsen mit bedeutend größerem Vorschub als der Korngröße entsteht dabei ein nennenswerter Anteil von Brocken größer als die Sandkorngröße.

Die Konturtreue der gefrästen Formen wird neben den Formstoffparameter auch durch den Abtransport der getrennten Körner aus der Schnittzone stärker beeinflusst. Aus der Bindung gerissene Körner werden mit ihrer kinetischen Energie gegen die gefräste Fläche (Schnittfläche) mit hoher Geschwindigkeit geschleudert. Dabei werden weitere Körner aus der Oberfläche abgetrennt. Dieser sogenannte „Turboeffekt" führt zu Maß- und Formabweichungen (Abb. 2.22). Die Menge der abgetrennten Körner durch den Turboeffekt ist im Wesentlichen von den mechanischen Eigenschaften der Sandwerkstoffe, wie z. B. Festigkeit, Dichte, Härte u. a., abhängig.

Je mehr die Körner von der Bindung festgehalten werden, umso weniger Körner werden durch den Turboeffekt von der Bindung getrennt bzw. umso kleiner werden die Abweichungen. Die Untersuchungen zeigten, dass die abgeriebene Masse der Körner pro Minute mit der Erhöhung der Festigkeitswerte des Formstoffes abnimmt. Die Zugfestigkeit der Sandformen wird als eine geeignete Größe für die Beurteilung der Haltbarkeit der Sandkörner in der Bindung und für die Biege- und Bruchfestigkeit betrachtet. Ein weiter Einflussparameter auf den Turboeffekt ist die Schnittgeschwindigkeit. Mit steigender Korngröße zeigt sich die Wirkung der Schnittgeschwindigkeitserhöhung auf die Formgenauigkeit deutlicher.

Die leichte Zerspanbarkeit des Sandformstoffes ermöglicht den Einsatz der üblichen Fräswerkzeuge. Die Untersuchungen zur Eignung der Standardfräswerkzeuge aus HM für Sandfräsen haben gezeigt, dass der intensive abrasive Verschleiß zur schnellen Abnutzung der Schneidkanten des Standardfräswerkzeuges führt [DONG09, GANT98]. Die eingesetzten HSS und HM-Werkzeugschneiden haben nach kurzer Zeit unter dem abrasiven Abtrag ihre Form und Genauigkeit verloren. Hier war auch die typische Verschleißerscheinung der Abrasion als Materialverlust an den Schneiden zu beobachten. Diese mechanische Wechselwirkung, die durch Ritzung und Mikrozerspanung zu bezeichnen sind, bewirkte das „Auswaschen" der Schneidkante in Form von Rillen. Die späteren Ver-

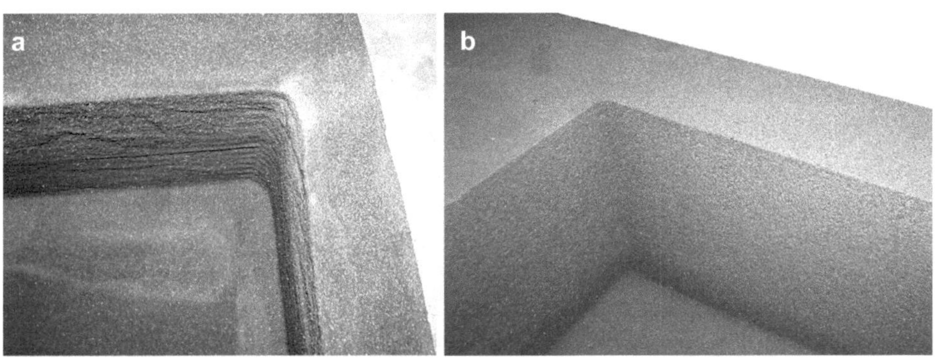

Ohne Optimierung *mit Optimierung*

Abb. 2.22 Einfluss des Turboeffektes auf die Formgenauigkeit

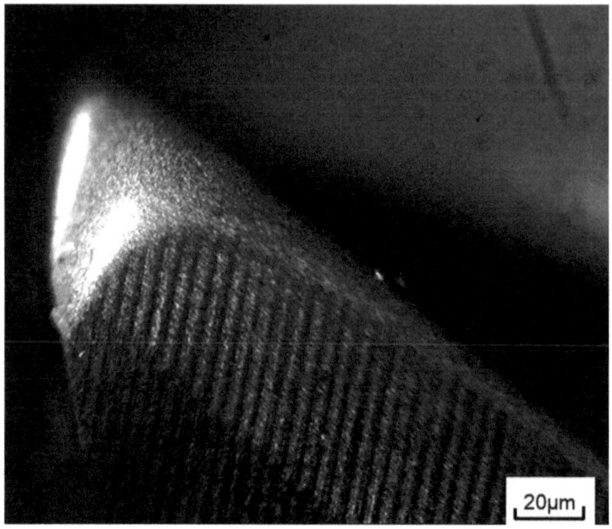

Abb. 2.23 Verschleißspuren an der Kante des Harmetallwerkzeuges [XIAO09]

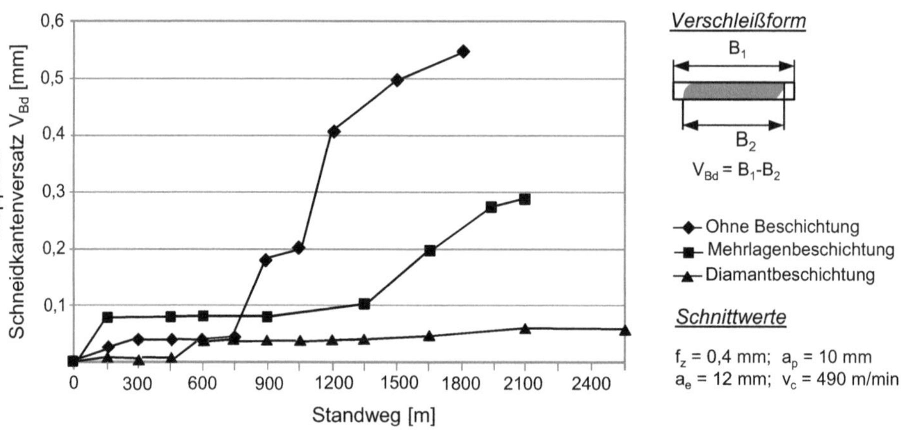

Abb. 2.24 Verschleißverlauf beim Sandfräsen mit unterschiedlichen Schneidplatten

schleißuntersuchungen an Hartmetallwerkzeugen lieferten gleiche Ergebnisse (Abb. 2.23). Daher müssen die für die Fräsbearbeitung von Formstoffen eingesetzten Schneidstoffe eine hohe Härte und Verschleißfestigkeit aufweisen, um einen genügend hohen Widerstand gegen die abrasive Wirkung des Sandes zu bieten.

Aus diesem Grund war es notwendig ein verfahrensgerechtes Werkzeug zu entwickeln, um eine leistungsfähige Prozessführung zu realisieren. Die formstoffgerechten entwickelten Werkzeuge sind in der Lage einerseits einen höheren Standweg und andererseits eine große Auskraglänge des Werkzeuges (l/d > 10) zu gewährleistet [ALIY04, HENT06]. Das aus einer flachen Hartstoff- Schneidplatte bestehende Fräswerkzeug wurde konstruktiv so optimiert, dass sie bei höheren Drehzahlen erfolgreich eingesetzt werden kann. Der Verschleißverlauf der hierfür eingesetzten Schneidplatten ohne und mit Beschichtung ist in Abb. 2.24 dargestellt. Wie im Bild ersichtlich ist, hat eine diamantbeschichtete Schneidplatte wegen der hohen Härte, Wärmeleitfähigkeit und besseren tribologischen Eigenschaften das beste Ergebnis unter den untersuchten Schneidplatten erzielt. Vergleicht man die Mehrlagenbeschichtung (TiAl/Sp/TiC/C) mit der Diamantbeschichtung, so ist festzustellen, dass die Diamantbeschichtung einen ca. 4-mal höheren Standweg realisieren lässt (Abb. 2.24).

Der Verschleiß der Diamantschneide ist auf die hohe Reibung und die Stoßbelastungen zwischen dem Sand und der Werkzeugschneide zurückzuführen, die eine Zerstörung der Schneidenoberfläche durch Abrasion und Ausbrüche bewirkt [DONG09]. Dem Einsatz der Diamantwerkzeuge stehen hohe Kosten gegenüber. Eine Entscheidung zu treffen, ist hier nicht so einfach, da Diamantwerkzeuge dreimal so teuer sind als Hartmetallwerkzeuge [DONG09, LOPE11]. Die Auswahl der Werkzeuge für das Formstofffräsen sollte unter Berücksichtigung des Preises/Leistung-Verhältnisses durchgeführt werden.

Direktes Formstoff-Fräsen

Die durch die Urfomgebung angestrebte funktionstechnische optimale Gestalt des Gussteils mit anspruchsvollen Geometrien stellt hohe Anforderungen an die Formenqualität. Eine geringere Anzahl der Gussteile wird mittels verlorener Sandformen realisiert [BUEH14, LOPE16, PULL12, RODR12, SHAN10, SIRV07]. Der Zeit- und Kostenaufwand bei klassischer Herstellung dieser Formen ist hoch. Der Einsatz moderner Frästechnik ermöglicht die Flexibilität der Formherstellung deutlich zu erhöhen und die Kosten bei kleinen Stückzahlen zu reduzieren.

Die Fertigung der Sandformen nimmt in der gesamten Gussteilefertigung eine besondere Stellung ein und bestimmt die qualitätsrelevanten Merkmale des gesamten Prozesses (Abb. 2.25) mit.

In der Gießerei eingesetzte Sandformen bestehen aus einem körnigen Formgrundstoff (z. B. Quarzsand), einem Bindemittel (z. B. Harz) sowie Zusätzen, wie Härter, die maßgeblich die mechanischen Eigenschaften der Form bilden. Um die mehrteiligen konturbildenden Sandformen abzuformen, kommen Dauermodelle zum Einsatz, die aufwendig gefertigt werden. Die mit einem Modell abgeformten Sandformen werden neben mechanischer Verdichtung auch nach einem chemischen Prinzip ausgehärtet [TILC19].

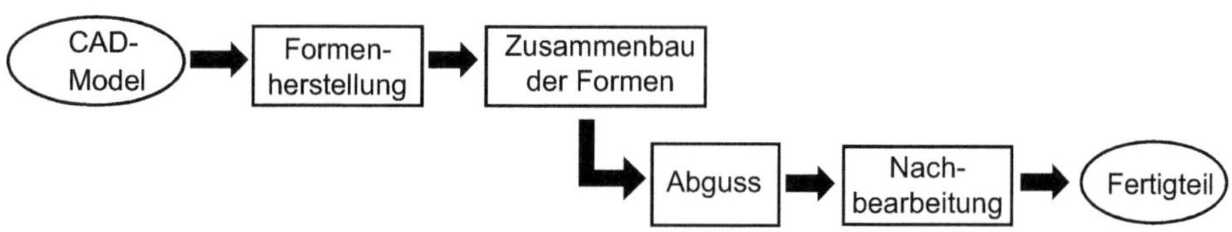

Abb. 2.25 Prozessablauf zur Gussteilherstellung

Abb. 2.26 Roboterfräsen einer Sandform. (Quelle: Omega Sinto Foundry Machinery Ltd)

Der Einsatz des HSC-Fräsens zur Formenherstellung verzichtet auf aufwändige Dauermodelle. Der Wegfall der sonst notwendigen Modellentformung führt dazu, dass filigranere Geometrien ohne zusätzliche Teilung realisiert werden können. Dadurch verringert sich der Aufwand der Nachbearbeitung des Gussteiles. Aufgrund der geringeren Kosten und kürzeren Herstellungszeiten findet diese Vorgehensweise bei der Prototypenherstellung eine breitere Anwendung. Bei diesem Verfahren wird ein vorgefertigter Sandblock aus einem gießereiüblichen Formstoff auf einer CNC-Fräsmaschine oder mit einem Roboter bearbeitet (Abb. 2.26). Die Bildung der Formkontur basiert auf CAD-Daten des Gussteiles. Anhand dieser Daten erfolgt die frägsgerechte Konstruktion der Sandformen, die als Basis zur Erstellung der NC-Programme fürs Fräsen dienen. Der Einsatz einer 5-Achs-Fräsmaschine erhöht die Flexibilität der Fertigung, wobei die Hinterschnitte und tiefen Konturen erfolgreich bearbeitet werden können.

Wie oben erwähnt, bringt der Einsatz dieser Vorgehensweise bei der Herstellung von Prototypen besonders viele Vorteile, weil die Anwender in der Lage sind ohne viele Investitionen Gussteile mit serienähnlichen Eigenschaften zu fertigen. Einsparungen bis 80 % der Prozesskosten sind möglich. Eine Anpassung der Geometrie ist rasch realisierbar [ALIY05, DONG09, LOPE11, MENN13, RODR12, SHAN10, WANG01, WUEN04]. Die Größe der hergestellten Sandformen hängt mit der Größe der eingesetzten Fräsmaschine zusammen. Aus der Praxis ist bekannt, dass solche Maschinen eine Formgröße bis 20 m Länge bearbeiten können [BOTH07]. Das Fräsen solch großer Sandformen besteht aus mehreren Etappen, die den Einsatz von effektiven Werkzeugen und zugehörigen technologischen Parametern verlangen. Dieses Ziel ist durch Auslegung des gesamten Fertigungsprozesses nach dem Optimierungsprinzip zu erreichen.

Die technologische Flexibilität des HSC-Fräsens macht es möglich bei der Herstellung großer anspruchsvoller Gussteile mit komplexer Geometrie durch eine Kombination mit anderen Verfahren, z. B. dem 3D-Drucken, sehr gute Ergebnisse hinsichtlich der Qualität und Kostenstruktur zu erreichen. Dabei werden filigrane und instabile Bereiche als 3D-Druckteile aus der Geometrie herausgelöst und separat gefertigt. Nach dem Fräsen der Sandformen werden diese Teile in dafür vorgesehenen Taschen eingesetzt, so dass man die gesamte Geometrie in geforderter Form erhält.

2.5 Bearbeitung von Gips

2.5.1 Spezifische Eigenschaften

In den letzten 15 Jahren hat der Einsatz von Gips als Formenbaustoff in der Schmuckindustrie und der Dentaltechnik und als Werkstoff für Skulpturen einen bedeutenden Aufschwung erhalten [NN13]. Der Werkstoff ist Calciumsulfat mit und ohne Kristallwasser (Gips, Anhydrit), der in verschiedener Erscheinungsform als Naturstoff vorkommt aber auch bei einer Vielzahl industrieller Prozesse (z. B. Rauchgasentschwefelung, Lebensmittelherstellung) anfällt. In den letzten Jahrzehnten sind anwendungsbezogene Gipssorten entwickelt worden, die sich durch hohe Festigkeit/Härte, geringer Expansionsneigung, hohe Fließfähigkeit und hohe Temperaturbeständigkeit auszeichnen.

Die Verwendung des Gipsmaterials als Modellwerkstoff ist seit dem Altertum bekannt und wird trotzt seiner relativ geringen Biege- und Abriebfestigkeit bis in die heutige Zeit sehr weit verwendet. Das Anwendungsgebiet und die daraus resultierenden Beanspruchungen des Modells bestimmen die Anforderungen, die das Gipsmaterial zu erfüllen hat. Je nach dem Verwendungszweck muss ein Modell die Ausgangssituationen detail- und dimensionsgetreu wiedergeben, wenn es als Arbeitsgrundlage für weitere Verfahrensschritte bei der Anfertigung von Teilen dienen soll. Die bekannten Eigenschaften, das Kristallwasser abzugeben und wieder es durch verschiedene Hydrationsstufen aufzunehmen, hat den Werkstoff sehr früh für die Technik nützlich gemacht. Technische Anwendung von Gipsrohstoffen stellen einige Anforderungen an die Struktur und mechanische Eigenschaften, die sich während der Entstehung des Werkstoffes ausbilden.

Man unterscheidet zwei Arten von Gipsrohstoffe: Natur- und Chemiegips. Naturgipsen kommen sowohl in Form von Dihydraten als auch Anhydriten vor. Geologisch gesehen entsteht eine solche Formation bei der Austrocknung flacher Salzsehen [LANG82]. Industriell wird der Gips als Nebenprodukt chemischer Prozesse zur Herstellung verschiedener Säuren gewonnen. Dabei entstehenden Dihydrats in Form des Kalziumsalzes werden mit Schwefelsäure umgesetzt und so in Chemiegips gewandelt. Chemiegips eignet sich wegen mangelnder Reinheit schlecht für feine Oberflächen.

Tab. 2.4 Kenngrößen von Kalziumsulfat-Dihydrat und Kalziumsulfat-Halbhydrat nach [WIRS86]

Bezeichnung der Phase Chemische Formel	Dihydrat	Halbhydrat $CaSO_4.1/2 \cdot H_2O$	
Weitere Bezeichnungen	Gips, Rohgips, Chemigips, synthetischer Gips, abgebundener Gips	β-Halbhydrat, β-Gips, Alabastergips, Stuckgips	α- Halbhydrat, α- Gips, Autoklavengips
Entstehungstemperatur (°C) in der Technik	<40	120–180 (trocken)	80–180 (naß)
Molmasse	172,2	145,2	145,2
Kristallwassergehalt (Masse-%)	20,9	6,2	6,2
Dichte (g/cm^3)	2,31	2,63	2,76
Kristallstruktur	monoklin	rhomboedrisch	rhomboedrisch
Härte nach Mohs	1,2	–	–

Im deutschen Sprachraum umfasst der Begriff „Gips" üblicherweise alle Erscheinungsformen dieses Werkstoffes, ob es auf natürlichen oder auf synthetischen Wegen gewonnen wurde. Im Englisch werden im Gegensatz dazu die Werkstoffmodifikationen, wie Rohgips („Gipsum"), gebrannter Gips („Plaster"), α-Hydrat, eine besondere Form des gebrannten Gipses („Stone") verwendet [KAPP05]. Im Weiteren werden gebrannte Gipsformen, die für das Fräsen als Modellwerkstoff sehr verbreitete Anwendung finden, in Betracht gezogen.

Die industriell hergestellten Gipswerkstoffe bestehen chemisch aus Kalziumsulfat und Wasserkristallen: $CaSO_4$–H_2O. Thermodynamisch verläuft der Brennprozesses über mehrere Dehydrationsstufen. Je nach dem Wasseranteil erhält man dabei verschiedene Gipswerkstoffe, die sich in ihrer Kristallisationsform und den Eigenschaften unterscheiden [WIRS86]. Besonderen Einfluss auf die Kristallbildung im Bindungsprozess zeigen die Dehydrationsbedingungen. Ob die Dehydration in trockener Atmosphäre oder im Vakuum erfolgt, tritt das Wasser aufgrund des unterschiedlichen Wasserdampf-Partialdruck mit höherer Geschwindigkeit aus [KAPP05]. Als Folge entstehen relativ feine Gefüge. Dagegen führt das nasse Brennen zu einem langsamen Austritt des Kristallwassers aus der Verbindung. Dabei erhält man ein grobkristallines und ausgesprochen kompaktes Halbhydrat -Partikel.

Durch eine weitere Behandlung dieser Halbhydrate im Vakuum bei höheren Temperaturen (bis 1180 °C) sind andere Modifikationen des gebrannten Gipses (Tab. 2.4) zu erhalten. Die Festigkeit des Gipses wird durch das Verdunsten des innenkristallinen Wassers bestimmt und zeigt ein zeitabhängiges Verhalten. Das Erreichen der Endfestigkeit ist stark von der Dichte des trockenen Gipses abhängig. Das im Gips vorhandene überschüssige interkristalline Wasser bedingt Poren im Werkstoff, welche die Bestimmung des genaueren Anteiles des Anmischwassers erfordert. Neben dem Wasseranteil spielt die Art des Anmischens des Gipses eine große Rolle. Während der Handmischung geraten die Luftbläschen in die Mischung. Als Folge ist eine erhöhte Porosität bei der Austrocknung der Gipsmischung zu verzeichnen. Maschinelles Anmischen unter Vakuum liefert dagegen eine bessere Struktur. Eine niedrige Porosität ist für die besseren Gipsstrukturen und demzufolge für eine höhere Festigkeit maßgebend. Trockene Gipse besitzen eine Zugfestigkeit zwischen 4 und 8 N/mm^2 und Druckfestigkeiten zwischen 20 und 80 N/mm^2 [CRAI80]. Der erfolgreiche Einsatz des Gipses als Modellwerkstoff setzt eine ausreichende Steifigkeit voraus. Diese Eigenschaft wird durch den Elastizitätsmodul beschrieben. Wie die Festigkeit und Härte korreliert der Elastizitätsmodul auch mit dem Austrocknungsstand. Die erreichten Werte für Hartgipse liegen zwischen 15.000 und 26.000 N/mm^2 [KAPP05].

2.5.2 Spanende Bearbeitung

Gips bildet wie oben beschreiben beim Aushärten eine spröde Kristallstruktur aus. Die Aufbereitung der Gipsformstoffe erfolgt über Mahlprozesse, bei denen eine sehr feine Körnung (Mikrometer) erreicht wird. Die Korngröße der eingesetzten Gipspartikel variiert in Abhängigkeit von der Aufbereitung zwischen 10 und 100 µm [KAPP05]. Mit entsprechender Wasser- und Binderstoffaufnahme bildet sich je nach Zusammensetzung der poröse Gipskörper aus. Wird dieser nun gefräst, erfolgt entlang der Korngrenzen ein Brechen des Körpers in seine Partikel. Beim Fräsen wird der abgetrennte Werkstoff im Wesentlichen als feiner Staub freigesetzt. Aufgrund geringer spezifischer Kräfte kann die Bearbeitung mit hoher Schnittgeschwindigkeit stattfinden. Die Bearbeitung bei höheren Schnittgeschwindigkeiten führt zu starker Staubentwicklung, die sich im ganzen Maschinenraum verteilt.

Durch die Zugabe entsprechender Zusatzwerkstoffe sind die mechanischen Eigenschaften des Gipses zu beeinflussen. Besondere Wirkung zeigt der Polymerzusatz hinsichtlich der Zerspanbarkeit des Gipses. Polymerpartikeln verbinden die Gipspartikel elastisch und steigern damit Fließbarkeit und Verformbarkeit des Materials erheblich. Andererseits verringern die Polymerpartikel das Verhältnis von Wasser zu Gips, wodurch die Endfestigkeit und Formstabilität des gebundenen Materials steigen. Andererseits ummanteln die Polymerpartikel die Gipskristalle und somit verringert sich die Staubentwicklung bei der Zerspanung. Durch Polymerzusatz kann sowohl Gipswerkstoff in α-$CaSO_4$-$1/2H_2O$ als auch β- $CaSO_4$-$1/2H_2O$ modifiziert werden. Die Polymerbindemittel können aus Ethylen, Vinylacetate und Vinylchloride zusammengesetzt werden [SALV95].

Die Beimischung von Graphitpulver als weiteres Additiv erhöht die Dichte der Gipsmodelle anhand der guten Verträglichkeit der Gipsmikrostruktur und Graphitkörner. Der bis 25 % aus Graphitpulver bestehende Gipswerkstoff lässt sich besser zerspannen und liefert eine bessere Oberfläche als herkömmliche Gipssorten [FLOR16].

Die Entwicklung der CNC-Frästechnik einerseits und die leichte Zerspanbarkeit von Gipswerkstoffen andererseits hat den Weg zur direkten Herstellung von großen Gipsformen frei gemacht. Die Untersuchungen zur Anwendung von Gipsformen für die Gießereiindustrie belegen das Potenzial zur Erhöhung der Gussqualität, wenn es sich besonders um die Rauheit der Gussoberfläche handelt. Die feine Körnung des Gipses bildet beim Abformen und Fräsen eine glatte Oberfläche aus. Mit Gipsformen kann eine Oberflächenrauheit (Ra) im Bereich von 1,6 bis 12,5 µm erzielt werden. Um den Materialverbrauch bei dem Abformen der zu fräsenden Gipsblöcke zu reduzieren, existieren Versuche den Gipsabguss mit einem Aufschäumen durchzuführen [PAST15].

Ein weiteres Anwendungsgebiet ist die Herstellung von Keramikschalen mittels Gipsformen [COOL01]. Die klassische Gipsformfertigung wird wie viele andere Urformverfahren mittels Modellen realisiert. Eine so hergestellte Form füllt man mit Keramikschlicker, der nach Erreichung eines bestimmten plastischen Festigkeitszustands aus der Form entformt wird. Die poröse Oberfläche der Gipsform ist für die Prozessdurchführung entscheidend. Unter Kapillarwirkung der Formoberfläche wird Wasser von der Keramikmasse angesaugt und so entsteht durch eine Zunahme der Materialdicke an der Formwand eine Schale.

Vorteile des Gipses als Formmaterial umfassen neben der Fähigkeit zur Wasseraufnahme auch die geringen Kosten und die gute Maßhaltigkeit. Die leichte Verformbarkeit ermöglicht die Herstellung von Keramikformen mit einer breiten Geometrievielfalt. Trotz der Entwicklung von additiven Verfahren des Gipsdruckens bietet das direkte Fräsen von Formen einige Vorteile, die durch Formstoffunabhängigkeit, Größe der Form und Flexibilität im Bereich Prototypenherstellung unschlagbar bleiben. Mit dem direktem Formfräsen ist es möglich die Fortschritte bei der Entwicklung von Formstoffen mitzugehen. Jede neue Formstoffzusammensetzung kann in kürzester Zeit erprobt und in die Praxis umgesetzt werden, während die 3D Druckverfahren noch aufwändig weiterentwickelt werden müssen.

Die Erzielung besonderer gießerei- und fräsfreundlicher Eigenschaften von Gipswerkstoffen durch Anpassung der Herstellungsbedingungen ermöglicht einen leistungsfähigen Fräsprozess zu realisieren. Eine Schnittgeschwindigkeit bis 500 m/min und eine Vorschubgeschwindigkeit bis 1,5 m/min sind möglich.

In der Abb. 2.27 ist der signifikante Einfluss des Zahnvorschubes auf die Oberflächenrauheit zu erkennen. Eine glatte Oberfläche setzt die Durchführung des Fräsens in einem schwingungsarmen Drehzahlbereich voraus [PAST15].

Die Partikel sind scharfkantige Kristallsplitter mit hoher abrasiver Wirkung, weshalb die Fräsbearbeitung mit Hartmetall-Werkzeugen stattfinden sollte [NN07, DUER07]. Ver-

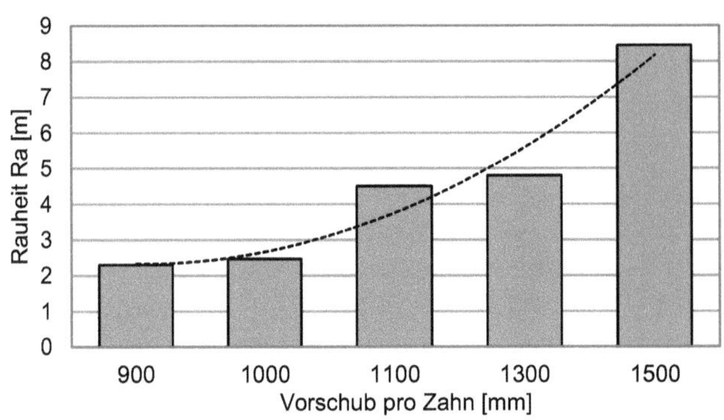

Abb. 2.27 Einfluss des Zahnvorschubes auf die Rauheit nach [PAST15]. Werkzeug: Hartmetall-Schaftfräser Ø 8 mm; n = 8000 1/min

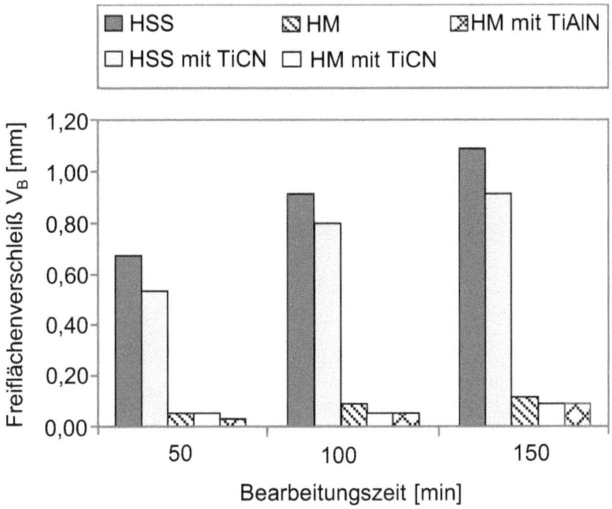

Abb. 2.28 Werkzeugverschleiß in Anhängigkeit vom Schneidstoff [ANTU00]

schleißform und -intensität eines ausgewählten Schneidstoffes wird dabei hauptsächlich durch die Fräsparameter beeinflusst. Wie es für die anderen Fälle der Bearbeitung von abrasiven Werkstoffen charakteristisch ist, tritt bei dem Gipsfräsen auch überwiegend der Abrasivverschleiß des Schneidkeiles auf. Nur durch die Auswahl eines geeigneten Schneidstoffes für das Gipsfräsen, kann das günstigere Verschleißverhalten und damit höhere Standzeiten gesichert werden. Wie aus zahlreichen Untersuchungen bekannt ist, zeigt ein Schneidstoff mit einem höheren Hartstoffanteil unter abrasiven Zerspanungsbedingung günstigere Eigenschaften (Abb. 2.28). Eine zusätzliche Beschichtung solcher Schneidstoffe kann zur Erhöhung der Stabilität der Schneidkanten gegen abrasive Ausbruch und Abbruch dienen [ANTU00].

Die umfangreichen Untersuchungen in [COOL07] hat das Bestehen eines nahezu linearen Zusammenhanges zwischen Schnittparameter und Standzeit des Werkzeuges festgestellt, die über die Verschleißmarkenbreite charakterisiert war. Das ist aus dem Diagramm in der Abb. 2.29 zu erkennen, welches anhand der Versuchsergebnisse von [COOL07] erstellt wurde. Die Schnittgeschwindigkeit hat einen dominanter Einfluss auf die Werkzeugstandzeit als andere Einstellparameter. Die Erhöhung des Zahnvorschubes verstärkt lediglich diesen Effekt.

2.6 Spezifika der Bearbeitung von Formen zum Urformen

Die Herstellung von Bauteilen aus einem flüssigen Stoff erfolgt mittels des Urformens. Die Urform besitzt die „negative“ Form der Werkstückkontur, die unabhängig davon ob sie einmal oder mehrmals eingesetzt wird, mittels spanenden Formgebungsverfahren ge-

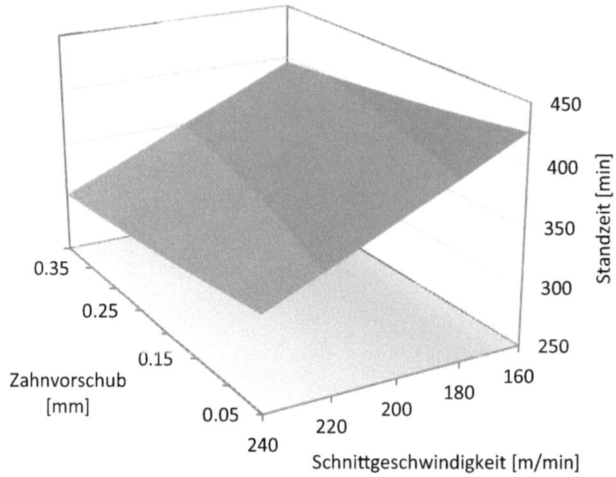

Abb. 2.29 Einfluss der Schnittparameter auf den Werkzeugverschleiß beim Fräsen von Gipswerkstoff (bei ap = 3 mm) nach [COOL07]

fertigt werden. Die Herstellung von Urformen ist Gegenstand des Modell- und Formenbaues. Hierbei wird die Gestaltung von Fertigungsprozessen für die Urformwerkzeuge stark vom Einsatzgebiet beeinflusst. Wenn es sich um die Herstellung von Sandformen handelt, arbeitet man mit relativ gröberen Schnittwerten. Mit steigenden Anforderungen an die Oberflächengenauigkeit und -qualität wie es bei der Keramikbearbeitung der Fall ist, sollen die Fertigungsmittel und dazugehörigen produktiven Bearbeitungsparameter entsprechend der engen Fertigungstoleranzen eingesetzt werden.

Die Frage nach der Produktivität bei der Herstellung von Urformen im Rahmen des Rapid Prototyping verschärft sich derzeit. Unter dem Wettbewerbsdruck, neuentwickelte Teile schnell in den Markt einzuführen, nimmt die Verkürzung der Produktentwicklungszeit eine besondere Stellung ein. Andererseits erhöht die steigende Komplexität der Teile den Aufwand sowohl bei der Planung, als auch bei praktischer Umsetzung der technologischen Überlegungen. Aus strömungsmechanischen oder ästhetischen Gründen sich ergebende doppelgekrümmte Oberflächen mit filigranen Konturzügen sind heutzutage in der geforderten Endgenauigkeit wirtschaftlich nur durch das HSC-Fräsen herstellbar. Der Einsatz des Fräsens für die Herstellung von komplexen Urformen wird dabei durch einige technologische Schwierigkeiten begleitet. Besonders lassen sich die engen, tief liegenden Konturen mit nahezu senkrechten Wänden schwer bearbeiten. Öfter werden große und tiefe Formen in der Praxis in zu fräsende Schichten zerlegt und aufwändig gefertigt. Eine alternative Lösung bietet die Möglichkeit die geometrisch anspruchsvollen Formen im Ganzen mittels geeigneter langer und schlanker Fräswerkzeuge herzustellen. Der Einsatz von schlanken Fräswerkzeugen bedingt ein besonderes Vorgehen bei der Entwicklung und Umsetzten des Fertigens von Urformen. Der geometriebedingte Einsatz von schlanken Fräswerkzeugen zeigt die Grenze der HSC-Technik. Aufgrund der niedrigen Steifigkeit solcher Werkzeuge wird der technologische Vorteil der leichteren Zerspanbarkeit von verwendeten zerstäubenden Werkstoffen deutlich reduziert. Diese Fragestellung wird in der Kap. 8 behandelt.

Die Zerspanbarkeit des Werkstoffes ist eine weitere Kenngröße für die Produktivität und Qualität der Formherstellungen. Dieser Faktor wird stark durch die Herstellungsart und Komponenten des Werkstoffes (Partikel, Binder) beeinflusst. Weiche Werkstoffe, deren spezifische Schnittkraft unter 100 N/mm^2 liegen, lassen sich mit üblichen Fräswerkzeugen wirtschaftlich fertigen. Die härteren Werkstoffe verlangen dagegen den Einsatz von Werkzeugen mit sehr stabilen und leistungsfähigen Schneidstoffen und sogar die Entwicklung von speziellen Werkszugkonstruktionen und Schneidstoffbeschichtungen. Andererseits sind die mechanischen Eigenschaften von stäubenden Werkstoffen durch deren Einsatzbedingungen diktiert. Die Realisierung von optimalen Schnittbedingungen zur Herstellung solcher Formen ist nur mittels eines Kompromisses zwischen Zerspanbarkeit und Festigkeit/Härte des Werkstoffes möglich. Zu niedrige Festigkeit des Werkstoffes führt zu Problemen bei der Oberflächenausbildung. Die schwache Bindung von Partikeln begünstigen die Rissausbreitungen im Inneren der Werkstückoberfläche so tief, dass man die Erzeugung einer bestimmten Konturfläche nicht mehr beherrschen kann. Als Folge ist eine raue Werkstückoberfläche zu beobachten. Der gleiche Effekt kann unter Umständen auch bei sehr harten Werkstoffen auftreten. Die härtere Bindung von Werkstoffpartikeln kann aufgrund höherer spezifischer Zerspankraft die Krafteinleitung so steuern, dass das Entstehen von großen Brocken möglich sein kann.

Der Verschleiß der Werkzeugschneide ist neben den Oberflächenparametern ein weiterer restriktiver Faktor für die Verfahrensgestaltung. Wie schon oben behandelt, führen die von der Bindung abgetrennten Werkstoffpartikel infolge des strahlweisen Aufpralles auf die Spanfläche des Werkzeuges zu stärkerer abrasiver Abnutzung. Da das Fräsen trocken durchgeführt wird, kann die Intensivität der Abnutzung nur mittels verschleißfester Schneidstoffe und -geometrie vermindert werden. Die Anpassung von Schnittparametern verstärkt nur diesen Effekt.

Zusammenfassend lässt sich festzustellen, dass die Realisierung eines erfolgreichen Fräsens die Betrachtung aller wesentlichen Einflussfaktoren erfordert. So kann schon in der Planungsphase durch die Abstimmung von Werkstoffeigenschaften und Frästechnik die speziellen Anforderungen der direkten Urformwerkzeugherstellung aus stäubenden Werkstoffen gesichert werden.

Literatur

[ALIY05] Aliyev R, Gantner D (2004) Mehrschneidiges Fräswerkzeug mit Schneidplatten für das direkte Formstoff-Fräsen. Deutsches Patentschrift DE000010247715B4

[ALIY04] Aliyev R, Gantner D (2005) Rapid Prototyping für Gussteile- Mit High-speed zur Sandform. Form+Werkzeug 5:76–78

[ALIY10] Aliyev R., Hentschel B (2010) High-speed milling of dusting materials. International Journal of Machining and Machinability of Materials 8(3/4):249–265. https://doi.org/10.1504/IJMMM.2010.036138

[ANTU00] Simões J, Coole T, Cheshire D, Mesquita R (2000) „The Analysis of Tool Wear in the Machining of Plaster Material Prototypes", ISATA 2000 – International Symposium on Automotive Technology & Automation, Dublin/Ireland, Vol. Advanced Manufacturing – modular manufacturing, supplier integration, production planning: 149–156

[BOTH07] Bothur Ch (2007) Sandfräsen – die bessere Alternative zum Handformen? Mit 5-Achs-Fräsmaschinen schnell und kostengünstig Sandformen herstellen. Gießerei-Erfahrungsaustausch 50(4):4–6

[BUEH14] Bührig-Polaczek A, Michaeli W, Spur G (2014) Handbuch Urformen. Hanser.

[BUKV12] Bukvic G, Sanchez LEA, Fortulan C, Fiocchi A (2012) Green machining oriented to diminish density gradient for minimization of distrortion in advanced ceramics. Advanced ceramics, Machining Science and Technology 16(2): 228–246. doi: https://doi.org/10.1080/10910344.2012.673968

[CAMA91] Camacho HJ (1991) Frästechnologie für Funktionsflächen im Formenbau. Dissertation, Universität Hannover

[CHEN02] Chengyong W (2002) Polishing of ceramic tiles. Materials and Manufacturing Processes 17(3): 401–413. doi: https://doi.org/10.1081/AMP-120005385

[COOK95] Cook MW (1995) Bearbeitung von Kohlenstoff und Graphit mit SYNTIDE PKD. IndustrieDiamantenRundschau 2:73–76

[COOL01] Coole T, Simões J, Cheshire D, Mesquita, M (2001) Analysis of CNC machining technology in production of plaster moulds. British Ceramic Transactions 100(3):134–139. doi: https://doi.org/10.1179/096797801681350

[COOL07] Coole T, Simoes J, Pires A, Cheshire D (2007) Development of a tool life prediction model for plaster machining. Int. J. of Agile Systems and Management 2:186–204. doi: https://doi.org/10.1504/IJASM.2007.015788

[CRAI80] Craig RG (1980) Restorative Dental Materials. 6th ed. Mosby Company, St. Louis Toronto London

[DEMA99] Demarczyk N, Hauschild R, Wendt F (1999) Verfahren und Vorrichtung zum direkten Herstellen einer verlorenen Guiessform für Gusstücke aus Metall. Patentschrift: WO001999064188A1, 04.06.1999

[DESF05] Desfontaines M, Jorand Y, Gonon M, Fantozzi G (2005) Characterization of the green machinability of AlN powder compacts. Journal of the European Ceramic Society 25(6):781– 791. doi: https://doi.org/10.1016/j.jeurceramsoc.2004.03.006

[DELL83] Delle W, Koizik K, Nickel H (1983) Graphitische Werkstoffe für den Einsatz in Kernreaktoren, Teil II. Thiemig Taschenbücher Band 82. Karl Thiemig AG München

[DIET16] Dietrich J (2016) Praxis der Zerspantechnik. Verfahren, Werkzeuge, Berechnung. Springer Vieweg Verlag. doi: https://doi.org/10.1007/978-3-658-14053-3

[DOI17] Doi T, Uhlman E (2017) Handbook of Ceramics Grinding and Polishing. Publisher: William Andrew INC

[DOKA89] Dokainish M.A (1989) Analysis of stress during exit in interruped cutting with chamfered tools. Int. J.Mach. Tools Manufacturing 28(4):519–534 https://doi.org/10.1016/0890-6955(89)90069-2

[DONG09] Dong X, Li X, Shan Z (2009) Rapid Manufacturing of Sand Molds by Direct Milling. Tsinghua Science and Technology 14 (1) 212–215. doi: https://doi.org/10.1016/S1007-0214(09)70094-X

[DUER07] Dürr, Th (2007) Das Einmaleins des Fräsens. ZWL 3:40–43

[EVER98] Eversheim W, Klocke F (1998) Werkzeugbau mit Zukunft. Springer Verlag Berlin Heidelberg New York. doi: https://doi.org/10.1007/978-3-642-58850-1

[FLOR16] Flores Medina, F, Barbero-Barrera M, Bustamante R (2016) Improvement of the properties of gypsum-based composites with recycled isostatic graphite powder from the milling production of molds for Electrical Discharge Machining (EDM) used as a new filler. Construction and Building Materials 107:17–27. https://doi.org/10.1016/j.conbuildmat.2015.12.194

[FORT11] Fortulan C, Gambale B, Chinelatto A, Purquerio B (2011) Influence of alumina content on green machined electrical porcelain. Industrial Ceramics 31(2):137–143

[GANT98] Gantner D (1998) Abschlußbericht zum Thema „Fräbarkeit des Werkstoffs X". Institut für Mechanik und Maschinenelmente der TU Bergakademie Freiberg.

[GANT06] Gantner D, Aliyev R (2006) Abschlussbericht zum Verbundvorhaben: Fräsen mehrfach verwendbarer Keramikformen zur Herstellung von Gussteilen im Automobilbau.

[HA10] Ha SJ, Shin BC, Cho MW, Lee KJ, Cho WS (210) High speed end-milling characteristics of pre-sintered Al_2O_3/Y-TZP ceramic composites for dental application. Journal of the Ceramic Society of Japan 118 (11):1053–1056. doi:https://doi.org/10.2109/jcersj2.118.1053

[HENT06] Hentschel B, Aliyev R (2006) Verfahren für die Herstellung von hitzebeständigen Gießformen aus bindemittelhaltigem Formsand. Patentschrift DE000010147843B4

[HERO04] Herold R, Corcoran A (2004) Keramik fräsen? Bearbeitung von kera-mischen Formwerkzeugen. Form+Werkzeug 5:58–61

[HORN94] Hornbogen E (2012) Werkstoffe: Aufbau und Eigenschaften von Keramik- Metall-Polymer- und Verbundwerkstoffen. Springer, 10. Auf. doi: https://doi.org/10.1007/978-3-642-22561-1

[ITO17] Ito Y, Sugita N, Fujii T, Kizaki T, Mitsuishi M (2017) Precision Machining of Sintered Zirconia Ceramics by High-Speed Milling. International Journal of Automation Technology 11(6):862–868. doi: https://doi.org/10.20965/ijat.2017.p0862

[IKTS21] IKTS: Grünbearbeitung der technischen Keramik. URL: https://www.ikts.fraunhofer.de/de/abteilungen/strukturkeramik/verfahren_und_bauteile/bauteilentwicklung/gruenbearbeitung.html Zugegriffen: 28.Mai 2021

[IRIE85] Irie T (1985). Formverfahren für Gießform. Patentschrift JP 61-172650 (A), 29.01.1985

[JAHA98] Jahanmir S (1999) Machining of ceramics and composites. Marcel Dekker AG, New York, Basel

[KAMB03] Kamboj RK, Dhara S, Bhargava P (2003) Machining behaviour of green gelcast ceramics. J Eur Ceram Soc 23:1005–1011. doi: https://doi.org/10.1016/S0955-2219(02)00265-0

[KAPP05] Kappert HF, Eichner K (2005) Zahnärztliche Werkstoffe und ihre Verarbeitung. Band 1. Grundlagen und Verarbeitung. 8., vollständig überarbeitete und erweiterte Auflage. Georg Thieme, Stuttgart-New York

[KELL81] Kelly BT (1981) Physics of Graphite. Applied Sience Publishers London

[KLOC99] Klocke F, Gerent O, Schippers Ch (1999) Green Mashining of Advanced Ceramics. In: Jahanmir, S., Ramulu, M. Koshy, P.: Machining of ceramics and composites. New York, NY: Dekker, 1999, Pp. 1–11

[KLOS09] Klose W, Köchling KH, Vogler C, Voll M, Wolf R (2009) Kohlenstoff-Terminologie. Fachausschussbericht Nr. 33 der DKG. Verlag: Kassel University Press GmbH

[KOLL18] Kollenberg W (2018) Technische Keramik. 3. Auf.,Vulkan Verlag

[KOEN97] König M (1997) Fräsbearbeitung von Graphitelektroden. Dissertation, RWTH Aachen

[KRIE17] Kriegesmann J (2017) DKG – Technische Keramische Werkstoffe. Loseblatt, 10200 S., HvB Verlag

[LANC75] Lancaster JK (1975) Transitions in the friction and wear of carbons and graphites sliding against themselves. ASLE Transactions 18:187–201. doi: https://doi.org/10.1080/05698197508982761

[LANG82] Langberin R, Peter H, Schwahn HJ (1982) Karbonat- und Sulfatgesteine. VEB Deutscher Verlag für Grundstoffindustrie, Leipzig

[LEVI06] Leviy D (2006) Technologische Erhöhung der Effektivität von spanender Bearbeitung des Graphites. Dissertation, Staatliche TU Brjansk, Russland

[LIN92] Lin TP, Hood M, Cooper G, Xiaohong L (1992) Wear and failure mechanisms of polycrystalline diamond compact bits. Wear 156(1):133–150. doi: https://doi.org/10.1016/0043-1648(92)90149-3

[LOST81] Losty HHW (1981) Mechanical properties of graphite. Physics of Graphite. Applied Science Publishers London

[LOPE06] López S, Orquídea et al. (2006) Statistical analysis of surface roughness of machined graphite by means of CNC milling. Ingeniería e Investigación 36(3):89. doi: https://doi.org/10.15446/ing.investig.v36n3.53603

[LOPE11] López de Lacalle LN, Rodriquez A, Lamikiz A, Peñafiel FJ (2011) Milling of Sand Blocks to Make Casting Moulds. AIP Conference Proceedings 1315(1):1065–1067. doi: https://doi.org/10.1063/1.3552321

[MATS97] Matsuura K (1997) Verfahren und Vorrichtung zur Herstellung einer Form. DE000019649428A1, 05.06.1997

[MENN13] Mennig, G, Stoeckhert, K (2013) Mold-Making Handbook. Hanser Verlag, 3. Auf.

[MUNZ89] Munz D, Fett T (1989) Mechanisches Verhalten Keramischer Werkstoffe. Springer, Berlin Heidelberg. doi: https://doi.org/10.1007/978-3-642-51710-5

[MARG17] Margarido A, Purquerio BM, Foschini, C, Fortulan, C (2017) A Influence of the green-machining parameters on the mechanical mproperties of alumina rods. Int.J.Adv. Manuf.Technol, 88:3475–3484. doi: https://doi.org/10.1007/s00170-016-9081-7

[MARS82] Marsh H, Griffiths JA (1982) A High-Resolution Electron Microscopy Study of Graphitization of Graphitizable Carbon. Int. Symposium on Carbon, Toyohashi (Japan), pp. 81–3.

[MIKU92] Mikula J (1992) Untersuchungen zur Fertigung von Formen durch das Bearbeiten von Formstoffblöcken. Dissertation, TU „Otto von Queiricke“ Magdeburg

[NN07] Komet Austria (Gebr. Brasseler GmbH): Hartmetallfräser SGFA. Prospekt GD/0 402647V1, 02/2007

[NN13] BV der Gipsindustrie e. V.: Gips – Datenbuch Darmstadt, 2013

[NN19] Firmenschrift der CP-Graphitprodukte GmbH, 2019

[NN21] Firmenschrift der Graphit Kropfmühl GmbH

[OHAS76] Ohashi Y, Nishinomiya H, Inoue S (1976) Verfahren und Vorrichtung zur Herstellung von Sandformen. Patent: DE 2605 687, 13.02.1976

[PAST15] Pastirčák R., Sládek A., Kucharčíková E (2015) The Production of Plaster Molds with Patternless Process Technology. Archives of Foundry Engineering 15(2): 91–94

[PEKE78] Pekelharing AJ (1978) The exit failure in interrupted cutting. CIRP annals 27:5–10

[PULL12] Pullinen T, Sievänen S, Schiestl M, Kiviluoma P, Kuosmanen P (2012) Development of patternless sand mold milling machine. In: T. Otto (Ed.), 8th International Conference of DAAAM Baltic Industrial Engineering, Tallinn, Estonia: 204–209

[QUIN13] Quinton C. C (2013) Graphite. Properties, Occurrences and Uses. Nova Science Publishers, Inc. New York

[QUIN63] Quinn, T (1963) A topographical and crystallographic study of the surface of rubbed electrographite. British Journal of Applied Physics 14: 107–112

[RICH87] Richter HG (1987) Festigkeitsverhalten keramischer Werkstoffe. In: Proc. „techkeram", Frankfurt/M., S. 12–16

[RODI79] Rödig M (1979) Beurteilung des Festigkeitsverhaltens von Graphit mit Hilfe der Bruchmechanik. Dissertation, RWTH Aachen

[RODR12] Rodríquez A, López de Lacalle LN, Calleja A, Fernández A, Lamikiz A (2012) Maximal reduction of steps for iron casting one-of-a- kind parts. Journal of Cleaner Production 24: 48–55. doi: https://doi.org/10.1016/j.jclepro.2011.11.054

[SALM82] Salmang H, Scholze H (1982) Keramik: Teil 1: Allgemeine Grundlagen und wichtige Eigenschaften. Springer, Berlin Heidelberg, 6 Auf.

[SALV95] Salvatore C (1995) Immordino, Jr. Machinable plaster. USA Patent: US5534059A

[SIRV07] Sirviö M, Wo M (2009) Casting directly from a computer model by using advanced simulation software FLOW-3D Cast. Archives of foundry engineering 9:79–82

[SCHE15] Schenk M (2015) Produktion und Logistik mit Zukunft. Digital Engineering and Operation. Springer Vieweg. Doi: https://doi.org/10.1007/978-3-662-48266-7

[SCHN89] Schneeweiß M (1989) Technologische Grundlagen für die Gestaltung der spanender Vor- und Endbearbeitung von Maschinenbaukeramik. Habilitationsschrift, Technische Hochschule Zwickau

[SHAN10] Shan ZD, Liu F, Zhan L; Lin ZL (2010) Research on Patternless Casting CNC Manufacturing Technology and Development of the Equipment, Advanced materials Research 97(101):4036–4041. doi: https://doi.org/10.4028/www.scientific.net/amr.97-101.4036

[SHAN18] Shan ZD, Zhu FX (2018) A Model for Predicting Dynamic Cutting Forces in Sand Mould Milling with Orthogonal Cutting. Chinese Journal of Mechanical Engineering. 31(103):3–11. https://doi.org/10.1186/s10033-018-0306-6

[STEI12] Steinhilper R, Rieg F (2012) Handbuch Konstruktion. Carl Hanser, München, Wien

[SPUR89] Spur G (1989) Keramikbearbeitung. Carl Hanser, München, Wien

[TILC19] Tilch W, Polzin P, Franke M (2019) Praxishandbuch bentonitgebundener Formstoff. Schiele & Schön GmbH, 2. Aufl.

[TEIC06] Teichgräber M (2006) Abschlussbericht zum Verbundvorhaben: Fräsen mehrfach verwendbarer Keramikformen zur Herstellung von Gussteilen im Automobilbau – Werkstoffe, Technologien, Maschinenkonzepte, Teilprojekt: Grundlegende Forschung nach geeigneten Werkstoffen für das Fräsen mehrfach verwendbarer Gießformen aus keramischen Komponenten

[TIET94] Tietz HD (1994) Technische Keramik. Aufbau, Eigenschaften, Herstellung, Bearbeitung, Prüfung. VDI-Verlag, Düsseldorf

[WEND05] Wendt F, Gantner D, Aliyev R, Teichgräber, M (2005) Direktes Fräsen keramischer Formen zur Herstellung von Gussteilprototypen. Fortschrittsberichte der Deutschen Keramischen Geselschaft „Verfahrenstechnik"19(1): 122–131

[WANG07] Wang CY, Zhou L, Fu H, Hu ZL (2007) High speed milling of graphite electrode with endmill of small diameter. Chinese Journal of Mechanical Engineering 20(4): 27–31. DOI: https://doi.org/10.3901/CJME.2007.04.027

[WAN16] Wan Zh, Yang D, Lu L, Wu J, Tang Y (2016) Mechanism of material removal during orthogonal cutting of graphite/polymer composites. The International Journal of Advanced Manufacturing Technology 82:1815–1821. https://doi.org/10.1007/s00170-015-7458-7

[WIRS86] Wirsching F (1986) Calsium Sulfate. In: Gerhartz, W., ed. Ullman's Encyclopedia of Industrial Chemistry, 4th ed. Chemie, Weinheim

[WUEN04] Wünsche R (2004) Rapid Prototyping bei der Herstellung von Gussteilen. Gießerei 91(4): 44–47

[XIAO09] Xiaoli D, Xinya L, Zhongde Sh, Feng L (2009) Rapid Manufacturing of Sand Molds by Direct Milling. Tsinghua Science and Technology 14(1): 212–215. DOI: https://doi.org/10.1016/S1007-0214(09)70094-X

[YANG09] Yang YK, Chuang MT, Lin SS (2009) Optimization of dry machining parameters for high-purity graphite in end milling process via design of experiments methods. Journal of Materials Processing Technology 209 (9): 4395–4400. DOI: https://doi.org/10.1016/j.jmatprotec.2008.11.021

[YAYU19] Yayun L. et al. (2019) Characterization of green Al_2O_3 ceramics surface machined by tools with textures on flank-face in dry turning. International Journal of Applied Ceramic Technology 16(3): 1156–1172. doi: https://doi.org/10.1111/ijac.13189

[YIGI14] Yigit R, Celik E (2014) General Tool Conditions for Green Machining. Journal of Science and Technology 2(1):107–116

[ZHAN17] Zhang MM, Wang BS, LI JB and Zuo JM (2017) Theory and Experimental Research on Cutting Force in NC Milling Sand Molds. International Conference on Mechanical Engineering and Control Automation (ICMECA2017). doi: https://doi.org/10.12783/dtetr/icmeca2017/11909

[ZANG94] Zhang GM, Satish KG, Ko WF (1994) The Mechanics of Material Removal Mechanisms in the Machining of Ceramics. ASME International Mechanical Engineering Congress and Exposition, Chicago, Illinois, AMD-Vol. 194:121–135

[ZHOU09] Zhou L, Wang C, Qin Z (2009) Investigation of Chip Formation Characteristics in Orthogonal Cutting of Graphite. Materials and Manufacturing Processes 24(12):1365–1372 doi: https://doi.org/10.1080/10426910902997399

3 Der Fertigungsprozess

3.1 Prozessstruktur

Die Gestaltung des Fertigungsprozesses als Ganzes und des Arbeitsganges – Fräsen-unterliegt den Prinzipien der Fertigungsplanung. In Abhängigkeit von der Fertigungsaufgabe werden in der Planungsphase die Fragen was? wie? womit? beantwortet, wobei man neben der Auswahl der erforderlichen Fertigungsmittel auch deren Einsatzfolge und Parameter bestimmt.

Die Anwendung der Planungsprinzipien setzt die Einordnung der Fräsbearbeitung in die Gesamtheit des Produktentstehungsprozesses voraus. Dabei hilft die Beschreibung der Elemente und der Struktur des Prozesses aus dem Gesichtspunkt der Fertigungsplanung für das Fräsen heraus ein besseres Verständnis für die optimale Gestaltung zu finden.

Unter dem Fertigungsprozess versteht man nach [DUER02] die „Gesamtheit aller auf ein Produkt/Erzeugnis bezogenen und unmittelbar aufeinander folgenden technologischen Operationen (Fertigungsverfahren), die auf die Herstellung von Einzelteilen, Baugruppen und Erzeugnissen gerichtet sind".

Dabei kann man zum einen die Gesamtheit der Herstellung eines Produktes in einer Folge von Teilprozessen oder Prozessstufen als solchen auffassen. Dabei sind die Teilprozesse oder Prozessstufen in sich geschlossene Abschnitte des Fertigungsprozesses, der eine typische Zwangsfolge technologischer Operationen enthält, wozu mehrere Arbeitsplätze/Arbeitsgänge erforderlich sein können [DUER02]. Diese Betrachtung nennt man auch die „horizontale" Struktur (Abb. 3.1), bspw. Rohteilherstellung mittels Gießens,

R. Aliyev, B. Hentschel, *HSC-Fräsen von stäubenden Werkstoffen*,
https://doi.org/10.1007/978-3-662-63693-0_3

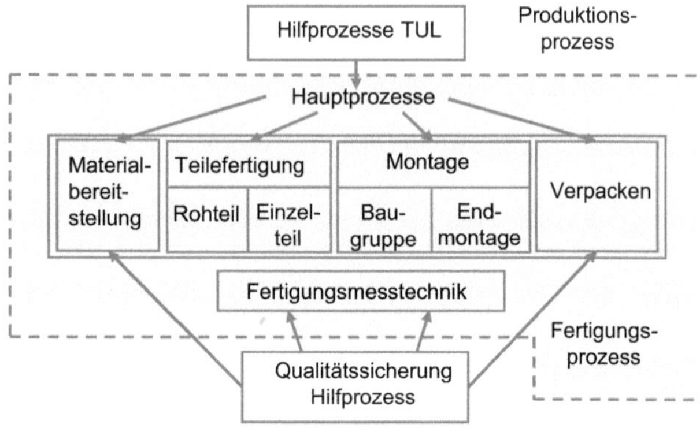

Abb. 3.1 Horizontale Gliederung von Fertigungsprozessen

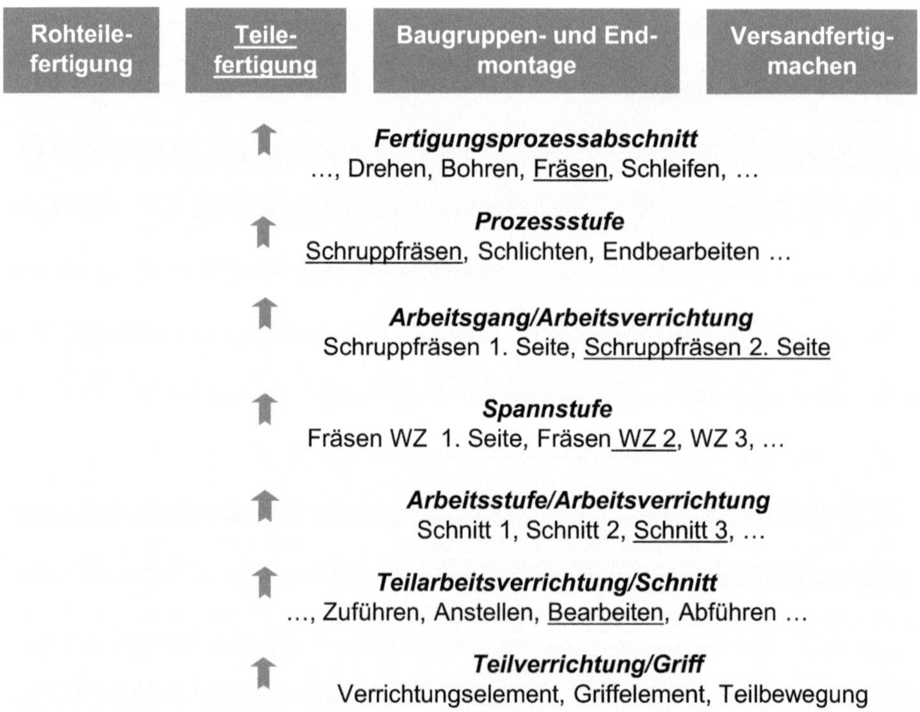

Abb. 3.2 Vertikale Gliederung von Fertigungsprozessen

Teilebearbeitung mittels Spanens, eine Wärmebehandlung, eine Endformbearbeitung mittels Schleifen, das Konservieren, das Montieren und das Versandfertigmachen.

Eine andere Betrachtungsweise gliedert den Fertigungsprozess nach Detaillierungsgraden, der sogenannten „vertikalen" Gliederung (Abb. 3.2). Dabei werden in der Regel ein Teilprozess oder eine Prozessstufe als zu gliedernde Einheit betrachtet. Besonders wesentlich für eine Detaillierung sind die Arbeitsgänge oder auch Arbeitsvorgänge, die als „selbstständiger" Teil des Fertigungsprozesses, der aus allen technologisch bedingten aufeinander folgenden Operationen besteht, die an einem oder mehreren Werkstücken an einem Arbeitsplatz ausgeführt werden. Meist ist das Werkstück in einer Spannlage auf der Maschine positioniert. Teilweise sind Maschinen aber auch so ausgestattet, dass ein Umspannen bzw. Neupositionieren des Werkstückes erfolgen kann. Die Arbeitsgänge werden weiterhin in Arbeitsstufen oder Teilarbeitsvorgänge detailliert als „selbstständiger" Teil des Arbeitsganges, der mit gleichbleibendem Werkzeug bei weitgehend unveränderten technologischen Bedingungen (Arbeitswerte, Werkstückeinspannung) ausgeführt wird" [DUER02].

Die Teilarbeitsverrichtung, auch Schnitt, manchmal auch Operation genannter Teil einer Arbeitsstufe, beim Fertigen wird mit weitgehend konstanten technologischen Bedingungen ausgeführt. Bei automatischen Fertigungsmitteln ist das oft ein Unterprogramm. Dieses besteht in der Regel aus einer Zwangsfolge von Teilverrichtungen oder – bewegungen. Unter einer Teilverrichtung oder Griff wird, bezogen auf die geometrische Zuordnung von Fertigungsmitteln und Arbeitsgegenständen, die kleinste unterscheidbare Gestaltungseinheit verstanden.

In der Phase der Fertigungsvorbereitung erfolgt die Arbeitsplanung, d. h. die Gestaltung des Fertigungsprozesses. Dabei erfolgt neben der Festlegung der sachlich-technischen Mittel für die Fertigung (z. B. Werkzeuge, Maschinen, Hilfsstoffe, Materialmenge, Vorrichtung, …) auch die Festlegung von Ressourcen, wie z. B. Maschinenbediener, Belegungszeit der Arbeitsplätze und Durchlaufzeit durch die Fertigung. Diese Mittel und Ressourcen werden durch Ähnlichkeitsbetrachtungen, Dimensionierungsrechnungen und Optimierungsbetrachtungen gewonnen und werden in einem Arbeitsplan niedergelegt. „Der Arbeitsplan ist das Ergebnis der Fertigungsprozessgestaltung. In diesem sind die Ablaufschrittfolgen und die Arbeitssysteme beschrieben, die für eine schrittweise Aufgabendurchführung erforderlich sind. Weiterhin ist die Folge der Arbeitsgänge, welche zur Fertigung eines Teiles, einer Baugruppe oder eines Erzeugnisses notwendig ist, beschrieben. Dabei sind mindestens das verwendete Material sowie für jeden Vorgang der Arbeitsplatz, die Betriebsmittel, die Vorgabezeiten und die Lohngruppen angegeben." [REFA92]. Dabei finden folgende Gliederungsschemata weitgehend Anwendung:

- für den Auftragsdurchlauf die Durchlaufzeit (Abb. 3.3)
- für den Auftrag bzw. Fertigungsauftrag die Auftragszeitgliederung (Abb. 3.4)
- für die Planung des Personals die Tätigkeitszeit (Abb. 3.5)
- für die Planung der Betriebsmittel/Arbeitsplätze die Belegungszeit (Abb. 3.6).

Für eine automatisierte Fertigung wird die Kenntnis/Definition des Werkstückzwischenzustandes für die Erarbeitung des Arbeitsplanes und dafür notwendiger Hilfsmittel (z. B. Vorrichtungen, Handhabungen mit Robotern) essenziell. Dabei stellt die Arbeitsgangfolge/Arbeitsvorgangsfolge die Reihenfolge der Arbeitsgänge dar, bei denen die technischen Randbedingungen und die Wirtschaftlichkeit der Fertigung berücksichtigt wer-

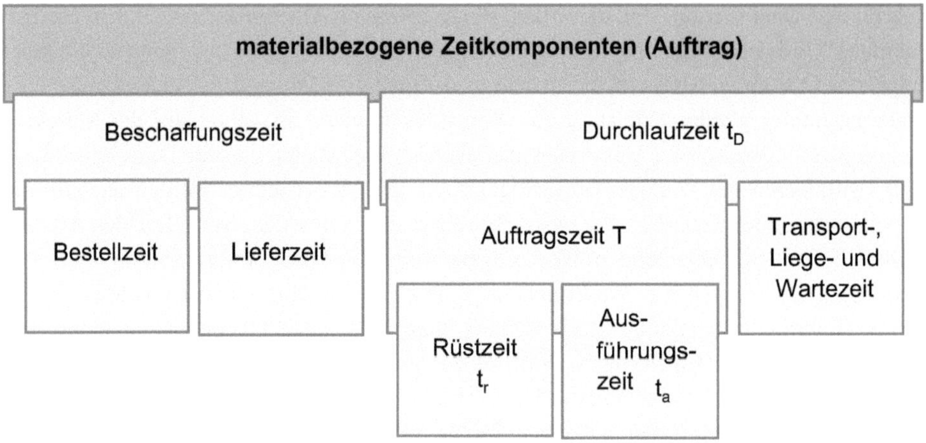

Abb. 3.3 Durchlaufzeitbestandteile

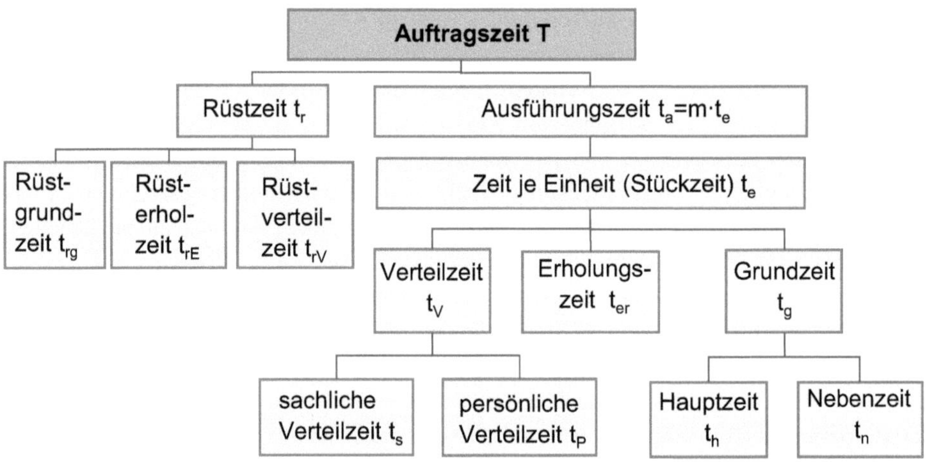

Abb. 3.4 Auftragszeitgliederung

den. Da häufig verschiedene Arbeitsgangfolgen entwickelt werden können, ergibt sich ein Optimierungsdilemma der Bestimmung von Zielkriterien bezogenen Bestfolgen. Die Fertigungsprozesse sollten möglichst wenige Prozessstufen und Arbeitsgänge aufweisen. Damit wird dem Konzentrationsprinzip [SCHUH14] und der Vermeidung von inner- und zwischenbetrieblichen Hilfsprozessen (z. B. Logistik) als Wirtschaftlichkeitsprinzip gefolgt. Grundsätzliche Lösungsmöglichkeiten für eine mathematische Optimierung sind in [JACO77] angegeben.

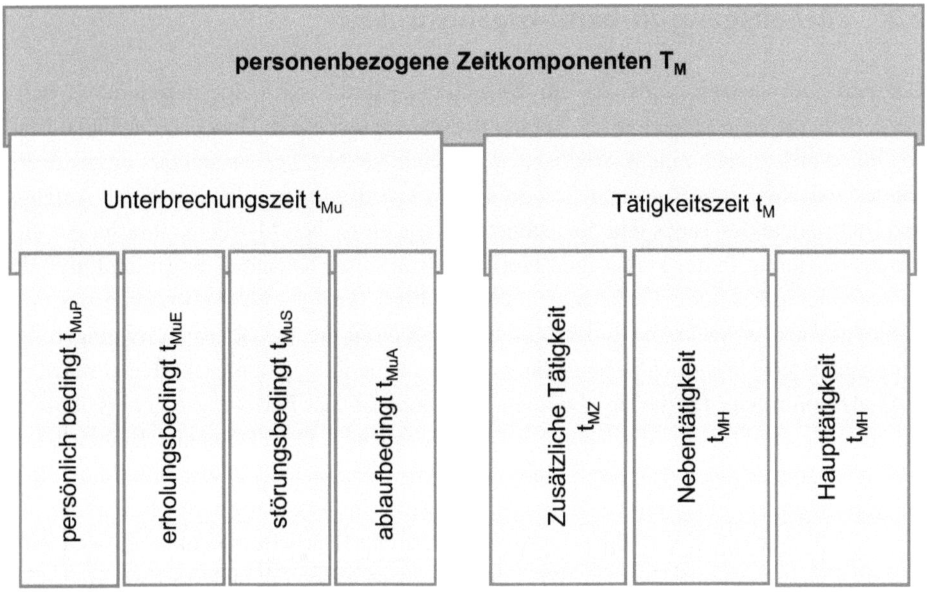

Abb. 3.5 Die Tätigkeitszeitgliederung

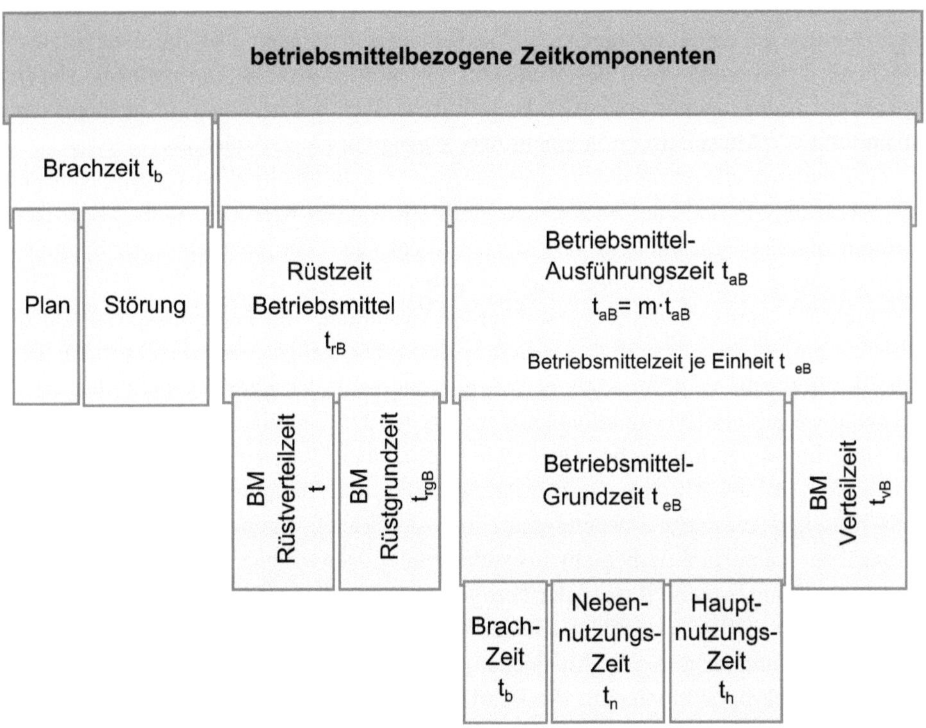

Abb. 3.6 Die Belegungszeitgliederung

3.2 Arbeitsgang-/Arbeitsvorgangstruktur

Der Fertigungsprozess wird also im Wesentlichen durch die Folge definierter Arbeitsgänge/Arbeitsverrichtungen (z. B. Schlichtfräsen) repräsentiert. Dabei ist der Endzustand des Werkstückes nach einem Arbeitsgang zugleich der Anfangszustand des Folgearbeitsganges zwischen dem Roh- und Fertigteil. Der Arbeitsgang ist also durch den Anfangs- und Endzustand des Teiles und die technologisch-technischen Möglichkeiten des Arbeitsplatzes bestimmt. In der klassischen Fertigung war dieses besonders bestimmt durch den Facharbeiter mit seinen Erfahrungen, Fertigkeiten, verfügbaren Werkzeugen und Vorrichtungen neben der Leistung der Maschine und ihren mechanischen Bewegungen. Die automatisierten Maschinen/Arbeitsplätze von Heute benötigen den Facharbeiter meist nur noch als Kontrolleur für das Bearbeitungsprogramm und das Fertigungsergebnis. Aber die Bearbeitungsstruktur im Arbeitsgang ist gleichgeblieben. Die elementare Einheit ist die Teilverrichtung (Abb. 3.2), auch Schnitt oder Operation genannt. Meist eine Folge dieser Teilverrichtungen, ausgeführt mit einem Werkzeug und ergänzt durch unmittelbar notwendige Hilfsbewegungen bildet die Arbeitsstufe. Die Bearbeitungsstellen müssen dabei räumlich nicht zusammenhängen. Wird das Werkzeug durch ein andersartiges ersetzt beginnt eine neue Arbeitsstufe. Das alles erfolgt in einer Spannlage des Werkstückes bzgl. des Maschinenkoordinatensystems. Einen Sonderfall stellt die Bearbeitung des Werkstückes mit simultan zu verfahrenden Achsen der Werkstückspannseite (z. B. Drehtische) dar. Damit wird ein Umspannen des Werkstückes vermieden und die Bearbeitungsmöglichkeit verbessert. Wird das Werkstück neu gespannt (z. B. Umspannen) oder die Spannvorrichtung neu positioniert (z. B. Stelltische, Wendevorrichtung) so liegt eine neue Spannstufe vor. Meist existiert in einem Arbeitsgang nur eine Spannstufe.

Zum anderen erfolgt in der Spanungstechnik die Bearbeitung ausgehend von dem Roh-/Ausgangszustand zum Endzustand hin, d. h. von der Schrupp- zur Schlicht-/Restmaterial- und Fertigbearbeitung hin. Diese Stufenfolge kann innerhalb einer Spannlage erfolgen aber auch mehrere Spannlagen umfassen.

Durch die vom Grundsatz her stufenarme Gestaltung von Fertigungsprozessen der Teilefertigung rückt die optimale Gestaltung des Arbeitsganges wieder mehr in das Zentrum der Betrachtungen. In extremer Weise ist dieses in der additiven Fertigung zu beobachten wo mittels Hybridmaschinen der additive Bau und eine spanende Bearbeitung zur Sicherung der geometrischen Qualität in einem Arbeitsplatz vereinigt wird [GEBH17].

Auf den Ebenen der Spannstufen, Arbeitsstufen und Teilarbeitsverrichtungen ergibt sich für viele komplexe Fertigungsaufgaben der Teilefertigung des Werkzeug- und Formenbaues eine praktisch nicht überschaubare Lösungsmenge für die Arbeitsganggestaltung. Eingrenzende Regeln der Fertigungsorganisation und Fertigungserfahrungen bezüglich von Qualitätsmerkmalen und der Produktivität begrenzen die Varianten aber nur in Richtung extremer negativer Abweichungen. Untersuchungen zu Programmlaufzeiten verschiedener Programmierer für die Bearbeitung einer Fertigungsaufgabe weisen etwa einen Bereich von 1 zu 4 auf. Die Bestimmung der produktivsten (zeitkürzesten) oder der wirtschaftlichsten (kostengünstigsten) Bearbeitung gibt es (noch) keine entsprechenden Werkzeuge auf der Programmierungsseite.

Literatur

[DUER02] Dürr H, Jacobs HJ (2002) Entwicklung und Gestaltung von Fertigungsprozessen. Carl Hanser Verlag München Wien

[GEBH17] Gebhardt A (2017) Additive Fertigungsverfahren: Additive Manufacturing und 3D-Drucken für Prototyping – Tooling. Carl Hanser Verlag GmbH & Co. KG; 5., aktualisierte und erweiterte Edition

[JACO77] Jacobs H, Jacob E, Kochan D (1977) Spanungsoptimierung. VEB Verlag Technik Berlin

[REFA92] REFA: Methodenlehre des Arbeitsstudiums. Teil 1: Grundlagen, Teil 2: Datenermittlung, Teil 3: Kostenrechnung, Arbeitsgestaltung. Hanser, München, Wien (1976/1992)

[SCHUH14] Schuh G, Schmidt C (2014) Produktionsmanagement. Handbuch Produktion und Management 5. Springer Vieweg

4 Prozessplanung und HSC-Fräsprozess

4.1 Prozesskomponenten

Der Fräsprozess läuft in einem Fertigungssystem ab, das mittels miteinander funktional abgestimmter Fertigungsmittel und technischer Anweisungen die technologischen Prozesse entsprechend der Fertigungsaufgabe realisiert (Abb. 4.1).

Ein wesentlicher Bestandteil dieses Systems sind die Fertigungsmittel. Bestehend aus der Fräsmaschine, den Werkzeugen und den Spannvorrichtungen ist das Fertigungssystem in der Lage das Werkstück in einem geschlossenen System effektiv zu bearbeiten. Die wichtigste Voraussetzung zum Erreichen der erforderlichen Genauigkeiten und Oberflächengüten sind die Zuverlässigkeit und die Steifigkeit einzelner Elemente des Systems und die daraus resultierende Systemsteifigkeit an der Wirkstelle des Werkzeuges. Für die Steifigkeit entscheidend ist wie einzelne Komponente des Fertigungssystems im Bearbeitungsraum zu einander angeordnet sind. Diese Eigenschaften üben bei der Umsetzung von Hochgeschwindigkeits- und Hochleistungsfräsprozessen durch schwankende Kräfteverhältnisse im System infolge der Inkonsistenz technologischer Spanungsbedingungen einen starken Einfluss aus.

Die Eingangsgröße des Fertigungssystems besteht aus den werkstückbezogenen Auftragsparametern und der für die Realisierung des Auftrags benötigter Informationen und Energie. Mit dem Prozess entstehen die Fertigteile mit bestimmten Genauigkeits- und Qualitätsparametern. Bei der Überführung der Sollparameter in die Istparameter der Fertigteile durch den Fräsprozess kann das Übertragungsverhalten des Prozesses anhand von vier wichtigen Kriterien bewertet werden:

- der Zerspankraft,
- dem Verschleiß des Werkzeugs,

R. Aliyev, B. Hentschel, *HSC-Fräsen von stäubenden Werkstoffen*,
https://doi.org/10.1007/978-3-662-63693-0_4

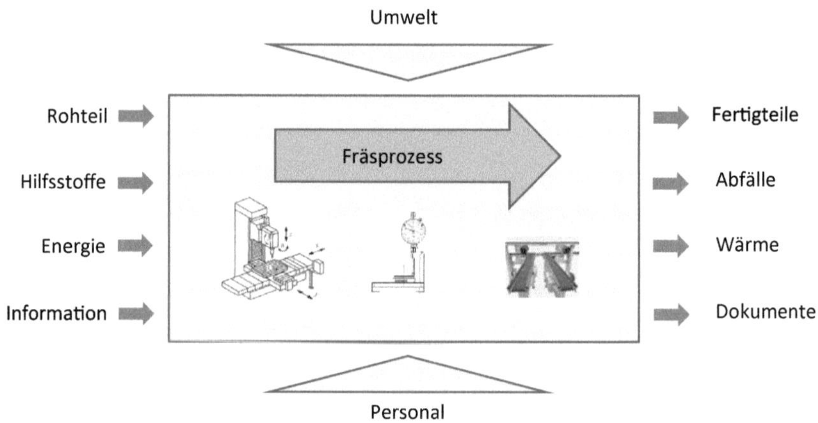

Abb. 4.1 Fertigungssystem „Fräsen"

- der Ausbildung der Beschaffenheit der Werkstückoberfläche,
- der Spanform.

Diese Kriterien werden neben der Zerspanbarkeit des Werkstoffes, abhängig von den Werkstoffeigenschaften, auch von den Fräsparametern beeinflusst. Daher ist bei der Verfahrensauslegung die Beachtung der Gesamtheit aller bedeutenden im Prozess wirkenden Parameter und deren Verknüpfung über die Prozesselemente erforderlich.

Die Fertigung mittels des Fräsens ist in den Anweisungen zur Durchführung von Teilverrichtungen im Rahmen der geplanten Operationen, die zur Erzeugung bestimmter Werkstückgeometrien nach festgelegter, sinnfälliger Reihenfolge durchgeführt werden, niedergelegt. Die Planungsmethode der Fräsbearbeitung legt sowohl die Reihenfolge, als auch die Parameter der Arbeitsstufen, Schnitte und Teilverrichtungen fest. Diese müssen mit den statischen und dynamischen Eigenschaften des gesamten Fertigungssystems abgestimmt werden. Besondere Aufmerksamkeit verlangen dabei die Anforderungen des HSC-Fräsens aufgrund der hohen Prozessdynamik. Sie resultieren beispielsweise aus den besonderen Achsbeschleunigungen der eingesetzten Fräsmaschinen, den höheren Spindeldrehzahlen und Vorschubwerten. Ungeachtet der Tatsache, dass ein wettbewerbsfähiger Maschinenhersteller stets eine gewisse Fokussierung und Standardisierung im eigenen Produktspektrum aufweist, ist ein individuelles Vorgehen bei der Fertigung von Bauteilen zu beobachten. Dies gilt insbesondere für Bauteile mit filigranen und tief liegenden Konturen, die beispielsweise die wesentlichen Konturelemente im Formenbau darstellen.

Im Gegensatz zur konventionellen Fertigung kann die Auslegung und Planung des HSC-Fräsens daher nicht nur anhand der werkstoffseitigen Charakteristika des Werkstückes geschehen, sondern muss aufgrund der z. T. schwierigen Zugänglichkeit der Werkstückkonturen auf den Einsatz von sehr langen schlanken Fräswerkzeugen ausgerichtet werden. Demzufolge ist die Voraussetzung für die Auswahl und den erfolgreichen Einsatz des Fräsens eine Analyse der technologischen Anforderungen aus einem repräsentativen Spektrum der Geometrien und Fertigungsaufgaben, wie es in der Kap. 2 beschrieben wurde, notwendig.

Die effektive Bearbeitung von Werkstücken mit ausgeprägten Kavitäten mit sehr langen Fräswerkzeugen verlangt die Verschiebung der Grenzen der dynamischen Einsatzbereiche der Werkzeuge. Mit dem Einsatz von selbstwuchtenden und -stabilisierenden Fräswerkzeugen können die Vorteile des HSC-Fräsens, wie die Erhöhung der Werkstückqualität und die Senkung der Zerspanungskraft, genutzt werden. Die werkzeugseitigen Besonderheiten der Prozessauslegung beim HSC-Fräsen werden im Kap. 8 ausführlich behandelt.

4.2 Planungsvorgehen und Fräsprozessaufbau

Für das HSC-Fräsen von komplexen Urformen aus stäubenden Materialien ist ein mehrstufiger Prozessaufbau charakteristisch, da die Geometrie in der Regel aus einem prismatischen Block sukzessive herausgearbeitet wird. Die durchgängige CAD/CAM/NC-Prozesskette stellt verschiedene Module zum Entwerfen und der Gestaltung solche Fräsprozesse zur Verfügung [VAJN18]. Auf einer CAD-Datenbasis operierende Module ermöglichen die nacheinander folgenden Prozessstufen übergreifend rechnergestützt zu gestalten.

Ein wichtiger Baustein im Prozess der Arbeitsplanung ist die NC-Programmierung, die zur Erstellung der Steuerinformationen für die Bearbeitung von Werkstücken auf den CNC-Werkzeugmaschinen dient. Die NC-Programmierung wird im Rahmen der Arbeitsganggestaltung durchgeführt. Diese Etappe verlangt ein strukturiertes und detailliertes Vorgehen, um alle benötigten Informationen für die Fertigung zusammenzutragen (Abb. 4.2). Die Erstellung von NC-Programmen besteht aus einer Vielzahl von Einzeltätigkeiten, welche wie folgt zusammengefasst werden können [ENGS02, EVER02]:

- Erstellung und Aufbereitung der Geometrie,
- Festlegung der Folgen von Spannstufen, Arbeitsstufen und Teilverrichtungen mit dem Ziel die qualitätsgerechten Werkstückkontur wirtschaftlich herzustellen,
- Erstellung der NC-Programme für jede Operation unter Berücksichtigung von Prozessanforderungen (Maschinendaten, Spannelementen, Werkzeugen),
- Ausgabe und Dokumentation des Programmes.

Die Aufgabe des Programmierers ist es die Prozessschritte so zu gestalten, dass das Material, das nach der Subtraktion des konstruierten 3D-Werkstückmodells mit dem prismatischen Block bestimmt ist, mit minimalem Aufwand abgetragen wird. Dafür braucht er die technologischen Informationen der einzelnen Arbeitsstufen als auch die Informationen über Zusammenhänge von Arbeitsstufen, die mit s. g. Werkstückfeatures von der einen zu der anderen Arbeitsstufe übergeben werden.

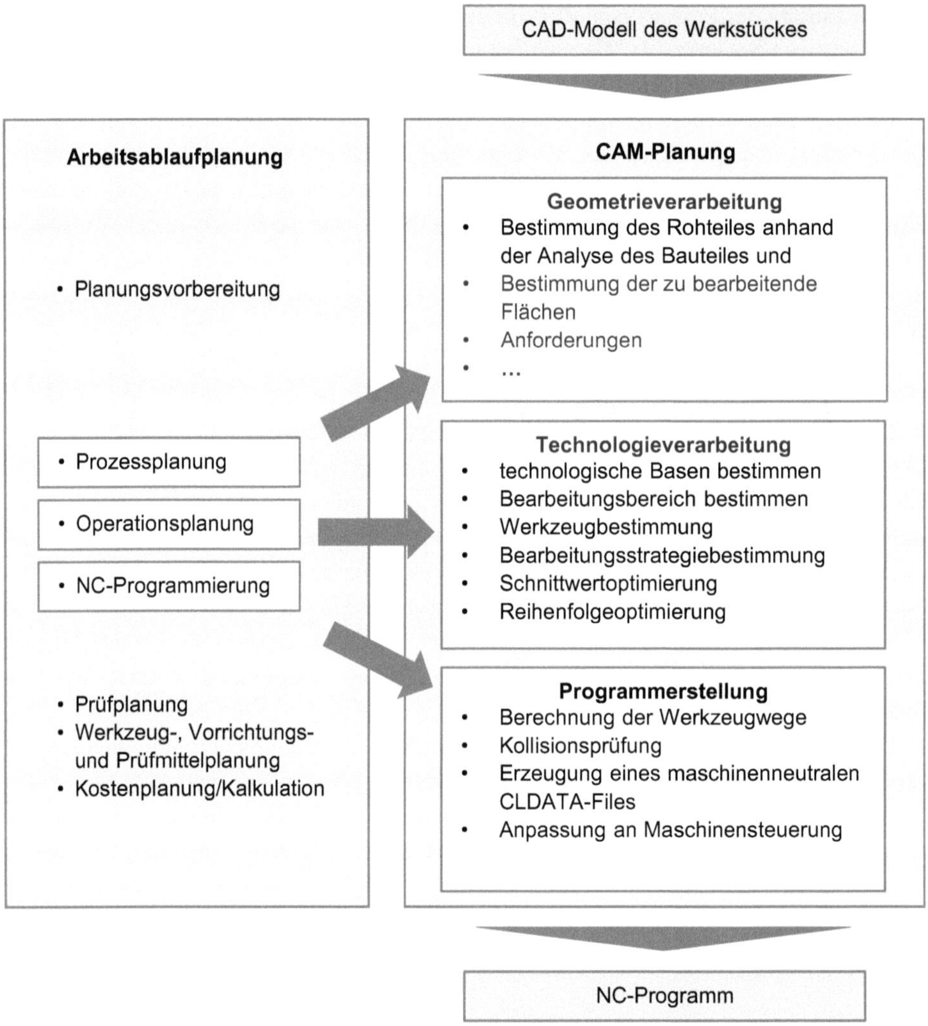

Abb. 4.2 CAM-gerechter Planungsprozess in der Arbeitsvorbereitung nach [ENGS02, EVER02]

4.3 Prozessablauf

Der Ablauf des Fräsprozesses ist durch die aufeinanderfolgenden Arbeitsstufen und Teilarbeitsverrichtungen gekennzeichnet (Abb. 4.3). Die Gestaltung von einzelnen Arbeitsstufen richtet sich dabei nach der Größe, Komplexität und Beschaffenheit der Werkstückoberfläche sowie den genauigkeitsbestimmenden Wechselbeziehungen zwischen den einzelnen Stufen aus. Planungsrelevante charakteristische Eigenschaften einzelner Prozessstufen zum Fräsen von komplexen Formelementen erfordern eine nähere Betrachtung.

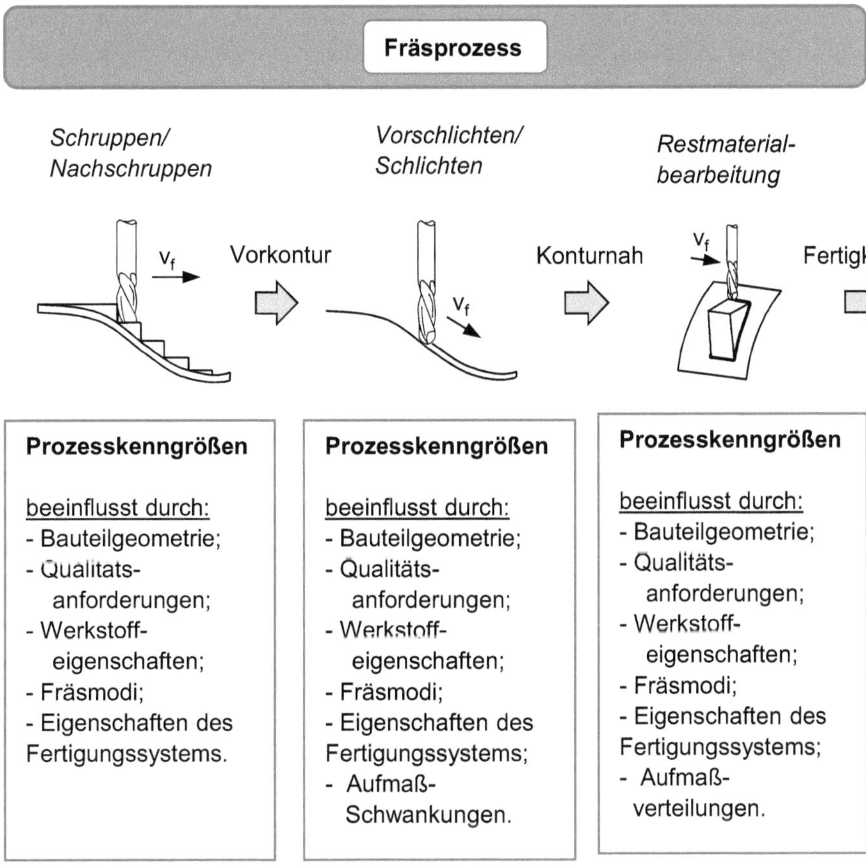

Abb. 4.3 Prozessablauf beim HSC-Fräsen von gekrümmten Oberflächen

4.3.1 Schruppen

In der ersten Bearbeitungsetappe erfolgt eine grobe Bearbeitung, in der man Wert auf das maximale Zeitspanvolumen legt. Für das Programmieren in dieser Etappe existieren verschiedene Frässtrategien, die hauptsächlich auf dem 2,5D-Fräsen basieren.

Die leichte Zerspanbarkeit von stäubenden Materialen erlaubt ein höheres Zeitspanvolumen als bei der Bearbeitung von Metall, was eine Prozessführung mit Einsatz großer Fräswerkzeuge an den maximal zulässigen Belastungsgrenzen des Fertigungssystems ermöglicht. Die höhere Leistung hat eine höhere Kraft zur Folge, was den Prozess sehr anfällig für Schwingungen des Werkzeugs sowie der Maschinenstruktur macht. Der Anteil des zu zerspanenden Volumens des Teiles kann bis über 90 % liegen (z. B. Fräsen von Integralbauteilen im Flugzeugbau) [SURM06]. Beim Schruppen von prismatischen Rohteilen kommen Zylinderschaftfräser zum Einsatz. Fräsen im 2,5D-Modus führt dazu, dass an den geneigten Konturteilen in der Regel eine stufenförmige Zwischengestalt entsteht, die für die Folgeetappe die Eingangsgeometrie darstellt. Die Werkzeugbewegung erfolgt bei der Bearbeitung in Ebenen senkrecht zur Werkzeugachse in Richtung von der Spindel weg und von außen nach innen. Die geschlossenen Taschen werden mit der Strategie „Taschenfräsen" ausgeräumt. Die Parameter der Stufen nach dem Schruppen, wie die Schnitttiefe und das Restaufmaß, bestimmen die Auslegung der Parameter für die Schlichtbearbeitung (Abb. 4.4).

In Abhängigkeit von den Anforderungen an die Formgenauigkeit und Oberflächenqualität ist es empfehlenswert den Einfluss der Aufmaßschwankungen auf das Schlichten zu minimieren. Da in der Praxis Schruppen und Schlichten getrennt programmiert werden, wird die Abstimmung dem Programmierer überlassen. Er entscheidet anhand seines Erfahrungswissens, wie man die Werkstückoberfläche für das Schlichten günstig gestaltet. Eine häufig verwendete Methode besteht darin, dass man die Stufenhöhe beim Schruppen pauschal gering wählt. Um dieses zu realisieren arbeitet man mit großem Werkzeug und bearbeitet die Stufen mit großem Restaufmaß mit einem kleineren Fräser nach (Abb. 4.5). Dieser Fall tritt besonders bei großen Bauteilen auf. Die Schnittaufteilung zwischen mehreren Schrupparbeitsstufen sollte unter Berücksichtigung des gesamten zu zerspanenden Materialvolumens mit dem Ziel der Zeitminimierung für die Schruppbearbeitung durchgeführt werden.

Das Programmieren des Vor- und Nachschruppens erfolgt erfahrungsgemäß rechnergestützt mittels eines dafür vorgesehen Moduls im CAD/CAM-Programm. Mit dem Einsatz des werkzeugschonenden Ebenenschruppens sind nahezu alle Geometrien sowohl im 3-Achs- als auch im 3+2-Achs-Modus kollisions- und vollschnittfrei zu bearbeiten. Die Realisierung des dargestellten Vorgehens, das sich aus einer optimalen Werkzeuggeometrie und dem Schneidstoff ergibt, ist eng an eine optimale Bearbeitungsstrategie gebunden. Der Schaftfräser mit seiner Bohreigenschaft ist am besten geeignet sowohl geschlossene als auch offene Konturen im Modus Ebenenschruppen effektiv auszuräumen. Im Unterschied zur flächengeführten Strategie sichert das Ebenen bezogene Abtragen des Materials im Umfangsschnitt gleichmäßige Eingriffsbedingungen, die eine höhere Prozesssicherheit und höheres Zeitspanvolumen garantieren. Ferner ist durch eine spiral-

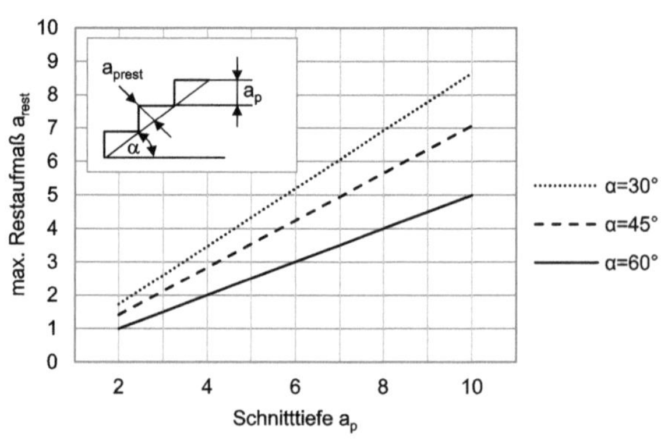

Abb. 4.4 Einfluss der Schnitttiefe auf die Aufmaßschwankungen beim Schruppen (α-Neigungswinkel der Kontur)

Abb. 4.5 Schnittaufteilung beim Schruppen nach [PAUL91]

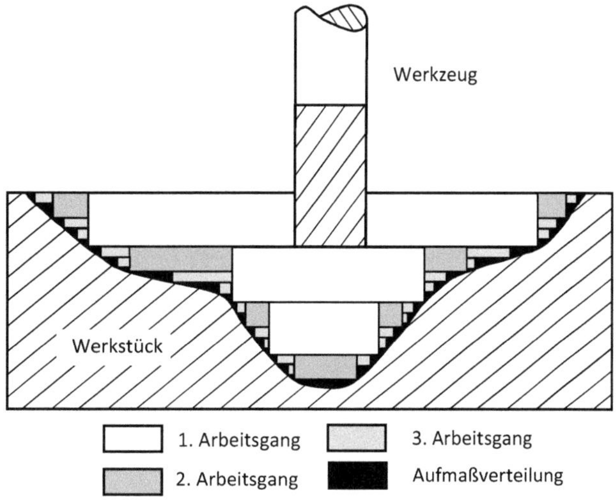

Abb. 4.6 Trochoidales Fräsen

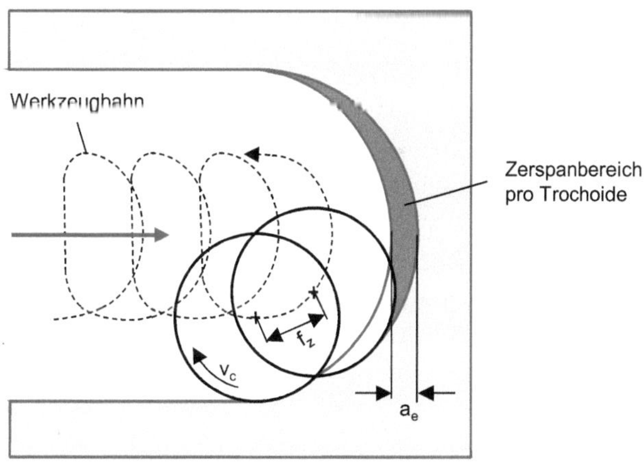

förmige oder leicht geneigte axiale Zustellung das sanfte Eintauchen des Werkzeuges möglich.

Um die höheren Zeitspanvolumina der Fräswerkzeuge beim Schruppen mit den Möglichkeiten der Werkzeugmaschine optimal zu kombinieren sind CNC-integrierte Bearbeitungszyklen entwickelt worden. Die optimierte Bearbeitungsstrategie ermöglicht die Fräsbahnen dynamisch zu generieren. Beim Programmieren errechnet das CAD/CAM-System das Zerspanvolumen in Abhängigkeit von den Spanungsbedingungen für das trochoidale Fräsen. Anhand dieser Kenntnis wird dann eine angepasste Werkzeugbahn erstellt (Abb. 4.6).

Hier werden die Werkzeugwege so berechnet, dass die Schneidenlänge optimal genutzt wird. Beim Fräsen von langen ebenen Flächen wird automatisch die Eingriffsbreite reduziert, um eine höhere Vorschubgeschwindigkeit zu erzielen. Kurze Geraden oder Konturelemente ermöglichen dagegen eine hohe Eingriffsbreite bei vermindertem Vorschub.

Beim dynamischen Fräsen werden auch die Leerläufe so kurz wie möglich gehalten. Der komplexe Algorithmus berechnet die Umschlingung mit einem maximal möglichen Winkel. Die kurze Kreisbewegung und die erhöhten Vorschübe liefern minimale Leerlaufphasen. Der Optimierungseffekt ist von der Maschinendynamik abhängig [KIEF15, HEIS14].

Die Fräsmodi und die Fräsparameter legt der Programmierer anhand seiner Erfahrungen fest. Dafür benötigt er umfangreiche technologische Vorkenntnisse zum HSC-Fräsen. Damit sollte er in der Lage sein den Geometriedaten des Teils das geeignete Werkzeug, die zugehörigen Verfahrensparameter und einzelne Bearbeitungsschritte so zusammenzuführen, dass eine schnelle aber belastungs- und schwingungsarme Prozessausführung entsteht. Die Programmierung der Bearbeitung doppeltgekrümmter Flächen, Bohrungen, Nuten, Absätze und Taschen, welche den Einsatz von verschiedenen Werkzeugen in einer festgelegten Reihenfolge unter Anwendung besonderer Schnittwerte verlangt, erfordert ebenfalls tiefgreifendes Fertigungswissen.

4.3.2 Schlichten

Ziel dieser technologischen Etappe ist es die Werkstückflächen bei höheren Vorschub- und Schnittgeschwindigkeiten schnell und möglichst entsprechend der Sollkontur zu bearbeiten. Die Wirtschaftlichkeit des Schlichtens wird durch die Größe „Schnittfläche pro Zeiteinheit" charakterisiert. Eine gute Konturanpassung macht seit Jahren den Einsatz von Kugelkopffräsern beim Schlichten von Freiformflächen unumgänglich. Eine qualitätsorientierte Schlichtbearbeitung setzt ein möglichst gleichmäßiges Aufmaß auf der gesamten Fläche, die durch das Schruppen bearbeitet wurde, voraus.

Eine besondere Herausforderung an den Fräsprozess stellen tiefe und filigrane Geometrien und deren Konturtreue dar. Diese erfordern in vielen Fällen den Einsatz von schlanken Schaftfräsern. Die lang auskragenden Werkzeuge mit kleinen Durchmessern neigen während des Schlichtens aufgrund ihrer geringeren Steifigkeit zum Schwingen und zum Abbiegen, was zu Konturabweichungen und Oberflächenrauheiten führt. Demzufolge steht für die Programmierer in der Praxis nur ein schmaler Schnittgeschwindigkeitsbereich für eine gute Oberflächengüte zur Verfügung.

Die Sicherstellung eines effektiven Schlichtprozesses setzt neben den technologischen Parametern, wie Schnitt- und Vorschubgeschwindigkeit, axiale und radiale Zustellung, auch die Anwendung eines geeigneten Fräsmodus voraus. Bei der CAD/CAM-basierten Prozessauslegung stehen mehrere Modi zur Auswahl (Abb. 4.7). Bezogen auf die Konturform können folgende Vorgehensweisen zur Bearbeitung des Bauteiles angewendet werden, die bei der kommerziellen Software wie TEBIS, MASTERCAM, GIBCAM Anwendung finden:

- Umfangsfräsen mit konstanter Z-Richtung-Zustellung: die Werkzeugbahnen liegen auf einer Ebene, die senkrecht zur Z-achse sind;

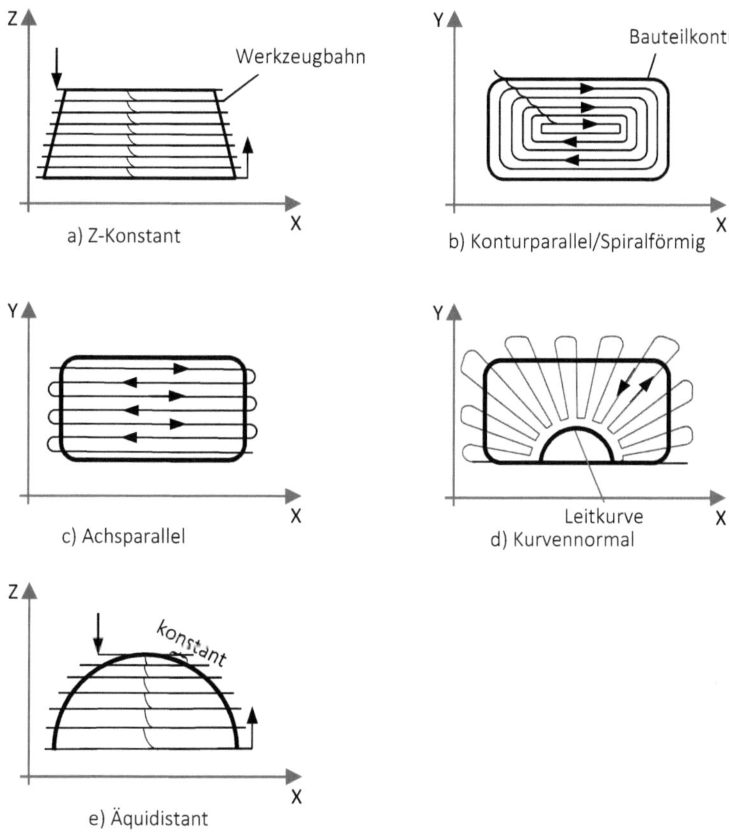

Abb. 4.7 Fräsmodi für das Schlichtfräsen in Gleich- und Gegenlauf

- Flächenfräsen mit konturparalleler Bahngenerierung: die Werkzeugbahnen liegen parallel zur vorgegebenen Kontur;
- achsparalleles Fräsen: die Werkzeugbahnen liegen parallel zu einer gewählten Maschinenachse;
- kurvennormales Fräsen: die Werkzeugbahnen liegen in normaler Richtung zu einer Leitkurve;
- äquidistantes Schlichten: die Werkzeugbahnen werden mit konstantem räumlichem Abstand berechnet.

Bei der Auswahl eines geeigneten Fräsmodus sind folgende Faktoren maßgebend:

- maximale Konturtiefe
- Breite der Nuten und Rippen
- Durchmesser von Bohrungen
- Größe der Taschen
- Verrundungsradien

Darüber hinaus sollten die technologischen Besonderheiten des HSC-Fräsens von komplexen Freiformflächen in Betracht gezogen werden. Es ist bekannt, dass während der Bearbeitung der Freiformflächen ständig wechselnde Schnittbedingungen vorliegen [DAVI12, HOCK96]. Die Kombination von Bearbeitungsrichtung, Fräserkippwinkel sowie Bewegungsrichtung (Bohr-/Ziehschnitt, Gleich-/Gegenlauf) bilden die Fräserführung im Bearbeitungsprozess.

Die optimale Fräserführung beim Schlichten ist von der Lage der Oberflächen des Werkstückes zur Werkzeugspindelachse abhängig. Um den negativen Einfluss der geometriebedingten Änderung von Schnittbedingungen zu reduzieren, teilt man die gesamte Konturfläche in Bezug zur Z-Richtung in Abhängigkeit des sich ergebenden Neigungswinkels der Flächen in zwei Bereiche. Der Grenzwert für den Teilungswinkel liegt erfahrungsgemäß bei 45°. Die Flächen unter diesen Winkel nennt man „flache Bereiche" und werden mit dem Modus „konturparallel/spiralförmig" gefräst. Oberhalb des Winkels von 45° liegende Flächen werden als „steile Bereiche" definiert. Für diese ist am besten die Strategie „Höhenlinienfräsen" geeignet. Der Grund dafür liegt in der besseren Anpassung der Werkzeuggeometrie an die Bauteilkontur, die durch die Projektion des Bahnabstands in Bearbeitungsrichtung resultiert. Die Z-Achse, die hinsichtlich Geschwindigkeit, Beschleunigung und Ruck meist die schwächste Achse einer Werkzeugmaschine darstellt, wird bei diesem Modus lediglich als Zustellachse verwendet. Die ausschließliche Verwendung der dynamischeren X- und Y-Achse bietet sich daher bei der Erzeugung der Konturfläche mit höheren Vorschubgeschwindigkeiten an.

Die Aufteilung der Kontur in flache und steile Bereiche erfolgt beim Programmieren automatisch mit Unterstützung des CAM-Moduls. Die Anwendung der so angepassten Fräsmodi stellt weitestgehend konstante Schnittbedingungen sicher und vermeidet extreme Fräsrichtungsänderungen [KLET13, KUMA20].

Die ebenen Flächen, die längs zur Bearbeitungsrichtung liegen (z. B. Dichtflächen bei Formteilen für das Druckgießen), werden durch Anwenden mit Fräszyklen günstig bearbeitet, die das konturparallele Stirnfräsen mit geradstirnigen Werkzeugen ermöglichen. Dieser Modus erlaubt eine breitere radiale Zustellung der Fräser und diese sind damit hauptzeiteffizienter einsetzbar. Der optimale Einsatz des Ebenenschruppens setzt große zusammenhängende Flächenbereiche voraus. Die Strategie „Schlichten von Ebenen" ist als ergänzender Modus zu betrachten.

Bei leicht gekrümmten Flächen ist die Anwendung des äquidistanten Schlichtens zu empfehlen. Fräsbahnen verlaufen in diesem Fall entlang einer oder zweier Leitkurven. Der Abstand der Fräsbahnen wird hierbei nicht in der XY-Ebene, sondern immer gleichbleibend auf der Fläche berechnet. Damit kann die komplette Oberfläche, ohne es in flache und steile Bereiche zu zerlegen, in einer Bearbeitung mit gleicher Oberflächenqualität gefertigt werden. Beim Programmieren von Werkstücken mit unterschiedlich geprägten Geometrien ist die Auswahl der Schlichtwerkzeuge für Folgeoperationen entscheidend. Besonders die Restmaterialanhäufungen in engen Kavitäten oder Innenradien, die vom Schlichtwerkzeug nicht entfernt wurden, können dadurch eine hohe Umschlingung der Schneide bis hin zum Vollschnitt verursachen. Daraus können überhöhte mechanische und thermische Belastungen des Fräswerkzeugs und damit ein erhöhter Verschleiß resultieren. Der Einsatz von Werkzeugen mit adäquaten Fräserdurchmessern und Eckradien beim Schlichten stellt den Programmierer vor ein Optimierungsproblem, das er anhand seines Fachwissens lösen soll.

4.3.3 Restmaterialbearbeitung

Ein effektives Schlichten der gesamten Werkstückoberfläche erfolgt weitgehend durch Einsatz nur eines Werkzeuges, um ein zeitminimales Ergebnis zu erreichen. Allerdings verbleibt dabei fast immer in den tiefen und engen Kavitäten mehr Aufmaß als zulässig ist. Dieses Restmaterial soll in weiteren Schritten mit Hilfe von kleineren Fräswerkzeugen entfernt werden (Abb. 4.8).

Für die Gestaltung des Prozesses zur Restmaterialentfernung wird der letzte Schlichtfräser als Referenzwerkzeug angewendet. Ausgehend vom Durchmesser dieses Werkzeuges erfolgt die Bestimmung der Bereiche mit Restmaterial auf den zu bearbeitenden Freiformflächen. Alle Bereiche mit höherem Aufmaß werden ermittelt und für die Generierung der Werkzeugbahn bereitgestellt. Für die Programmierung der Restmaterialbereiche erhalten die Programmierer starke Unterstützung seitens des CAD/CAM-Systems. Das System erkennt diese Bereiche automatisch und legt für das angegebene Werkzeug die Wege fest. Ob man gleich mit einem Werkzeug alle Bereiche nacharbeiten kann, kann anhand der Radienanalyse der Werkstückkontur erkannt werden. Bei großen Radiusdifferenzen geht man davon aus, dass ein weiterer Schritt zur Bearbeitung mit noch kleinerem Werkzeug notwendig ist.

Je nach der Tiefe und Breite der Kavitäten am Werkstück kommen aus Steifigkeitsgründen Werkzeuge mit verschiedenen Längen zum Einsatz. Die wegen eventueller Kollision nicht bearbeiteten Restmaterialbereiche werden als Referenz für den nächsten Schritt mit länger auskragendem Werkzeug genutzt. Damit werden nur noch die Bereiche bearbeitet, die im ersten Schritt nicht erreicht wurden. So kann die Schnittaufteilung unter den Werkzeugen optimal durchgeführt und der gesamte Prozess effektiv ausgelegt werden.

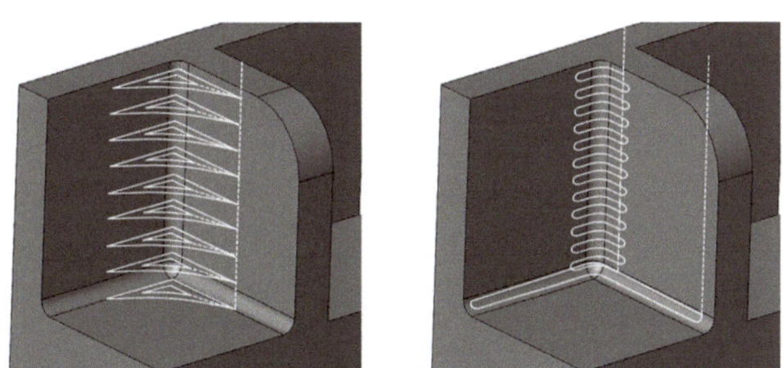

Abb. 4.8 Restmaterialbearbeitung

Zum Programmieren der Restmaterialbereiche stehen in CAM-Systemen grundsätzlich zwei Strategien zur Verfügung:

- das Volumenfräsen und
- das Flächenfräsen.

Die sehr kleinen Taschen und Schlitze bleiben nach dem Schlichten öfter voll mit Restmaterial zurück. Bei den Hohlkehlen trifft das dann zu, wenn die Differenz zwischen den Referenzwerkzeugen zu groß ist, d. h. die Fläche wurde mit einem relativ großen Kugelkopffräser geschlichtet. Da Restmaterialbereiche vorwiegend mit relativ kleinen Fräsern bearbeitet werden, ist bei der Auswahl der Schnittparameter auf die Werkzeugbelastung besonders zu achten. Beim Volumenfräsen erkennt das System die Bereiche und führt die Schnittaufteilung anhand der eingegeben Fräsparameter automatisch durch.

Die Strategien zum flächenbezogenen Restmaterialfräsen ermöglichen die Konturelemente mit einem kleinen Fräser zeilenweise konturnah zu bearbeiten. Um die werkzeugschonende Bearbeitung zu realisieren, werden die steilen und flachen Bereiche, wie beim Schlichtfräsen separat programmiert und zusammen ausgegeben. Die Werkzeugbahnen liegen auf der Fläche parallel zu einander in einem vorgegebenen Zeilenabstand. Die Bestimmung der Restmaterialbereiche und Berechnung der Werkzeugbahn erfolgten mittels der Funktionen des CAD/CAM-Systems.

Eine weitere Möglichkeit zur Restmaterialbearbeitung bietet das Pencilbahnfräsen (Abb. 4.9). Diese Strategie dient dazu kleine Radien, scharfe Kanten sowie verbliebene Riefen und Rillen mit einem Werkzeugzug zu beseitigen. Die Pencilbahnbearbeitung kann wahlweise auf horizontale und vertikale Bereiche angewendet werden, um günstige Ergebnisse zu erzielen.

Abb. 4.9 Pencilbahnfräsen

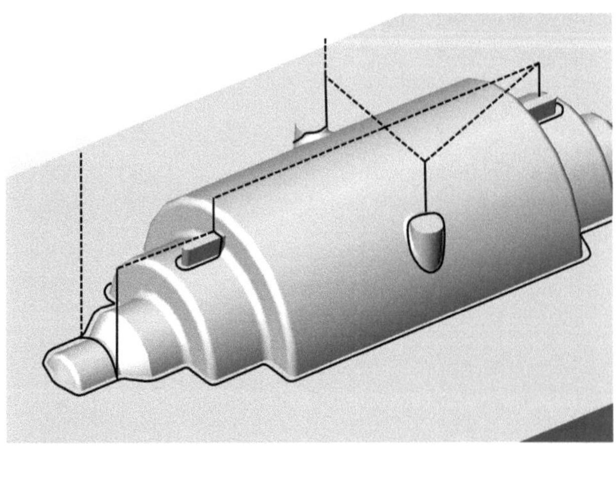

Literatur

[DAVI12] Davim JP (2012) Machining of Complex Sculptured Surfaces. Springer London. DOI: https://doi.org/10.1007/978-1-4471-2356-9

[ENGS02] Engstler M (2002) NC-Prozeßkette in Kleinbetrieben. Anforderungen, Verfahrensauswahl. Systemeinführung und Erweiterungen. Dissertation, Universität der Bundeswehr München

[EVER02] Evershheim W (2002) Organisation in der Produktionstechnik. 3, Arbeitsvorbereitung

[HEIS14] Heisel U, Klocke F, Uhlmann E, Spur G (2014) Handbuch Spanen. Hanser Verlag München

[HOCK96] Hock S (1996) Hochgeschwindigkeitsbearbeitung im Werkzeug- und Formenbau-Eingriffsverhältnisse und Technologie. Dissertation, TH Darmstadt

[KIE1F5] Kief H (2015) CNC/DNC Handbuch 20015/2016. Verlag: Carl Hanser Verlag GmbH & Co. KG

[KLET13] Klette G, Vajna S, Nulsch M (2013). NX8.5 – kurz und bündig. Grundlagen für Einsteiger. Springer Verlag

[KUMA20] Kumar K, Ranjan C, Davim JP (2020) CNC Programming for Machining. Springer Nature Switzerland AG doi: https://doi.org/10.1007/978-3-030-41279-1

[PAUL91] Paulus M (1991) Schruppen bei der Fräsbearbeitung. VDI Verlag

[SURM06] Surmann T (2006) Geometrisch-physikalische Simulation der Prozessdynamik für das fünfachsige Fräsen von Freiformflächen. Dissertation, TU Dortmund

[VAJN18] Vajna S, Weber Ch, Zeman K, Hehenberger P, Gerhard D, Wartzack S (2009) CAx für Ingenieure. Eine praxisbezogene Einführung. Springer Berlin Heidelberg

5 Besonderheiten des Prozesses

5.1 Mehrstufigkeit des Prozessverlaufs in digitaler Umgebung

Leistungsfähige CAD/CAM – Systeme stellen eine Vielzahl von Funktionen zur geometriebasierten Erstellung von NC-Programmen zu Verfügung. Die Kopplung der CAD- und CAM-Systeme hat zweierlei Entwicklungswege (Abb. 5.1). Es gibt zum einen die CAD-Systeme mit erweitertem NC-Programmiermodul. Die Integration des NC-Moduls in das CAD-System hat den Vorteil, dass das NC-Modul direkten Zugriff auf eine gemeinsame Datenquelle hat. So können sämtliche Geometrieinformationen abgerufen und direkt beim Programmieren angewendet werden [HEHE11]. Solche CAD Systeme ermöglichen auch die bidirektionale Assoziativität beim Zurückgreifen auf ein gemeinsames Modell des Bauteiles. Assoziativität basiert auf Kopplung einzelner Programmmodule, z. B. Geometriedarstellung, Zeichnungsdarstellung oder NC-Programmierung, auf einer gemeinsamen Datenbasis. Durch diese Funktion wird die Änderung in einem Modul in den anderen Modulen automatisch wirksam werden, z. B. bei Vorhandensein dieser Funktion wird jeder Änderung im Goemetriemodell eine entsprechende Änderung in Zeichnungen automatisch nachvollzogen. Diese wichtige Systemfunktion ermöglicht dem Anwender Kundenwünsche in kürzester Zeit zu realisieren. Zu führenden Anbietern von CAD-Systemen mit assoziativer Funktion zählen z. B. CATIA (Dassault Systèmes), PTC (CREO), NX (Siemens) und Inventor (Autodesk) [MOEL14].

Die Nachteile dieser integrierten Systeme liegen darin, dass sie in der Regel ein „schwaches" NC-Modul haben. Außerdem verlangt die Integration von zwei verschiedenen Modulen in einem Arbeitsplatz vom Konstrukteur eine zusätzliche Qualifikation, was nicht immer effektiv erfüllt werden kann. Außerdem sind CAD Systeme aufgrund ihrer hohen Geometrieleistungsfähigkeit für wesentlich komplexere Aufgaben ausgelegt als diese üblicherweise bei der NC-Programmierung erforderlich ist. Daher lässt sich die Ein-

R. Aliyev, B. Hentschel, *HSC-Fräsen von stäubenden Werkstoffen*,
https://doi.org/10.1007/978-3-662-63693-0_5

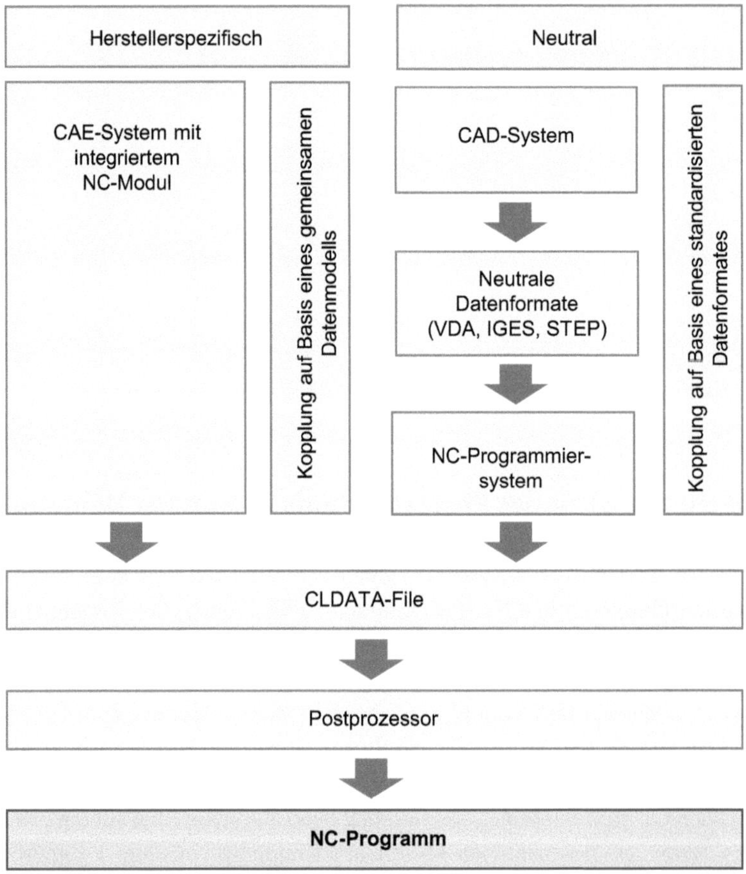

Abb. 5.1 Gängige CAD/NC-Kopplungen

führung eines CAD-Systems nur für den Einsatz der NC-Programmierung nicht rechtfertigen.

Die andere Variante stellt die Kopplung von CAD- und NC-Systemen durch geeignete neutrale Datenschnittstellen dar. Hierfür angewendete NC-Programmiersysteme haben eine starke Funktionalität zur Erzeugung leistungsfähiger NC-Programme. An dieser Stelle muss man feststellen, dass alle Programmiersysteme nur mit aktiver Teilnahme des Programmierers ein effizientes NC-Programm liefern können. Diese Softwarepakete bestehen aus verschiedenen Moduln und übernehmen Berechnungsaufgaben um die Erstellung von NC-Programmen zu beschleunigen und bei komplexen Teilen diese überhaupt erst möglich zu machen. Moderne Programmiersysteme arbeiten ausschließlich mit 3D-CAD Daten. Die 3D- Geometriedarstellung moderner CAD-Systeme basiert auf dem B-REP Modell (Boundary Representation). Diese rechnerinterne Darstellung ermöglicht die Geometrie aus Volumina, Flächen, Kanten, Eckpunkten sowie deren Referenzierungen zu erzeugen. Zur Unterstützung der Konstrukteure bei der Modellierung von Bauteilen mit komplexer Geometrie ist eine parametrische Modellierung von Vorteil. Dafür können einzelne Geometrieelemente frei definiert und zueinander angeordnet werden. Die Zuordnung erfolgt anhand von Gleichungssystemen oder Maßtabellen. So definierte Zusammenhänge können bei Bedarf rasch mittels Parameter angepasst werden. Die Qualität der Daten ist für fehlerfreie NC-Programme maßgebend und beeinflusst die Programmierzeit stark.

Was aber die Anwendung von Zerspanungsparametern beim Programmieren betrifft, existiert ein allgemeines Problem bei allen üblichen Systemen. Die Systeme unterstützen den Anwender bei der Auswahl von Zerspanungsparametern, wie Schnittgeschwindigkeit und Vorschub, nicht. Dazu kommen noch die spezifischen Aspekte der Hochgeschwindigkeitsbearbeitung, wie der schnellere Vorschub und die Eigenschaften der Werkzeuge, die eine neue Bearbeitungsstrategie notwendig machen. Die steigenden Anforderungen an die Komplexität von Freiformflächen haben in den letzten Jahren dazu geführt, dass die technologischen Aspekte dieser Bearbeitungen wieder verstärkt in den Blickpunkt treten. Das Problem liegt besonders darin, dass der spezifische Know-how-Träger der Bearbeitung, der Maschinenbediener, in der Werkstatt arbeitet. Seine persönliche und prozessuale Kommunikation mit dem Programmierer, der in der Regel im Büro und anhand des geometriebezogenen Prozesswissens operiert, nicht ausreichend ist. Deshalb sind die Softwarehersteller bemüht ihre Programmiersysteme immer wieder mit neuen Funktionen zu erweitern, um die Forderungen und Vorstellungen der Anwender ohne Einschränkung umzusetzen.

Die üblichen Programmiersysteme auf PC-Basis ermöglichen alle NC-Maschinen schnell, einfach und zuverlässig zu programmieren. Die organisatorische Einbindung des NC-Programmierens in die Betriebsstruktur des Unternehmens kann je nach der Fertigungsaufgabe „zentral" oder „dezentral" erfolgen. Die dezentrale Programmierung erfolgt grundsätzlich maschinennah oder maschinengebunden in der Werkstatt und der Begriff „Werkstattorientiertes Programmieren" (WOP) ist dafür sehr verbreitet.

Liegt eine einfache Programmieraufgabe vor, so kann das Werkstück schnell durch Erstellung der Steuerprogramme an der Maschine gefertigt werden. Die moderne CNC-Maschine mit bedienerfreundlichen Eingabemöglichkeiten bietet eine Alternative zur Büro-Programmierung. Die Programmierung erfolgt in der Regel parallel zur Bearbeitung eines anderen Werkstückes, um Maschinenstillstandszeiten zu vermeiden. Mit der WOP können aber nur einfache Aufgaben mit Regelgeometrien in der Werkstatt wirtschaftlich programmiert werden. Eine Implementierung solcher Systeme direkt in der Werkstatt erleichtert die Kommunikation zwischen Maschinenbediener und Programmierer und bietet damit erhebliche Vorteile. Das Programmiersystem beinhaltet außer der eigentlichen Software auch alle erforderlichen Bibliotheken zu Werkzeugen und Hilfsmittel. Trotz einer graphischen Unterstützung an der Maschinensteuerung kann man die WOP-Programmierung nicht für die Programmierung von skulpturartigen Flächen einsetzten (Abb. 5.2).

Die zentrale NC-Programmierung hat gegenüber der WOP-Programmierung den Vorteil, dass die Programme auf der Basis von 3D-Daten generiert werden. Dazu gehört z. B. die Erstellung von NC-Programmen für die Mehrachsbearbeitung, die häufig beim

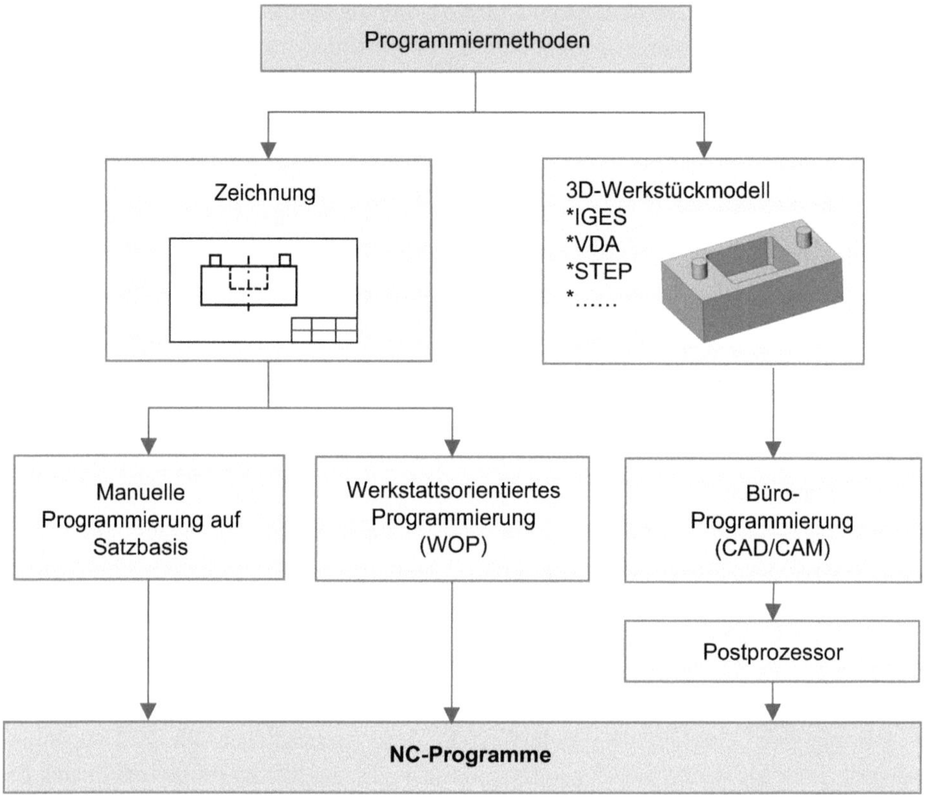

Abb. 5.2 Erstellung von NC-Programmen

Fräsen von Freiformflächen vorkommt. Ein weiterer Vorteil der zentralen Programmierung kann die Erstellung steuerungsunabhängiger Programme sein. So erstellte Programme können auf alle geeigneten CNC-Maschinen eingesetzt werden. Der Einsatz der vorhandenen Programme auf neuen Maschinen braucht lediglich einen entsprechenden Postprozessor. Weitere Vorteile liegen darin, dass die zentrale NC-Programmierung räumlich eng mit der Konstruktion zusammenarbeiten kann und so Probleme direkt durch die Mitarbeiter geklärt werden können. Andererseits weist sie eine mangelnde Anbindung an die Fertigung auf. Die Optimierungspotentiale einer zentralen Programmierung lassen den Prozess trotz des hohen Aufwandes wirtschaftlich gestalten. Die Beschaffungs- und Betriebskosten eines CAD/CAM-Systems kompensieren sich durch Zeitersparnisse in der Produktion.

Die Leistungsfähigkeit eines Programmiersystems wird im Wesentlichen durch effektive Fräsmodi bestimmt. Die unter Berücksichtigung von Erfahrungswissen zu Verfahren weiter entwickelten Modi bilden Standards. Sie werden in den Systemdatenbanken gespeichert und vom Programmierer für die Planung der Bearbeitungen angewendet. Neben dieser Möglichkeit stellen moderne CAD/CAM-Systeme konfigurierbare Standards (wie

Makros) zur Verfügung. Die Anwender können damit eigene Modi als eine Standardprozessfolge im System speichern und bei wiederkehrenden Aufgaben einsetzten. Geometriemakros können neben geometrischen Daten auch die zur Bearbeitung erforderlichen Werkzeugbefehle beinhalten. Zum Beispiel, für das Fräsen einer Nut kann aus dem zugehörigen Makro der dazu festgelegte Arbeitsablauf mit zugehörigen Werkzeugen und Schnittwerten aufgerufen und eingesetzt werden. Eine betriebsspezifisch gepflegte Technologiedatenbank unterstützt den Programmierer bei der Auswahl von geeigneten Schnittparametern und stellt damit zulässige Parameter für alle Programme zur Verfügung [DENK11, EVER02, HEHE11].

Einige NC-Programmiersysteme sind in der Lage Werkzeugwege zu optimieren. Um einen zeit- und kostenoptimalen Prozess zu gewährleiten führen die dafür vorhandenen Funktionen Optimierungen durch, bei denen die Anzahl der Werkzeugwechsel oder der Werkzeugwege durch Verkürzung der Leerläufe minimiert wird.

Eine weitere Tendenz in der Verbesserung der Funktionalitäten der NC-Programmiersysteme ist in der zunehmenden Integration von Simulationstechnik zu sehen. Die Simulationstechnik ermöglicht alle am Bearbeitungsprozess beteiligten Komponenten, z. B. Werkzeug, Spannmittel, Werkstück und Maschine, geometrisch abzubilden und durch Kollisionsprüfung bei Bewegung dieser Komponenten die Prozesssicherheit deutlich zu erhöhen [KIEF15]. Durch Reduzierung von Durchlaufzeiten und Testläufen spart die NC-Programmsimulation Maschinen-, Bediener-, und Programmierzeit ein. Außerdem bietet die Simulationssoftware die detailgetreue Nachbildung der Bearbeitungsschritte. Die geometriebedingten Schwankungen der Zerspanungsbedingungen können mittels eines Simulationswerkzeuges weitestgehend mittels Vorschubanpassung kompensiert werden. Damit kann die Bearbeitungsqualität, die Wirtschaftlichkeit und die Prozesssicherheit verbessert werden [KALV05]. Eine Anpassung des Schnittregimes während der Bearbeitung setzt einen hochdynamischen Vorschubantrieb der Maschine voraus. Eine Anpassung der Schnittgeschwindigkeit (Drehzahl) ist bisher aufgrund der langen Reaktionszeit der Frässpindel nicht gelungen.

Trotzt fortschreitender Automatisierung und Nutzerfreundlichkeit erfordern die CAD/CAM-Systeme weiterhin ein großes Erfahrungswissen des Programmierers. Besonders auch bei der Bearbeitung von Teilen mit besonderen Anforderungen. Begründet durch eine zunehmende Komplexität der Bauteile nimmt die Planung einzelner Arbeiten und Abläufe des HSC-Fräsens in der Vorbereitungsphase viel Zeit in Anspruch. Daher sollte im Rahmen der Arbeitsplanung und Fertigung alle integrierten Prozessschritte unter Berücksichtigung der oben beschriebenen Aspekte abgestimmt werden. Besonders der Einsatz des CAD-Systems verlangt einige organisatorische Maßnahmen zur Systemauswahl und ihrer organisationsbezogenen Anpassung. Bei der Gestaltung einer NC-Prozesskette sollen die durch den Systemeinsatz beeinflussten Abläufe sowie deren Informationsfluss betrachtet werden.

Grundsätzlich wird der Bearbeitungsprozess von Werkstücken aus prismatischen Blöcken (Rohteil) auf den CNC-Maschinen in drei Etappen durchgeführt (vgl. Kap. 4,

Abb. 4.3). Die Besonderheiten und die Rationalisierungspotentiale der einzelnen Etappen in digitaler Umgebung werden in folgenden näher erläutert.

NC-Programme

Bei Anwendung von Fräsmodi in Verbindung mit Werkzeugen und Schnittparametern entstehen die NC-Programme und die Bewegungsbahnen der Werkzeuge für die CNC-gesteuerten Maschinen. Die Berechnung der Bahnen erfolgt auf Grundlage der Durchdringung der Werkzeughülle mit dem Werkstück je nach Vorschub in verschiedenen Ebenen. Hier werden die Prozesse, die beim Eindringen der Schneidkante in das Material stattfinden, nicht berücksichtigt. Man geht davon aus, dass während der Bewegung des Werkzeugs entlang der Wege alles Material entfernt wird.

Der bahngeführte Prozess hat beim Fräsen der Freiformflächen seine Besonderheiten. Das CAM-System erzeugt eine Bahn, die dann über den Postprozessor als Folge von Geradensegmenten ausgegeben wird. Dieses Format stellt bis heute den Standard für die Syntax bei der Teileprogrammierung dar. Die Genauigkeitstoleranz und die Krümmung der zu bearbeitende Fläche bestimmen die Länge der Bahnsegmente und dadurch ihre Anzahl.

Die im CAD/CAM-System erzeugte Werkzeugbahn wird auf die gekrümmte Werkstückoberfläche projiziert und daraus die anzufahrenden Stützpunkte abgeleitet. Bei üblicher Interpolation von Fräsbahnen durch lineare Wegbefehle werden die Anzahl und Position der anzufahrenden Stützpunkte vorgegeben (Abb. 5.3). Der Abstand zwischen zwei Stützpunkten, der ebenfalls die Länge der Weginkremente bestimmt, richtet sich nach der maximal erlaubten Konturabweichung. Kleine Toleranzen ermöglichen zwar eine bessere Annäherung der Werkzeugbahn an die Kontur, bringen allerdings den Nachteil mit sich, dass eine sehr dichte Stützpunktfolge die Vorschubgeschwindigkeit verringert und damit die Hauptzeit der Bearbeitung seitens der Steuerung stark erhöht. Für das Fräsen von Freiformflächen liegt der gängige Wert bezüglich des Sehnenfehlers bei 0,01 mm [SELL03]. Die Übertragung der beschriebenen dreidimensionalen Konturen im CAD/CAM-System in die Bahnbeschreibung für die Maschinensteuerung, sowie deren Inter-

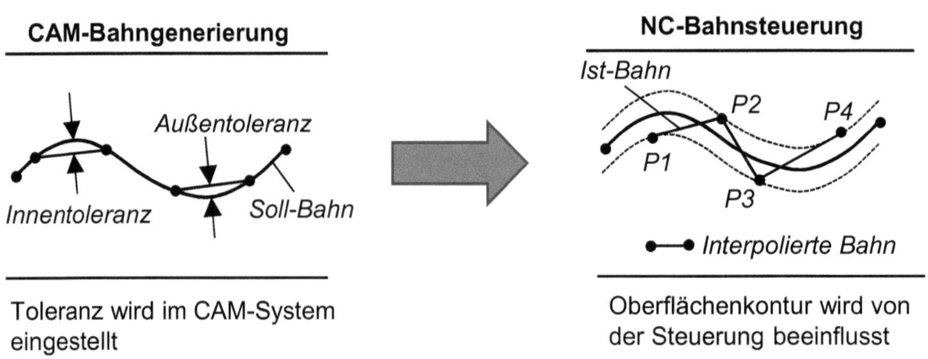

Abb. 5.3 Bahngenauigkeit in der NC-Kette

pretation seitens der NC-Steuerung stellt sich als eine Herausforderung bei der Realisierung der 3D-Bearbeitung dar.

Bei der Ausführung der Bahnbewegungen ergibt sich eine Vorschubgeschwindigkeit für jedes Wegelement in Abhängigkeiten der Dynamikparameter der Maschinesteuerung. Obwohl die modernen Maschinen mit leistungsstärken PC-basierten Steuerungen mit kurzen Blockzyklus- und Interpolationszeiten ausgerüstet sind, sind sie zeittechnisch nicht in der Lage für jedes Wegelement die programmierte Vorschubgeschwindigkeit zu realisieren. Die Anwendung der Splineinterpolation in der CNC-Steuerung ermöglicht zwar eine gleichmäßige Führung des Werkzeuges entlang einer stetigen Kontur mit variierenden Krümmungsradien, verbessert aber die Situation der Bewegungsdynamik der Achsen nicht erheblich. Daher spielt die programmierte Vorschubgeschwindigkeit nur eine untergeordnete Rolle als ein Richtwert, die von der Steuerung nicht überschritten aber unterschritten werden darf. Dadurch ergeben sich im realen Prozess von der Programmierung abweichende Vorschübe. So vorgegebene Vorschübe stellen einen Kompromiss zwischen Werkzeugstandzeit, ungünstigen Schnittbedingungen und bestmöglichen Bearbeitungszeiten dar [KALV05].

Die Vorteile der CNC-Bearbeitung hängen mit der präzisen Wiederholbarkeit der Bewegungsabläufe entlang der Werkstückkontur zusammen. Das setzt aber ein fehlerfreies NC-Programm voraus. Aus der betrieblichen Praxis ist bekannt, dass der Einsatz von fehlerbehafteten Programmen die Fertigungskosten aufgrund der Korrekturarbeiten deutlich erhöht. Ihr Anteil nimmt mit dem Komplexitätsgrad der Teile zu. Die Fehlerursachen können technologischer oder organisatorischer Art sein (Abb. 5.4). Unzureichende Kenntnisse über den technologischen Hintergrund der CNC-Bearbeitung können die Fehler verursachen, die dazu führen, dass die Fertigungsmittel nicht ausgelastet oder überlastet werden. Das Überschreiten des Parameterbereiches der Fertigungseinrichtungen hat als Folge Qualitätsmängel am Werkstück oder Schäden an den Fertigungsmitteln [KALV05].

Bei CAD/CAM-Systemen werden jeweils Arbeitsstufen bzw. Tele von Arbeitsstufen (Modi) passend zu den Konturelementen programmiert. Beim Dokumentieren der NC-Programme werden diese einzelnen Programmteile entsprechend der Bearbeitungsreihenfolge verkettet. Eine falsche Verkettung der Programme kann zu großen Schäden führen. Eine weitere Fehlerquelle ist die Zusammenstellung der Koordinatensysteme für Werkzeuge und das Werkstück. Die komplexen Teile werden in einzelne Fräsbereiche zerlegt und diese in einem jeweils eigenen Koordinatensystem programmiert. Beim Verketten der Programme können Fehler entstehen, wenn die Lage der Koordinatensysteme aufeinander nicht korrekt abgestimmt ist.

Organisatorische Fehler entstehen, wenn bei der Programmierung die logische Reihenfolge der Prozessschritte nicht beachtet wird. Dies äußert sich in einer falschen Reihenfolge oder im Fehlen von Bearbeitungen.

Die erstellten NC-Programme werden an der CNC-Maschine eingefahren und die Fehler aufgedeckt und korrigiert. Neben diesen Korrekturarbeiten finden noch sämtliche

Verbesserungen am Programm (z. B. Schnittwerte) satt, die ebenfalls dokumentiert werden sollten. Die Informationen lassen einerseits die Prozessparameter mittel- und

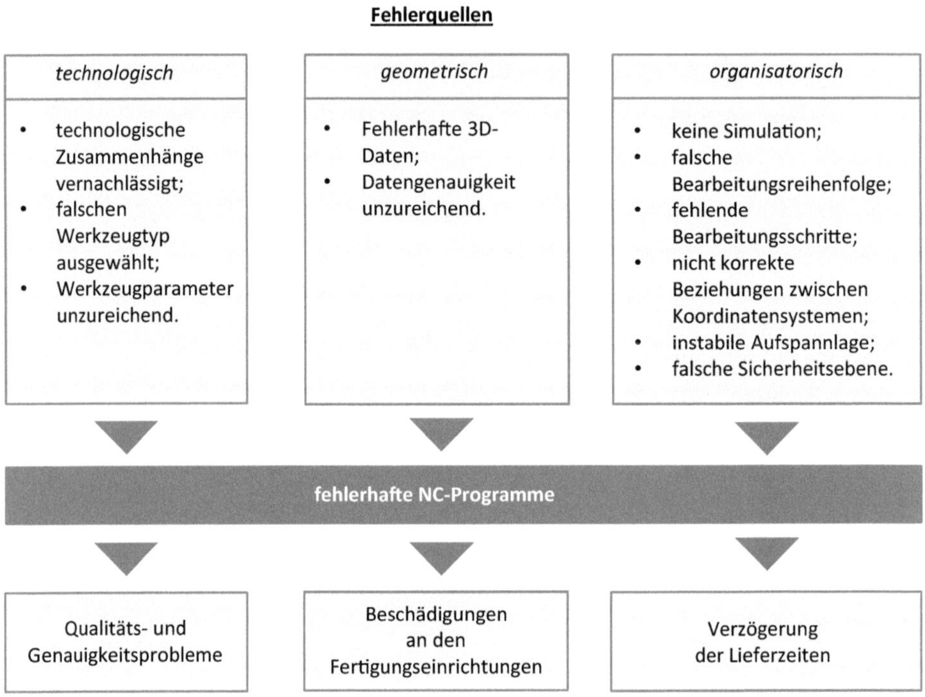

Abb. 5.4 Fehlerursachen bei der NC-Programmierung.

langfristig verbessern und andererseits durch Vermeiden von Korrekturarbeiten die betrieblichen Ressourcen (Maschine, Betriebsmittel) besser nutzen.

Die Anbindung der NC-Programmierung in einem Qualitätsregelkreises des Unternehmens ermöglicht Maßnahmen zur Vermeidung möglicher Fehler abzuleiten und zu installieren. Dafür sollten die Fehler an der Maschine systematisch erfasst und gesammelte Informationen in die fehlerverursachenden Unternehmensbereiche zurückgeführt werden [WEST96].

5.2 Technologische Vererbung

5.2.1 Definition

Die Oberflächen eines Bauteiles begrenzen ein Werkstoffvolumen mit weitgehend ungestörtem Gefüge. Diese Oberflächen tragen häufig komplexe Geometrien und spezifische Randschichteigenschaften. Daher ist die Oberfläche eines Bauteiles als eine Grenzfläche zu betrachten, deren Eigenschaften wesentlich vom Fertigungsverfahren, die mehrere aufeinanderfolgende Schritte zur Formgebung beinhalten können, bestimmt ist. Da die Bauteiloberfläche im Fertigungsprozess mit verschiedenen Einflüssen in Wechselwirkung steht, weichen sie von ihrer idealen Sollform ab. Die Gesamtheit aller Abweichungen der Istoberfläche von der geometrischen Sollfläche wird als Gestaltabweichung bezeichnet. Die Gestaltabweichungen einer Oberfläche werden aufgrund ihrer unterschiedlichen Entstehungsursachen und funktionalen Bedeutung nach DIN 4760 in

- Formabweichungen,
- Welligkeit und
- Rauheit eingeteilt (Abb. 5.5).

Diese Abweichungen beschreiben im Wesentlichen die Oberflächengeometrie und damit die Funktionalität des Bauteiles, das durch Tolerierung der Abweichungen von der

Gestaltabweichung (als Profilschnitt überhöht dargestellt)	Beispiele für die Art der Abweichung	Beispiele für die Entstehungursache
1. Ordnung: Formabweichung 	Geradheits-, Ebenheits-, Rundheits-, Abweichung, u.a.	Fehler in den Führungen der Werkzeugmaschine oder des Werkstückes, falsche Einspannung des Werkstückes, Härteverzug, Verschleiß
2. Ordnung: Welligkeit 	Wellen (siehe DIN 4761)	**außermittige** Einspannung, Form- oder Laufabweichungen eines Fräsers, Schwingungen der Werkzeugmaschine oder des Werkzeuges
3. Ordnung: Rauheit 	Rillen (siehe DIN 4761)	Form der Werkzeugschneide, Vorschub oder Zustellung des Werkzeuges
4. Ordnung: Rauheit 	Riefen Schruppen Kuppen (siehe DIN 4761)	Vorgang der Spanbildung (Reißspan, Scherspan, **Aufbauschneide)**, Werkstoffverformung beim Strahlen, Knospenbildung bei galvanischer Behandlung
5. Ordnung: Rauheit Anmerkung:nicht mehr in einfacher Weise bildlich darstellbar	Gefügestruktur	**Kristallisationsvorgänge**, Veränderung der Oberfläche durch chemische Einwirkung (z.B. Beizen) Korrosionsvorgänge
6. Ordnung: Rauheit Anmerkung: nicht mehr in einfacher Weise bildlich darstellbar	**Gitteraufbau** des Werkstoffes	
Die dargestellten Gestaltabweichungen 1. Bis 4. Ordnung überlagern sich in der Regel zu der Istoberfläche Beispiel: 		

Abb. 5.5 Gestaltabweichung bei der technischen Oberfläche nach DIN 4760

Sollgeometrie und den Stoffeigenschaften vorgegeben wird. Im Laufe des Prozesses der mechanischen Bearbeitung verändert man diese Randflächen unter Einfluss von gleichzeitig wirkenden technologischen Faktoren. Während die Rauheit in einem Prozessschritt neu entstehen kann, werden die Gestaltabweichungen in Form von Welligkeit und Formabweichungen von einer Etappe in die folgende „kopiert".

Die Endgestalt und die physikalischen Randschichteigenschaftsparameter tragen dann die Einflüsse verschiedener Faktoren und bestimmen die Gestaltung der Endbearbeitung. Die Formabweichungen des Werkstückes mit einem vererbten Anteil sind in der Regel dominierend und somit eindeutig erkennbar. Die Technologische Vererbung bezieht sich in einem mehrstufigen Prozess auf das Phänomen der Übertragung der Eigenschaften von Flächen aus vorhergehenden technologischen Operationen auf die nachfolgenden. Das Erhalten dieser Eigenschaften in Flächen nennt man „technologische Vererbung". Die Kenntnis der technologischen Vererbung ermöglicht den Zustand des Werkstückes an der gewünschten Stelle der Prozesskette zu verfolgen und anhand von Kriterien zu beurteilen. Im Vererbungsprozess spielt die sogenannte „vererbte Information" eine wichtige Rolle. Der Träger der vererbten Informationen ist das Material des Werkstücks sowie seine Oberflächen mit einer Vielzahl von Parametern, mit denen ihre Zustände beschrieben werden. Die Informationen beinhalten mehrere Qualitätsmerkmale. Die Informationsträger nehmen aktiv am technologischen Prozess teil und wirken über verschiedene Systemgrenzen hinweg und verbleiben teilweise oder auch vollständig auf der Bauteiloberfläche. Daher ist es wichtig die allgemeinen Gesetzmäßigkeiten der technologischen Vererbung im untersuchten Prozess zu erkennen. Dies kann die Abweichungen der Geometrie und der mechanischen Eigenschaften des Fertigteiles vom Sollzustand, sowie die quantitativen und qualitativen Einflüsse der Werkstückgeometrie auf den gesamten Prozessverlauf betreffen.

Bei der Technologischen Vererbung werden die Zusammenhänge zwischen den einzelnen Systemelementen (z. B. Wechselbeziehungen zwischen Prozesskomponenten) betrachtet. Unter dem „System" versteht man sowohl den Prozess mit seinen Komponenten als auch das zu fertigende Bauteil.

In diesem System kommen nur die Elemente in Betracht, die in einer Art Informationsnetzwerk mit einender eng verknüpft sind. Eine Technologische Vererbung kann sowohl bei der Entstehung von „mikroskopischen", als auch von „makroskopischen" Erscheinungen auftreten. Mikroskopische Oberflächenparameter, wie Topographie, Eigenspannungen und Risse, die eigentlich bei der Feinbearbeitung eine Rolle spielen, beeinflussen den gesamten Fertigungsprozess erheblich. Für die Funktionserfüllung werden diese Kennwerte toleriert, die unterhalb der Oberfläche in der Randzone liegen. Die mechanischen Eigenschaften an der Werkstückoberfläche ändern sich während der Bearbeitung unter den prozessbedingten Wirkungen. Je nach den Werkstoffeigenschaften erfolgt die Oberflächenbeeinflussung durch den in den Werkstoff eindringenden Schneidkeil unterschiedlich. Eine Werkstückoberfläche wird als Funktionsfläche betrachtet, die sich sowohl unter chemischen als auch physikalischen Eigenschaftsgesichtspunkten bzgl. der Oberfläche und des Werkstoffes einteilen lässt [SPUR96]. Die bei der Formgebung eingesetzte Energie fließt in das Innere des Werkstoffes und bewirkt sowohl an der Rand-

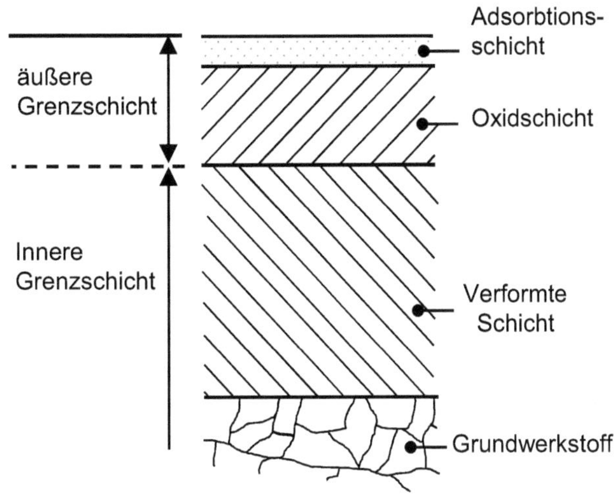

Abb. 5.6 Schichtaufbau einer metallischen Oberfläche

zone, als auch im Volumen eine sofortige oder verzögerte Auswirkung. Die Oberflächenrandzone eines metallischen Werkstückes kann in einem Schichtenmodell dargestellt werden (Abb. 5.6). Die über dem Grundwerkstoff befindlichen Schichten haben je nach ihrer Nähe zum umgebenden Medium (Atmosphäre, Kühlstoffe) unterschiedliche Eigenschaften und bestimmen den Zustand der Werkstückoberfläche. Die äußerste Grenzschicht steht unmittelbar mit der Umgebung im Kontakt. Sie trägt daher mehr Informationen über deren Beschaffenheit. Diese Schichten sind nicht genau voneinander abgegrenzt, da diese ineinanderfließen. Die Oberfläche technischer Körper wird als Oberflächenschicht betrachtet. Sie wird auch „technische Oberfläche" genannt [CZIC00].

Bei der spanenden Bearbeitung von metallischen Bauteilen wird das Material in der Oberflächenrandzone erst plastisch verformt und dann in der Scherebene abgetragen. Unter Einwirkung der Zerspankräfte und der Spanungstemperaturen findet eine Strukturänderung der Oberflächengrenzschicht des Werkstückes gegenüber dem Grundmaterial statt. Eine der wichtigen Faktoren für die Qualität eines Bauteiles sind Eigenspannungen in der Werkstückoberfläche. Die Bearbeitungsbedingungen bestimmen die Größe und die Richtungen der Eigenspannungen. Neben den Eigenspannungen entsteht beim Zerspannen von Metallteilen unter der Wirkung der plastomechanischen Vorgänge in der Scherzone eine Verfestigung der Oberfläche. Diese Eigenschaften entstehen am Anfang der Prozesskette und ändern sich im Laufe des gesamten Prozesses. Durch die gezielte Steuerung der technologischen Parameter können die vererbten Einflüsse den notwendigen Qualitätsmerkmalen angepasst werden.

Während bei der Bearbeitung duktiler Werkstoffe eine relativ glatte Oberfläche zu fertigen ist, entsteht durch den bruchstückartigen Materialabtrag bei spröden Werkstoffen eine relativ raue Oberflächengestalt. Hier ist eine Vererbung von Grenzschichteigenschaften in die nächste Etappe nicht der Fall.

Ein Beispiel für die Technologische Vererbung im makroskopischen Bereich ist die Übertragung der Geometrieabweichungen des Rohteiles auf das Fertigteil. Im Laufe der Prozessetappen werden die Annäherung an die Form und die Genauigkeit des Endteiles erhöht. Die geometrischen Abweichungen gehen aber in einer verringerten Größe in die nächste Etappe ein und können damit sogar am Fertigteil vorhanden sein (Abb. 5.7). Die Größe der übertragenen Abweichungen ist im Wesentlichen von der Steifigkeit des Fertigungssystems abhängig. Unter der Steifigkeit des Fertigungssystems versteht man den Verformungswiderstand, den das System den statischen und dynamischen wirkenden äußeren Kräften entgegensetzt. Die Größe dieser Verformung wirkt sich an der Kontaktstelle Werkzeug-Werkstück aus und beeinflusst den Formgebungsprozess erheblich. Wenn man prozessbedingt ein sehr schlankes Fräswerkzeug einsetzt, dann ist mit einer erheblichen Beeinträchtigung der Gestalt der zu fertigenden Oberflächen durch die

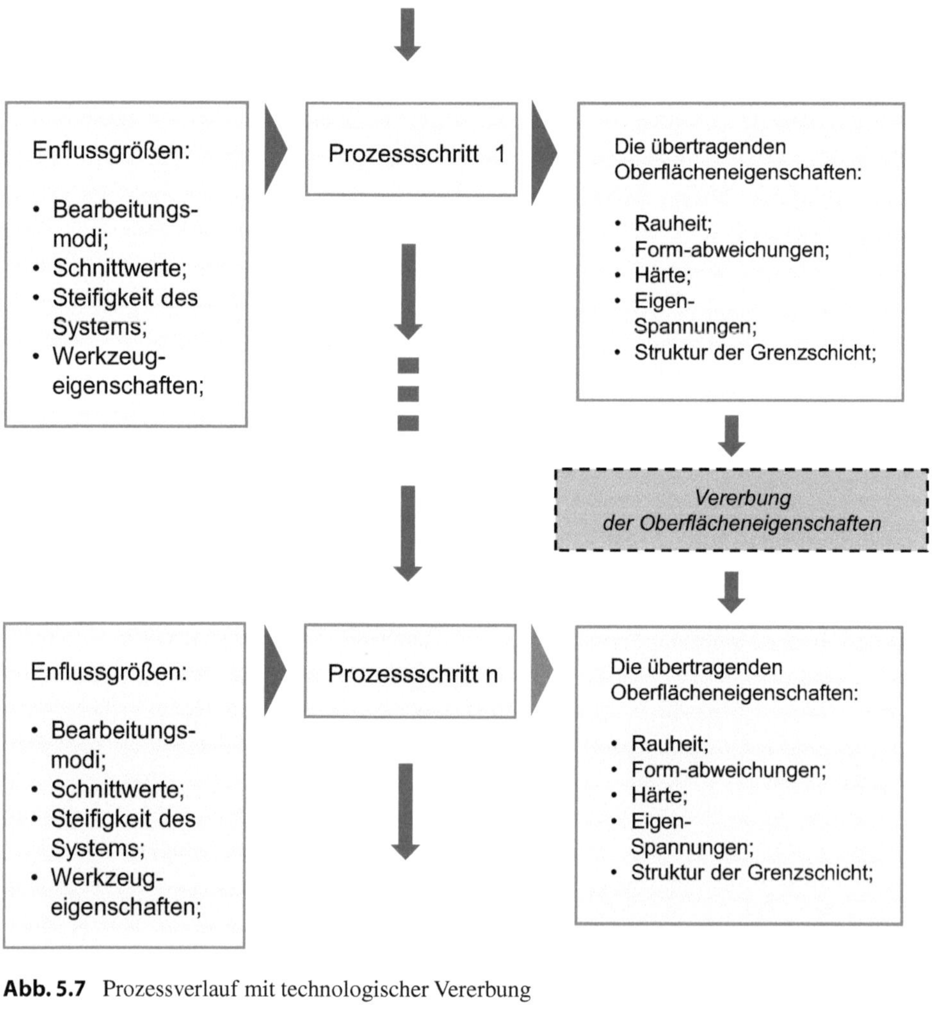

Abb. 5.7 Prozessverlauf mit technologischer Vererbung

Werkzeugabbiegung zu rechnen. Je schwächer das Gesamtsystem Maschine-Werkzeug ist, desto größer werden die Gestaltabweichungen in die nächste Etappe übertragen. Bei der Fertigung von komplexen Bauteilen beeinträchtigt die steifigkeitsbedingte technologische Vererbung die Konturtreue sehr. Die vererbten Abweichungen an der Fertigkontur müssen am Prozessende mit zusätzlichem Aufwand beseitigt werden. Untersuchungen gezeigten, dass die Auswirkungen der technologischen Vererbung auf die Gestaltabweichungen mathematisch beschreibbar sind [ALIJ01, DALS00, RUSS07]. Dafür sollen die Einflussgrößen in den einzelnen Prozessetappen erfasst und ein Zusammenhang zwischen den dominierenden Einflussgrößen und den Gestaltabweichungen erstellt werden. In der Regel basiert das Modell zur Beschreibung der gesamten Verformung an der Wirkstelle Werkzeug-Werkstück auf den Grundlagen der Elastizitätstheorie und ermöglicht den negativen Einfluss der technologischen Vererbung mit geeignetem Mitteln zu kompensieren.

5.2.2 Lokalisierung der technologischen Vererbung

Der Einfluss der technologischen Vererbung auf die Oberflächenausbildung und ihre Eigenschaften kann nur mittels Messtechnik erfasst werden. Bei der Durchführung von Messungen sollten zwei Gruppen der Vererbung betrachtet werden. Die erste Gruppe beinhaltet die Faktoren die im „mikroskopischen" Bereich wirken und überwiegend die Beschaffenheit der Werkstückoberfläche bestimmen. Die zweite Gruppe der Faktoren trägt hauptsächlich zu Formabweichungen bei. Um die vererbungsbedingten Abweichungen zu erfassen und deren sowohl qualitative als auch quantitative Abschätzung durchzuführen ist der Einsatz von geeigneten messtechnischen Methoden erforderlich. Dabei hat die Messtechnik die Aufgabe die gesamte Abweichung zu erfassen und diese in ihre Bestandteile zu zerlegen. Hierbei schafft eine Zerlegung der Abweichungen in definierte Bestandteile anhand der Ursachen des Auftretens eine Basis für eine praktikable Auswertung. Die methodologische Grundlage dieser Vorgehensweise besteht darin, dass man die Oberflächenausbildung in jeder Prozessetappe als relative Werkzeugbahnen bezüglich der realen Oberfläche darstellt. Die Zerlegung der realen Oberfläche in die technisch vorgegebenen Soll-Flächen und in die aufgrund der Störungen davon abweichenden Ist-Flächen ermöglicht die Gestaltabweichungen der bearbeiteten Oberfläche metrologisch zu untersuchen. Unter diesem Aspekt können die Auswirkungen auf die Bearbeitung in zwei Teile unterteilt werden – dem Soll- und dem Ist-Ergebnis. Sollwirkungen beschreiben das Verhalten des Fertigungssystems unter nominalen Kräften. Im realen Prozess unterliegt das Fertigungssystem starken Belastungsschwankungen, das durch viele äußere Faktoren zustande kommt. Anhand dieser Aufteilung können die gesamten Abweichungen analysiert werden. Hier sollte der dynamische Anteil der Abweichungen genau untersucht werden. Auf einer Werkstückoberfläche sind die verschiedenen Gestaltabweichungen überlagert. Um die Abweichungen nach ihrem Ursprung zu zerlegen, werden Filtertechniken angewendet [DIN4287]. Damit ist es möglich die Rauheit und Welligkeit voneinander zu trennen. Bei der Auswertung von Messergebnissen spielen subjektive Faktoren eine Rolle. Die Genauigkeit der Messung hängt von der Auswahl eines geeigneten Messverfahrens und Filtertechnik ab. Das tritt dann besonders auf, wen man für die Messung ein indirektes Verfahren anwendet, z. B. das Abdruckverfahrens für schwer zugängliche Bereiche. Die gesamte Abweichung von der Sollgestalt resultiert aus der Summe einzelner Abweichungen verursacht von Komponenten des Fertigungssystems und deren Messung

- geometrische Abweichungen der Werkzeugmaschine
- Spannabweichungen des Werkstückes in der Vorrichtung
- Einstellabweichungen des Werkzeuges
- Herstellungsabweichungen des Werkzeuges
- Messabweichungen
- Abweichungen durch den Werkzeugverschleiß
- Abweichungen durch elastische Verformungen im System
- Abweichungen durch den Wärmeeinwirkungen im System und
- Abweichungen durch die Eigenspannungen im Werkstück

Die Ermittlung der Abweichungen mit einer einfachen arithmetischen Methode ist aufgrund ihrer Wirkungsrichtungen und -grade nicht möglich. Ein und derselbe Faktor kann bei unterschiedlichen Bedingungen die Maßhaltigkeit des Werkstückes mal in Aufmaß positiver mal negativer Richtung beeinflussen. Jeder Faktor hat eine charakteristische Auswirkung auf die Abweichung der Oberfläche, die systematisch oder zufällig auftreten kann. Das Erkennen einer typischen Abweichung aus dem Messergebnis verlangt umfangreiche Kenntnisse über diese, ihre Ursachen und Zeitverlauf. Ein Problem bereitet der Fall, wo Abweichungen gleiche Tendenzen und Form aufweisen. Zum Beispiel führen eine systematisch wirkende geometrische Abweichung der Werkzeugmaschine und eine Spannabweichung des Werkstückes in der Vorrichtung zu einer gleichartigen Form- und Lageabweichung am Fertigteil. Ähnliche Tendenzen weisen die wärmebedingten Abweichungen auf. Die elastischen Verformungen im System, die aufgrund der Nachgiebigkeit einzelner Systemelemente und Koppelstellen entstehen, können die Lage- und Formabweichungen sowohl in mikroskopischer als auch in makroskopischer Dimension im Laufe der Auswirkungszeit bewirken. Wenn das Fertigungssystem relativ nachgiebig ausgelegt ist, tritt dann aufgrund des instabilen Zustands eine sich zeitlich verändernde Verformung in der Form der Schwingungen auf. Bei nicht ausreichenden Dämpfungseigenschaften beeinträchtigen die Schwingungen höherer Frequenzen die Oberflächenrauheit erheblich.

Der Einfluss des Werkzeugverschleißes auf die Oberflächenausbildung ist charakteristisch und ist von der Dauer der Einwirkung abhängig. Seine Auswirkung kann innerhalb einer Operation lokalisiert und kompensiert werden. Die Verteilung der Eigenspannungen im Bauteil mit filigranen Elementen spielt bei der Ausbildung der Formgestalt eine bedeutende Rolle. Während der mechanischen Bearbeitung können die Eigenspannungen unter den Wirkungen der Zerspanungskräfte und Spanungswärme eine Verformung des Werkstückes und damit eine Gestaltabweichung der Oberfläche verursachen.

Wie man sehen kann, können die Faktoren, die auf die technologische Vererbung wirken, in der ganzen Prozesskette vorhanden sein oder in verschiedenen Etappen bzw. Arbeitsstufen abklingen. Die Oberflächenqualität wird dann durch den vererbungsbedingten Faktor bestimmt, der den Prozess bis in die letzte Etappe begleitet. Daher ist es notwendig bei mehrstufigen Prozessen die Etappen und Stufen so zu gestalten, dass die Übertragung der Einflüsse einzelner Faktoren in die nachfolgende Etappe oder Stufe durch „technologische Hindernisse" verhindert wird.

5.2.3 Vererbungsbedingte Erscheinungen beim HSC-Fräsen

Das HSC-Fräsen von Werkstücken mit Freiformflächen stellt einen schwer beherrschbaren Prozess dar, wenn es sich um das Erzielen einer hohen Oberflächenqualität handelt. Das Fräsen ist durch einen intermittierenden Schneideneingriff gekennzeichnet. Bei einer Umdrehung tritt jede Schneide in das Werkstück ein und aus. Dazu kommen noch die geometriebedingten Belastungsschwankungen. Beim Fräsen ändern sich entlang einer gekrümmten Bahn die Schnittbedingungen z. T. stark, wobei der Kugelkopffräser zwangsläufig verschiedene Neigungsfälle der Anstellung durchläuft. Die Anstellung des Werkzeuges wird in zwei Ebenen – längs (Kippwinkel β_f) und quer zur (Anstellwinkel β_{fn}) Vorschubebene – unterschieden. Außerdem kann das Werkzeug entlang der Fläche in z-Richtung in einen s. g. Zieh- (β_f, $\beta_{fn} < 0$) oder Bohrschnitt (β_f, $\beta_{fn} > 0$) zum Eingriff mit dem Werkstück gebracht werden. Das führt dazu, dass beim Zeilenfräsen mit Kugelkopffräser eine sogenannte doppelkommaförmige Spanform entsteht. Das hat entlang der Schneide eine sich ständig verändernde Schnittgeschwindigkeit zur Folge [HOCK96, ALIJ01, NGUY07, SURM06].

Die nicht konstanten Eingriffsverhältnisse bewirken entsprechende Veränderungen im Zerspanungsprozess, welche in Konstellation mit den anderen Parametern des Fertigungssystems einen signifikanten Einfluss auf die Oberflächenfeingestalt ausüben. Diese Erscheinung wird durch ein ungleichmäßig vererbtes Aufmaß der Werkstückoberfläche aus dem vorhergehenden Prozessschritt verstärkt. Zur Analyse des Phänomens der „technologischen Vererbung" beim HSC-Fräsen wurden umfangreiche experimentelle Untersuchungen an verschiedenen Formelementen durchgeführt.

Die Abb. 5.8 zeigt einen „vererbten" Einfluss der Zwischengestalt nach dem Schruppen auf die Entstehung von Formabweichungen beim Schlichten. Die in Abb. 5.8 gezeigte Fläche mit konvexem und konkavem Formelement wurde dreiachsig in Krümmungsrichtung gefräst. Die wechselnde Krümmung in der Werkzeugbahn führte dazu, dass einige Flächenelemente im Ziehschnitt und andere im Tauchschnitt bearbeitet wurden. Die Fräseranstellung variierte während der Bearbeitung zwangsweise von 90° bis −90°.

Die aus geometrischen Gründen wechselnde Schnitttiefe ruft eine zusätzliche Schwankung der Zerspankraft hervor. Demzufolge treten wegen der Nachgiebigkeit des

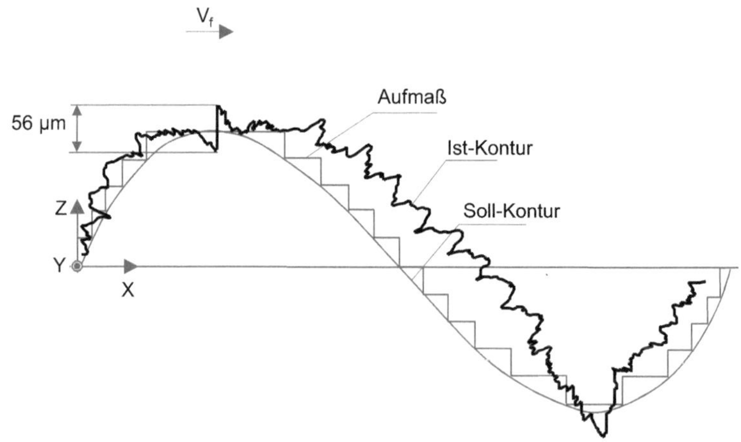

Abb. 5.8 Einfluss der Ausgangsfläche auf die Formgenauigkeit der Folgefläche

Fertigungssystems Formabweichungen auf, wobei der Schlankheitsgrad (*L/D*) des Fräswerkzeuges die bedeutendste Rolle spielt.

Die größten Verformungen von Werkzeug und Maschine treten in X-Richtung auf. Beim Verfahren des Fräsers in der X-Z-Ebene entlang der Freiformkontur überlagerten sich die Wirkung der sich variierenden Schnitttiefe mit der Wirkung der Verlagerung des Fertigungssystems so, dass die größten Ungenauigkeiten in Bereich von ca. 30°–60° bzw. 120°–150° bezüglich der X-Achse auftraten. Die Versuche an einer schrägen gestuften Ebene hat es ermöglicht die Einflüsse der kinematischen Fehler der Maschine bei der Kreisbewegung auf die Versuchsergebnisse auszuschließen (Abb. 5.9). Hier ist auch zu sehen, dass die von den Aufmaßstufen verursachten Formfehler dominierend sind. Die erwähnten Untersuchungen zeigten, dass aus dem Aufmaß bedingten Schwankung der Zerspankraft eine charakteristische Gestaltabweichung am Werkstück die Folge ist. Aus

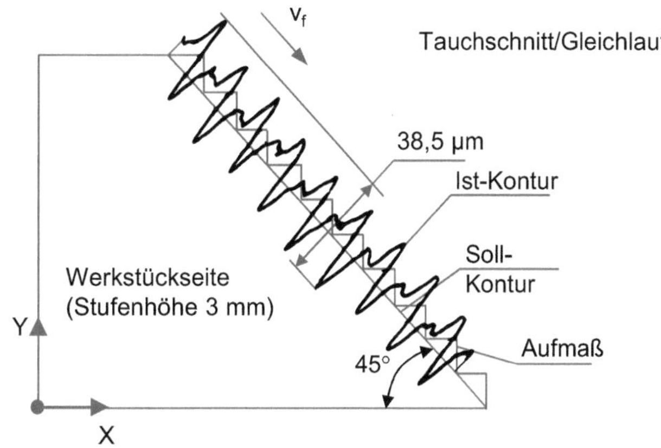

Abb. 5.9 Gestaltabweichung an der ebenen Fläche (Versuchsbedingungen wie in Abb. 5.8)

den Bildern 5.9 und 5.10 ist der genauigkeitsbestimmende Einfluss der Aufmaßstruktur der Fläche auf die zu bildende Gestalt (Form) der Endkontur zu erkennen. Die vererbten Auswirkungen der Aufmaßstruktur im Zusammenhang mit den anderen Verfahrensparametern und der Bearbeitungsstrategie verlangen daher diese Einflüsse durch eine zweckmäßige Methodik qualitativ und quantitativ zu untersuchen. Beim Fräsen der Bauteile aus Stahl tritt der Vererbungseffekt aufgrund der höheren spezifischen Zerspankräfte noch stärker auf. Die Untersuchungen belegen, dass die Kraftschwankungen in diesem Fall die nominalen Kräfte mehrfach übersteigen (Abb. 5.10). In [BATU07] wurde ein theoretisches Modell der Schwankungen der Zerspankräfte entwickelt, das die Kompensation der vererbungsbedingten Verformungen im System ermöglichen soll.

5.2.4 Methode zur Identifizierung der technologischen Vererbung

Im praktischen Fall wird zur Prüfung der Werkstückfläche von der dreidimensionalen Oberfläche ein zweidimensionales Oberflächenprofil gewonnen und dann mit einem Messverfahren konkrete Messgrößen für verschiedene Oberflächenkennwerte ermittelt. Der Profilschnitt, der durch punktweises oder kontinuierliches Abtasten der Oberfläche mittels eines Messgerätes erzeugt wurde, spiegelt unterschiedliche Entstehungsursachen der Abweichungen wieder [PUDE92, PUDE96]. Aussagen über die Genauigkeit von Oberflächen hängen weitestgehend von dem Maßstab ab, in dem ein Körper dargestellt ist. In DIN 4760 wird die Oberfläche als Anteil einer periodischen Funktion (z. B. Sinusoid) betrachtet und damit unterscheiden sich Rauheit, Welligkeit und Formabweichungen durch die Länge der Periode der Profilunregelmäßigkeiten.

Die Ergebnisse dieser Messungen liefern keine Informationen über die Oberflächenerzeugung. Daher es ist schwierig anhand der erhaltenen Messergebnisse der Profilunregelmäßigkeiten beim dreiachsigen HSC-Fräsen (Abb. 5.9) eine eindeutige Aussage zum vererbungsbedingten Einfluss der Werkstückausgangskontur auf die Endkontur zu

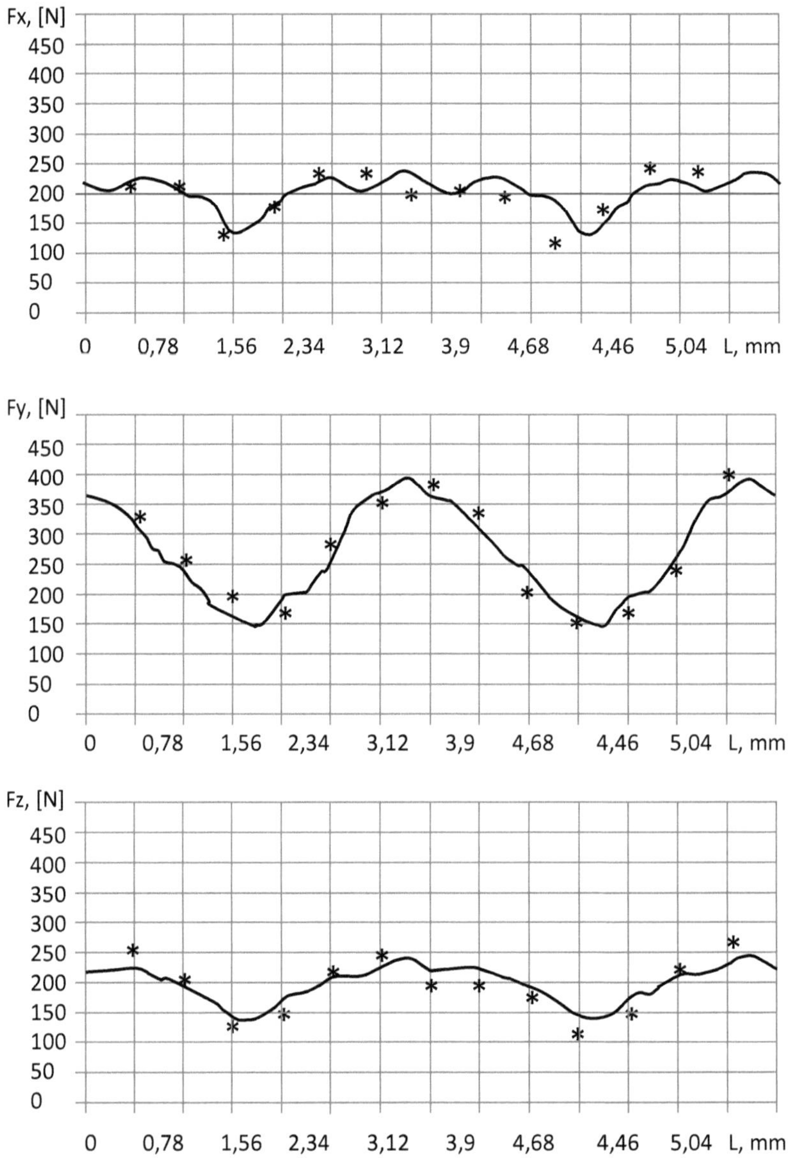

Abb. 5.10 Änderung der Schnittkraftkomponenten beim Fräsen gestufter Oberfläche (*Material: Stahl 45; Stufenhöhe: 2 mm;* f_z *= 0,15 mm; Werkzeug: R = 6 mm*) nach [BATU07]

machen. In [ALIJ01] wurde eine Methode zur Zerlegung der ermittelten Gesamtabweichung der Oberfläche basierend auf einer Fourieranalyse vorgeschlagen. Die gewonnenen Messwerte der Gestaltabweichung können als eine stetige Funktion f(x) betrachtet werden, die die Unregelmäßigkeiten des Profilschnittes darstellen.

Diese Funktion f(x) kann vollständig durch eine Fourierreihe approximiert werden [96]:

$$f(x)=A_0/2 + A_1\cos(x)+A_2\cos(2x)+\ldots+A_n\cos(n\cdot x)+B_1\cdot\sin(x)+B_2\cdot\sin(2x)+\ldots+B_n\sin(nx)$$

Mit der Durchführung der Fourieranalyse kann die Trennung der periodisch auftretenden Abweichungen (Einfluss der Stufigkeit) von anderen ausgeführt werden.

Anhand der Fourierreihe werden dann die wiederholten Frequenzen für die Freiformkurve herausgefiltert. Beim Messen des Profilschnittes ist die Anzahl der Messpunkte je Stufe auf ebenen Flächen konstant. Das ermöglicht es, die Funktion f(x) ohne weitere Behandlung für die Fourieranalyse heranzuziehen. In Abb. 5.11 ist das Ergebnis der Fourieranalyse der 3 mm Stufenhöhe als Länge einer Periode (l_f) dargestellt. Nach der erhaltenen Fourierreihe ist der Einfluss der Stufigkeit als periodisch auftretender Faktor zu erkennen (l_f = 4,2 mm bei 3 mm Stufenhöhe), d. h. der Vererbungsfaktor hat einen dominierenden Einfluss und andere Einflüsse werden von den vererbungsbedingten Abweichungen überdeckt. Die Änderung der Bearbeitungsrichtung (Ziehschnitt oder Tastschnitt) hat in diesem Fall keine Auswirkung auf die Wellenlänge des vererbungsbedingten Faktors.

Diese Methodik ist geeignet die Einflüsse von relativ groben Stufigkeiten zu trennen, da bei kleinen Stufenhöhen geringere Abweichungen entstehen. Sie können lediglich als Rauheit identifiziert werden. Um zu entscheiden, ob die Abweichung als Welligkeit oder Rauheit definiert werden muss, wird eine Grenzwellenlänge λc zur Trennung der Welligkeit und der Rauheit nach DIN 4760 ausgewählt. Bei Trennung unter praktischen Bedingungen entstehen meist Probleme bei den Ausprägungen der Welligkeit, da es für die Auswahl der Grenzwellenlänge keine präzise Aussage gibt. Außerdem werden die nahe zur Grenzwellenlänge liegenden Wellen stark gedämpft. In diesem Fall führt das Verschieben der Grenzwellenlänge zu keiner Lösung dieser grundsätzlichen Problematik [RAU98]. Bei der Trennung der vererbungsbedingten Abweichungen ist der Filtereinfluss vermeidbar, weil die Trennung anhand des Vergleiches der mit Fourieranalyse erhaltenen Wellenlängen und der Grenzwellenlänge durchgeführt wird [HENT99].

Schwierig ist das Erkennen des Entstehens der periodischen Fehler bei gekrümmten Oberflächen. Wegen der Krümmung ist die Verteilung der Messpunkte entlang der Fläche

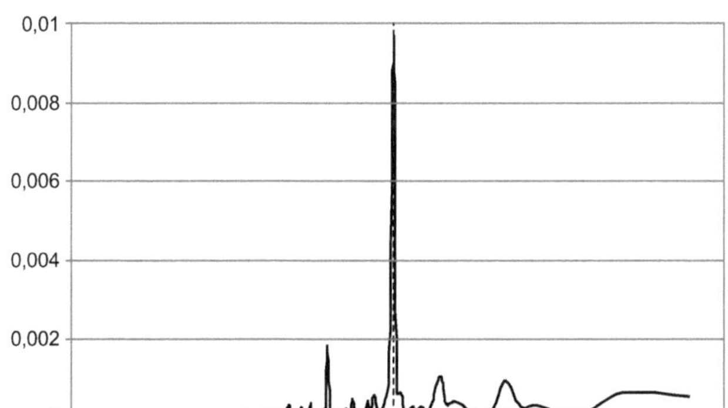

Abb. 5.11 Graphische Darstellung der Fourieranalyse

nicht konstant, was die Durchführung der Fourieranalyse erschwert. Das Problem wurde dadurch gelöst, dass man die Verteilung der Messpunkte normiert. Das Ziel des Normierens liegt darin, dass die durch die Messung erhaltene Messpunktanzahl bis zu einem Wert reduziert wird, so dass alle Stufenbereiche durch eine gleiche Messpunktzahl repräsentiert werden. Die so erhaltenen normierten Daten der Profilabweichungen wurden der Fourieranalyse unterzogen. Die Ergebnisse sind in Abb. 5.12 dargestellt.

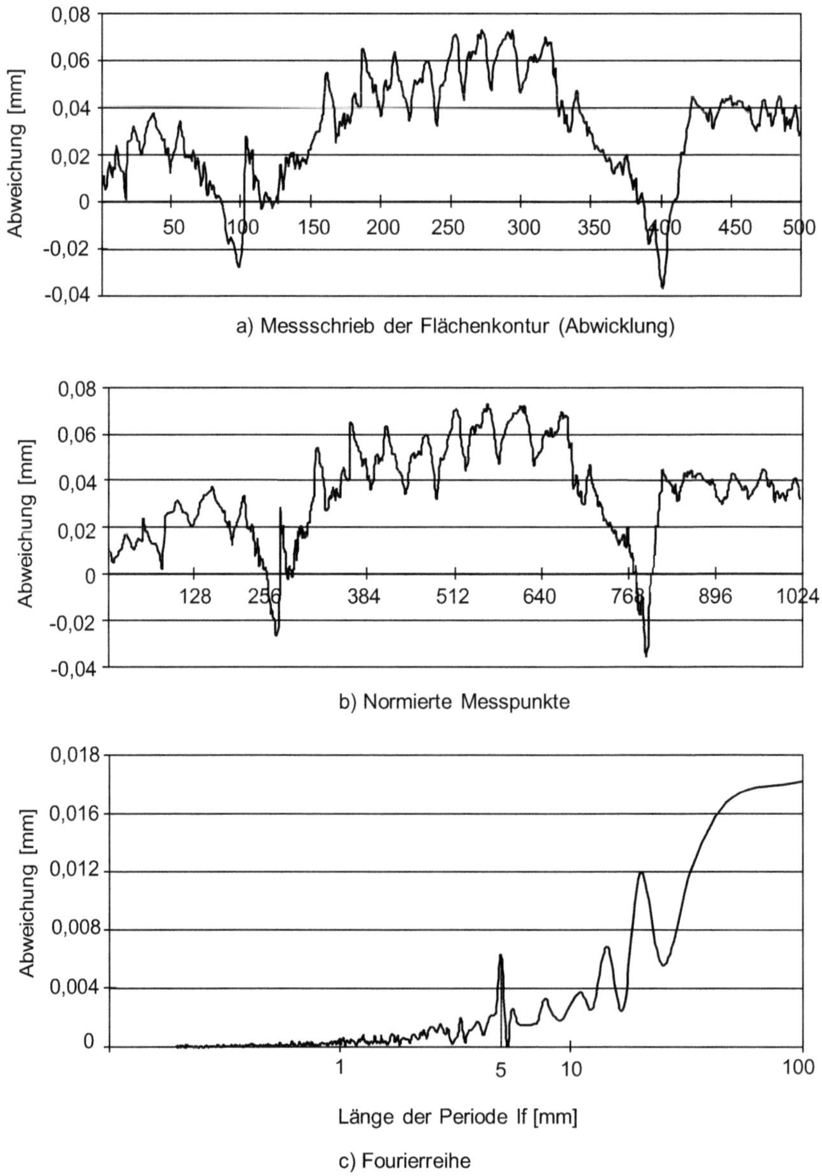

Abb. 5.12 Fourieranalyse der Gestaltabweichungen an der Freiformfläche

Hier ist der Einfluss der Stufigkeit als periodisch auftretender Faktor mit Länge der Periode von l_f = 7 mm (Stufenhöhe 5 mm) festzustellen. Die verschiedenen Versuche haben die Effektivität der Methode zur Selektion der periodischen Abweichung an Freiformflächen gezeigt. Mit der dargelegten Methode wurden durch eine periodische Aufmaßstruktur verursachte Abweichungen erkannt, und damit die wesentliche Auswirkung der Oberflächenstruktur auf das Arbeitsergebnis bestätigt. Die Genauigkeit der Aussage dieser Methode ist von der Qualität der Verarbeitung der Messdaten abhängig.

Literatur

[ALIJ01] Alijew R (2001) Prozessoptimierung des dreifunktionalachsigen HSC-Fräsens zur Sicherung der Formgenauigkeit am Beispiel der Bearbeitung von Graphit. Dissertation, TU Bergakademie Freiberg

[BATU07] Batuev VV (2007) Erhöhung der Leistung und Genauigkeit des Fräsens von Freiformflächen mit gestuftem Aufmaß. Dissertation, TU „Süd-Ural", Russland

[CZIC00] Czichos H (2000) Werkstoffe. In Hütte: Grundlagen der Ingenieurwissenschaften. 31. Auflag. Springer Verlag, Berlin, Heidelberg. doi:https://doi.org/10.1007/978-3-662-06652-2

[DALS00] Dalskij AM (2000) Technologische Vererbung im Maschinenbaubetrieb. Moskau: Verlag MAI (in Russisch)

[DENK11] Denkena B, Tönshoff HK (2011) Spanen: Grundlagen. Springer Berlin, Heidelberg. doi: https://doi.org/10.1007/978-3-642-19772-7

[DIN4287] DIN EN ISO 4287: Geometrische Produktspezifikation (GPS) – Oberflächenbeschaffenheit: Tastschnittverfahren – Benennungen,

[EVER02] Evershheim, W (2002) Organisation in der Produktionstechnik. 3, Arbeitsvorbereitung.

[HEHE11] Hehenberger P (2011) Computerunterstützte Fertigung: Eine kompakte Einführung. Verlag Springer Berlin Heidelberg. doi: https://doi.org/10.1007/978-3-642-13475-3

[HENT99] Hentschel B, Alijew R, Gantner D (1999) Der Weg zu guten Flächen – Einfluss der technologischen Vererbung auf die Genauigkeit beim HSC-Fräsen. Form + Werkzeug 2:29–33

[HOCK96] Hock S (1996) Hochgeschwindigkeitsbearbeitung im Werkzeug- und Formenbau-Eingriffsverhältnisse und Technologie. Dissertation, TH Darmstadt

[KALV05] Kalveram M (2005) Analyse und Vorhersage der Prozessdynamik und Prozessstabilität beim Hochgeschwindigkeitsfräsen. TU Dortmund, Dissertation

[KIEF15] Kief H (2015). CNC/DNC Handbuch 20015/2016. Carl Hanser Verlag GmbH & Co. KG

[MOEL14] Moeller E (2014) Handbuch Konstruktionswerkstoffe- Auswahl, Eigenschaften. 2. Aufl., Carl Hanser Verlag, München

[NGUY07] Nguyen TH (2007) Modellierung des Hochgeschwindigkeitsfräsens mit Kugelkopffräsern unter besonderer Berücksichtigung der Oberflächengüte. Dissertation, Otto-von-Guericke-Universität Magdeburg

[PUDE92] Puder J, Köhler B (1992) Prozesseinflüsse an gefrästen Flächen diagnostizieren. ZwF 9: 473–475

[PUDE96] Puder J (1996) Oberflächengüte von gekrümmten gefrästen Flächen. ZwF 11:552–555

[SELL03] Selle J (2003) Technologiebasierte Fehlerkorrektur für das NC-Schlichtfräsen. Dissertation, Uni Hannover

[SPUR96] Spur G (1996) Genauigkeit der Maschinen. Fachbuchverlag Leipzig

[SURM06] Surmann T (2006) Geometrisch-physikalische Simulation der Prozessdynamik für das fünfachsige Fräsen von Freiformflächen. Dissertation, TU Dortmund

[RAU98] Rau N, Hercke T, Seibold M (1998) Welligkeit nicht länger Stiefkind. Werkstatt und Betrieb 131(11): 1022–1025

[RUSS07] Rußner C, Künanz K (2007) Analyse der technologischen Vererbung in der Prozesskette Schleifen-Polieren bei der Herstellung von Massenbauteilen aus Al_2O_3-Keramik. Jahrbuch Schleifen, Honen, Läppen und Polieren 63:14–24, Vulkan Verlag, Essen

[WEST96] Westkämpfer E (1996) Null-Fehler-Produktion in Prozessketten: Maßnahmen zur Fehlervermeidung und -kompensation. Springer Berlin Heidelberg

6 Gestaltung des HSC-Fräsprozesses

6.1 Arbeitsplanung

Die Gestaltung der Fräsbearbeitung als Teil der Arbeitsplanung für Bauteile nimmt als Bindeglied zwischen Konstruktion und Fertigungsausführung eine entscheidende Rolle ein. Die Arbeitsplanung legt anhand der konstruktiven Vorgaben fest mit welchen Verfahren, in welcher Reihenfolge in Arbeitsgängen und mit welchen Fertigungsmitteln das Bauteil hergestellt werden soll. Im klassischen Sinn wird die Planung des Fräsens als eine sequenzielle Phase des Produktentstehungsprozess betrachtet.

Die Arbeitsplanung beinhaltet sowohl die Prozessgestaltung als auch die Fertigungsmittelplanung. Da die Fertigungsmittelplanung nach langfristigen Unternehmenszielen ausgerichtet ausgeführt wird, spielt diese im Rahmen der Gestaltung eines Fertigungsprozesses der Einzelfertigung eine untergeordnete Rolle [EVER02]. Im Rahmen der Prozessgestaltung wird ein nachhaltiger und qualitätsorientierter Fertigungsprozess entworfen, der die Umsetzung der Zielvorgaben des Unternehmens in der operativen Ebene unter Beteiligung der Fachkräfte aus verschiedenen Bereichen von der Entwicklung bis zur Produktion bezogen auf die Teilefertigung ermöglicht (Abb. 6.1).

Entscheidend für die Prozessgestaltung sind die Komplexität der Fertigungsaufgabe, das Erfahrungswissen und der Automatisierungsgrad der Planung. Im Rahmen der Prozessgestaltung sollte der Fräsprozess so ausgelegt werden dass die Prozessgrößen optimale Werte aufweisen [HENR14].

Eine fehlerfreie Arbeitsplanung ist für die Fertigung von größter Bedeutung, da ein möglicher Fehler in diesem informationsgetriebenen Prozessschritt (z. B. unzureichende Fertigungsanweisungen, fehlerhafte NC-Programme, Fertigungseinrichtungen mit nicht zutreffenden technischen Informationen) zu fatalen Prozessstörungen führen kann. Durch permanente Maßnahmen zur Qualitätssicherung in den Planungsphasen ist es möglich die

R. Aliyev, B. Hentschel, *HSC-Fräsen von stäubenden Werkstoffen*,
https://doi.org/10.1007/978-3-662-63693-0_6

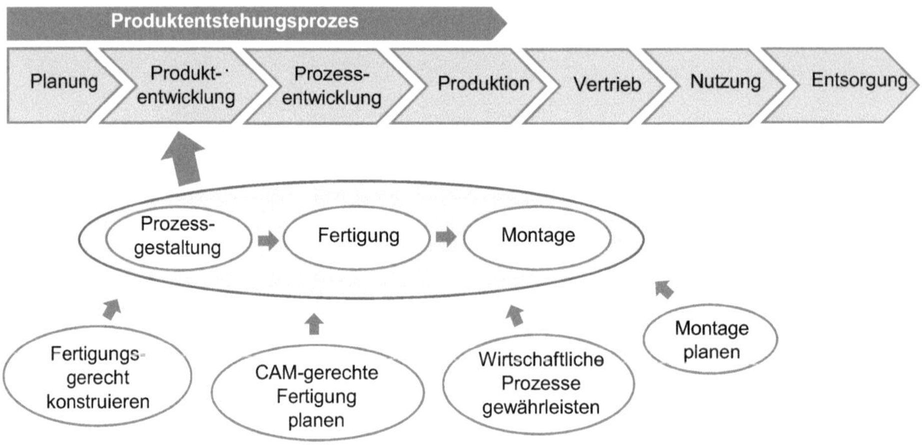

Abb. 6.1 Die Stellung der Prozessgestaltung im Produktentstehungsprozess

Fehlerursachen in der rechnergestützten Gestaltung des Produktplanungsprozess deutlich zu reduzieren [EVER02].

6.1.1 Fertigungsaufgabe

Die Fertigungsprozessgestaltung beinhaltet in Abhängigkeit vom Automatisierungsgrad die Auswahl und Kopplung der Arbeitsgänge zur Lösung der Fertigungsaufgabe und deren Gestaltung. Die Fertigungsaufgabe stellt in diesem Fall die gewollte geometrisch-materialtechnische Änderung vom Roh- zum Fertigteil dar. Die Fertigungsaufgabe ist charakterisiert durch verschiedene Merkmalsgruppen. Zuerst die geometrischen Merkmale des Fertig- und Rohteiles und die Materialkennwerte, den s. g. konstruktiven Merkmalen. Dazu kommen die fertigungstechnischen Merkmale wie die verfahrensgerechte Geometrie, Rohteilemöglichkeiten, Spannmöglichkeiten, u. a. Zum Dritten kommen die fertigungsorganisatorischen Merkmale hinzu, wie Stückzahl, Termine, Neu- oder Wiederholfertigung. Viertens ergeben sich noch die wirtschaftlichen Merkmale, wie die Ressourcenverfügbarkeit von Material, Personal, Fertigungskapazität, Finanzen u. ä.

Bei der Gestaltung von Arbeitsgängen beim HSC-Fräsen stehen die Geometrieaspekte im Vordergrund. In Abb. 6.2 sind die Zusammenhänge des Prozesses bei der Fertigung von Bauteilen mit Freiformflächen schematisch dargestellt. Diese Abbildung beschreibt die Einflussgrößen der Zustandsänderung des Werkstückes. Die Verknüpfung von Arbeitsgängen zur Änderung der geometrischen Form erfordert häufig noch weitere Arbeitsverrichtungen im Fertigungsablauf, wie z. B.:

- Einrichten von Maschine und Vorrichtung (Rüsten);
- Überwachen der Bearbeitung;

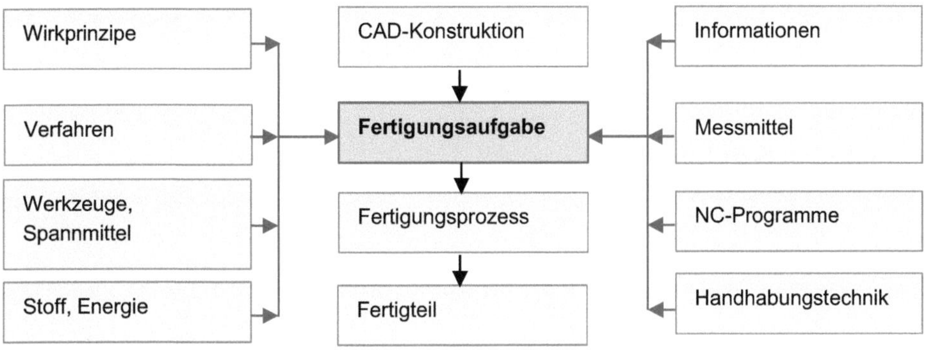

Abb. 6.2 Faktoren für die Aufgabenstellung zur Fertigung von Teilen

- Qualitätsüberwachung;
- Zwischenlagerung und -transporte im Fertigungsablauf;
- Steuern des Werkstück-, Werkzeug- und Informationsflusses.

Diese Verrichtungen werden in der Regel als Hilfsprozesse bezeichnet. Sie sind im Vergleich zu den fertigungstechnischen Operationen oft zeitintensiver und nehmen besonders bei der Fertigung von Teilen in kleiner Stückzahl anteilig mehr Zeit in Anspruch. Hier erbringt die weitgehende Automatisierung der Fertigungseinrichtung nur geringe Produktivitätseffekte, weil einige Hilfsprozesse nicht zeitüberdeckend mit den Fertigungsoperationen gestaltet stattfinden können.

Bei der Betrachtung der Fertigungsaufgabe ist zu unterscheiden zwischen den fertigungstechnischen Merkmalen und den fertigungsorganisatorischen Merkmalen. Hier wird die Arbeitsteilung zwischen a) Planung und b) Vorbereitung und Ausführung der Fertigung realisiert. Der Teil a) beinhaltet das Vordenken (Arbeitsplanung) des und b) die Ausführung des Prozesses (Arbeitssteuerung). Die Prozessgestaltung findet in beiden Bereichen statt [SIFF89].

Die modernen Fertigungsmittel bieten eine Vielzahl an Möglichkeiten die Prozesse wirtschaftlich zu gestalten. Die Flexibilität und Mehrfunktionalität der CNC-Maschinen ermöglichen stufenarme Fertigungsprozesse zur Herstellung von komplexen Teilen auszuarbeiten.

Hierfür stehen durchgängig automatisierte Informationsverarbeitungssysteme (CAD/CAM) zur Verfügung. Die technologische Fertigungsplanung, insbesondere die Determinierung der Arbeitsgänge, die NC-Programmierung und das Ausarbeiten der technologischen Dokumentation erfolgt mittels eines durchgängigen rechnergestützten Systems.

Die Fertigungsaufgabe dient als Ausgangspunkt der Prozessgestaltung. Die Gesamtheit aller Anforderungen an die Überführung des Rohteiles in einen Fertigzustand hauptsächlich durch Fräsen bildet den Hauptinhalt der Fertigungsaufgabe der Bearbeitung, die durch quantitative und qualitative Merkmale des Fertigteiles und der Prozessbedingungen bestimmt wird. Die Lösung der Fertigungsaufgabe erfolgt unter jeweils konkreten betrieblichen Fertigungsbedingungen im Fertigungsprozess.

Die wichtigsten Merkmale der Fertigungsaufgabe beim Fräsen sind

- die geometrische Form,
- die Abmessungen,
- die maßliche Genauigkeit,
- die Oberflächenqualität;
- der Werkstoff und
- die Stückzahl.

Die langfristigen technologischen Planungs-, Entwicklungs- und Rationalisierungsaufgaben der Betriebe führen zur Bildung von repräsentativen Fertigungsaufgaben für Teilegruppen. Besonders bei der Fertigung von kleinen Stückzahlen unterstützen solche standardisierte Prozesslösungen [JACO02], s. g. „Standardtechnologien", alle Bereiche der Fertigung und steigern die Effizienz der Planung und auch der Arbeitssteuerung. Die repräsentative Fertigungsaufgabe (Typenvertreter) und entsprechende Standardprozesse werden anhand des Ähnlichkeitsprinzips [JACO02] gebildet. Hier spielen die konstruktiven Merkmale die wichtigste Rolle. Aufgrund der Vielfalt möglicher Merkmale muss bei der Bildung einer Gruppe eine große Menge von Informationen ausgewertet werden. Diese Informationen beinhalten die Fertigungsaufgabenkenngrößen, die die ähnlichen Arbeitsgangfolgen und Fertigungsmittel nach sich ziehen.

Da die Organisation der Fertigungsprozesse nach zeitlichen und räumlichen Kriterien charakterisiert werden kann, kann die Gestaltung eines Fertigungsprozesses als Synthese von vorhandenen Strukturelementen betrachtet werden. Für das Fräsen von Teilen mit komplexen Geometrien sind geringe Fertigungsstückzahlen und wechselnde Fertigungsaufgaben typisch. In so einer Situation erfolgt die Teilefertigung im Reihenverlauf. Die Fräsbearbeitung läuft organisatorisch sehr verfahrensspezialisiert ab, wobei die Arbeitsplätze für die Durchführung der Arbeitsgänge an unterschiedlichen Werkstücken räumlich zusammengefasst werden. Der Fertigungsdurchlauf ist sehr variabel. Die verfahrensspezifische Fertigungsorganisation ist durch eine hohe Flexibilität und Auslastung der Arbeitsplätze/Maschinen gekennzeichnet.

6.1.2 Fräsgerechtes Konstruieren

Die Betrachtung der Fertigungsaufgabe beginnt mit der Bewertung der 3D-CAD Daten der Konstruktion. Aus der CAD-Konstruktion wird die Fertigungsaufgabe der Teilefertigung abgeleitet, die durch Einsatz unterschiedlicher Fertigungsverfahren gelöst wird. An den Merkmalen und Parametern eines abgestimmten Prozesses sind in einer rechnergesteuerten Fertigungseinrichtung die Werkzeuge, die Spannmittel und das Werkstück zusammen beteiligt. Dabei nimmt die Herstellbarkeit der geometrischen Elemente mittels Fräsen eine besondere Stellung ein. Im Rahmen einer integrierten Produkt- und Fertigungsgestaltung werden die Abhängigkeiten zwischen den konstruktiven Merkmalen des Teiles und der nachfolgenden Fertigungsprozesse erkannt und für die Gestaltung genutzt. In der Konstruktionsphase ist die Beeinflussbarkeit der Herstellkosten am höchsten [EVER05, SCHÖ96]. Der Konstrukteur als Bindeglied der innerbetrieblichen Prozesskette spielt bei der Entstehung der Wertschöpfung eine entscheidende Rolle. Wie aufwendig die folgenden Prozessschritte sein werden, hängt stark von seinen Entscheidungen ab, die er anhand vieler und z. T. widersprüchlicher Fachkenntnisse trifft. Für optimale Entscheidungen stehen den Konstrukteuren einige verfahrensspezifische Richtlinien zur kostengünstigen Gestaltung von Bauteilen zur Verfügung. Um die Kosten der Folgeprozesse wirtschaftlich zu gestalten, werden die Produkte fertigungsgerecht überarbeitet.

Fräsgerechtes Konstruieren im Formenbau bedeutet das Produkt und dessen Teile so zu konstruieren, dass sie möglichst komplett mit den vorhandenen Fertigungsmitteln herzustellen sind. Die allgemeinen Hinweise für eine fertigungsgerechte Konstruktion lassen sich in entsprechender Fachliteratur finden. Unter Berücksichtigung der Komponenten des Fertigungssystems sowie der Eigenschaften der Werkzeuge, der Einspannung des Werkstückes sowie des eigentlichen Spanungsvorganges werden fertigungsverfahrensspezifische Gestaltungsrestriktionen dargestellt und entsprechende Empfehlungen angeben [RIEG12, SPUR89].

Frästeile aus stäubenden Werkstoffen sind üblicherweise prismatische Teile mit vielen konkaven und konvexen Formelementen, die teilweise schlecht zugänglich sind. Eine fertigungsgerechte Konstruktion erfordert diese Elemente fürs Fräsen günstig zu gestalten. Ein größeres Problem bereitet dabei die Fertigung von Teilen mit Hinterschnitten. Dies ist bei der Herstellung von Rohteilen durch Gießen oder anderen Urformverfahren zu berücksichtigen. Die Bearbeitung von Hinterschnitten verlangt öfter den Einsatz von 5-Achs- oder 3+2-Achs-Fräsmaschinen, was den Prozessaufwand deutlich erhöhen kann. Schräg liegende Bearbeitungsflächen (Formschräge) erfordern für das Fräsen den Einsatz von Kugelkopffräsern, die nur mit kleinen Bahnabständen arbeiten können. Deshalb sollen die Bearbeitungsflächen möglichst parallel oder rechtwinklig zu ihrer Bezugsfläche liegen. Verschiedene Radien an Bauteilen führen dazu, dass nach dem Schlichtfräsen unterschiedlich verteilt Restmaterial verbleibt. Der Einsatz mehrerer Restmaterialbearbeitungsvorgänge ist die Folge. Daher ist es empfohlen die Radien an allen Stellen des Teiles gleich groß zu wählen.

Eine günstig gestaltete Form vermindert die quantitativen und qualitativen Anforderungen an den Fräsprozess. Die Minimierung des abzutragenden Werkstoffvolumens und das Beseitigen überhöhter Forderungen anhand der kritischen Analyse der Qualitätsanforderungen können den Aufwand des Fräsprozesses deutlich senken.

In Abb. 6.3 sind einige Empfehlungen zum Gestalten von Formen aus stäubenden Werkstoffen dargestellt. Für die Herstellungen von Einlegeteilen können die Potenziale der additiven Fertigung eingesetzt werden. Heutzutage werden in der Praxis die Teile mit

ungünstig	besser	Hinweis
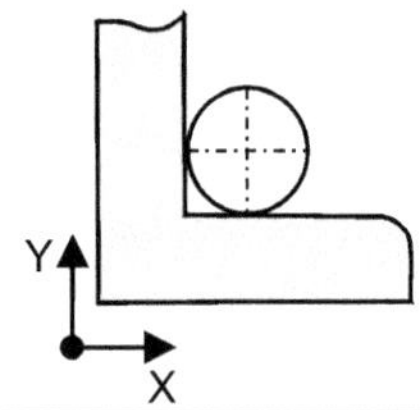	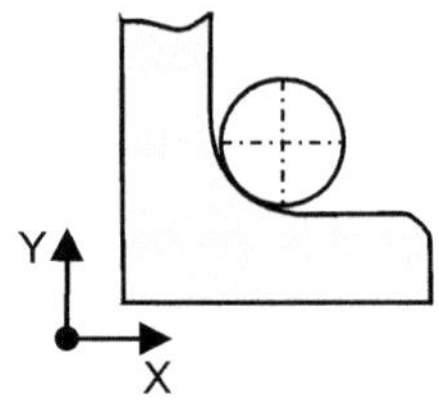	Scharfe Kanten vermeiden
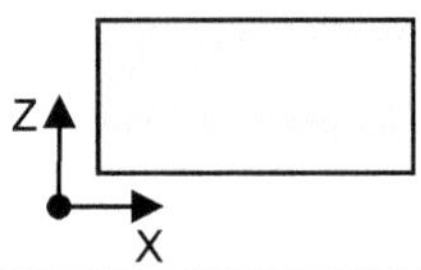	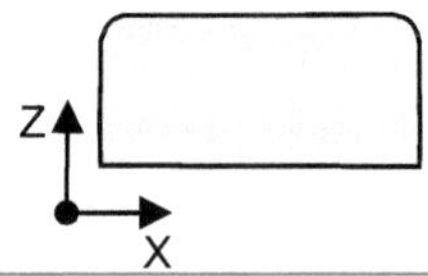	Scharfe Kanten vermeiden
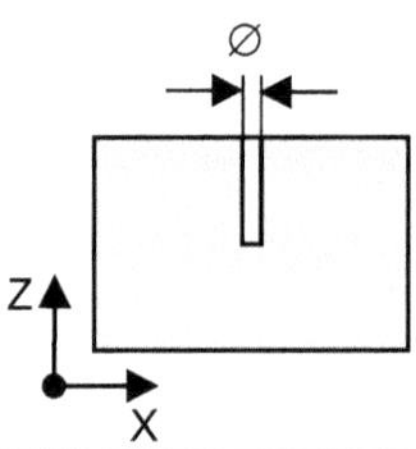	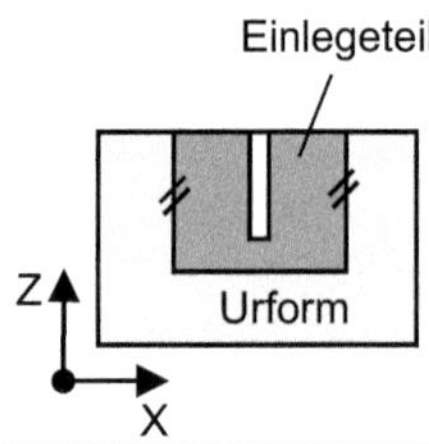	Enge Bohrungen durch Einlegeteil abbilden
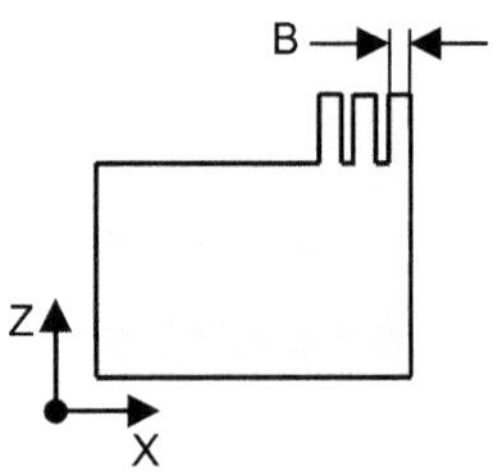	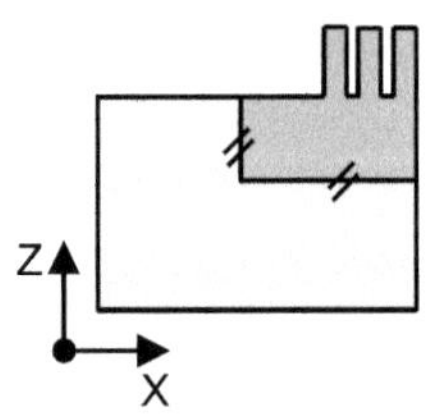	Filligrane Konturen durch Einlegeteil abbilden
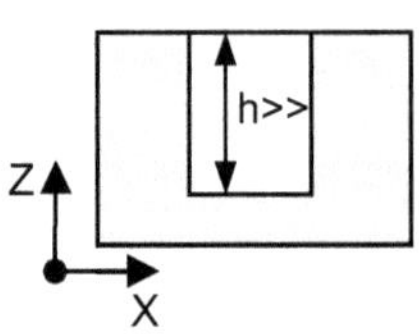	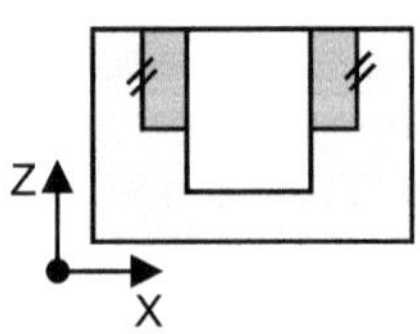	Tieferes Eintauchen des Werkzeugsystems durch Einlegeteil ermöglichen
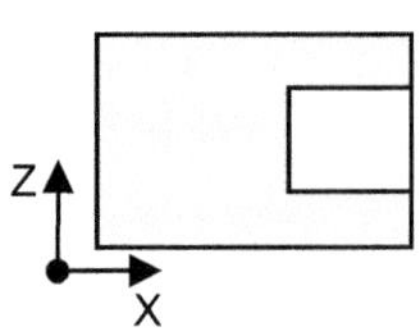	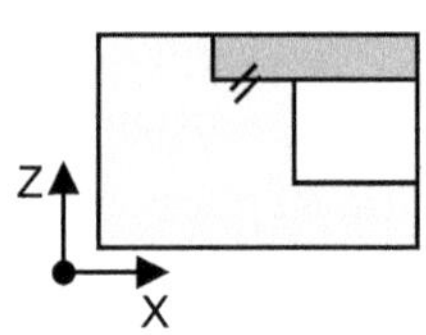	Die Fräsbarkeit der **Hinterschnitte** durch Einlegeteil ermöglichen

Abb. 6.3 Frässgerechte Gestaltungsbeispiele nach [HINT89, HOEN10]

komplexer Geometrie aus Keramik, Gips und Sand mit dem Verfahren *BinderJetting* erfolgreich in höher Qualität realisiert [CAET17, DIEG19, HACK17, GEBH19, KOLL20, LEUP16].

Fräsgerechtes Gestalten von keramischen Teilen stellen besondere Anforderungen an die Formgeometrie, welche durch den Festigkeitszustand des Rohteiles diktiert werden. Die Sicherstellung der Formgenauigkeit während der Bearbeitung in Grünzustand gestaltet sich bedingt durch die geringere Festigkeit schwierig. Die filigranen Konturen (dünne Wände, Verrippungen) können beim Fräsen einfach wegbrechen. Die Nachbearbeitung in endgesintertem Zustand führt zur höheren Schnittkräften. Erhöhte Belastung des Werkzeugsystems beeinträchtigen den Prozessverlauf und dadurch die Formbildung beim Fräsen. Diese negativen Erscheinungen können durch Hybridisierung der Fertigung vermieden werden (Abb. 6.3).

Ein wichtiger Aspekt ist das Einspannen des Teiles (wie z. B. aus Keramik) in der Spannvorrichtung. Schon in der Konstruktionsphase sollten die Lösungen für eine Anwendung von üblichen Spannsystemen in Betracht gezogen werden, um in der NC-Programmierphase den Aufwand zu minimieren und Kollisionen zu vermeiden. Das Aufspannen kann in der Konstruktionsphase geometrisch aufbereitet (Spannfeatures) und den anderen fertigungsgerechten Features hinzugefügt werden. Die Aufspannfeatures beschreiben eine stabile und gefährdungsfreie Platzierung des Werkstückes. Außerdem erlaubt ein fräsgerechtes Gestalten des Teiles dieses in wenigen Aufspannungen zu bearbeiten, was die Zeit des Einrichtens einerseits und die Erhöhung der Prozessstabilität andererseits positiv beeinflusst [GANS13]. Durch weitestgehend vereinheitlichte Gestaltung der Formelemente am Bauteil ist es möglich die Konturen mit vorhandenen Standardwerkzeugen zu bearbeiten und damit die Lagerhaltung der Werkzeuge sowie die Anzahl der Werkzeuge zu reduzieren.

6.1.3 Auswahl der Fertigungsmittel

Für die Herstellung geometrisch komplizierter Werkstücke kommen in der Regel CNC-Bearbeitungszentren, die in einer Aufspannung möglichst alle an einem Werkstück auszuführenden Bearbeitungen automatisiert realisieren, zum Einsatz. Die in der Maschine zusammengefassten Operationen werden nacheinander ausgeführt. Eine parallele Bearbeitung mit unterschiedlichen Werkzeugen erfolgt im Allgemeinen nicht, da das den Einsatz mehrerer Spindeln bedarf.

Bei der Auswahl der Fräsmaschine ist es wichtig die Maschineneigenschaften zur Erfüllung von Fertigungsvorgaben zu berücksichtigen. Es sollte darauf geachtet werden, dass die Maschine für das Spanen des Materialvolumens eine ausreichende Leistung zur Verfügung hat. Die Spannsysteme der Maschine spielen bei der Umsetzung der Fertigungsaufgabe eine bedeutende Rolle. Darüber hinaus muss die Maschinengenauigkeit in der Lage sein zu jedem Zeitpunkt des Fräsprozesses die erforderliche Bahngenauigkeit zu gewährleisten. Neben diesem übt das statische, dynamische und thermische Verhalten der

Fräsmaschine einen dominanten Einfluss auf das Arbeitsergebnis aus. Im Rahmen der Prozessgestaltung ist auf diese Faktoren zu achten und Maßnahmen zur Verminderung dieser Einflüsse abzuleiten. Dafür muss das Prozessverhalten der Fräsmaschine bekannt sein [BREC05, HEIS10].

Ein weiterer Schritt in der Prozessgestaltung besteht in der Auslegung von Werkzeugschnittstellen. Die Auswahl der geeigneten Werkzeugkomponenten schafft eine bessere Bedingung zur Realisierung von produktiven Schnittparametern. Hier sind auch unterschiedliche Werkzeugkonzepte je nach den Prozessbedingungen zu bewerten. Von der Auswahl des Fräswerkzeuges hängt die auszubildende Oberflächenqualität und Genauigkeit des Werkstücks ab. Der Hauptteil der Fräswerkzeuge besteht aus standardisierten Werkzeugen und für deren Auswahl steht eine Vielzahl von Katalogen verschiedener Anbieter zur Verfügung. Die Fräsmaschine und das zerspanungsgerechte Werkzeug ermöglichen die Nutzung von leistungsfähigen Schnittparametern. Häufig werden beim Fräsen von komplexen Teilen mit tiefen Formelementen und Nuten langauskragende Fräswerkzeuge eingesetzt. Die Dynamik solcher Werkzeuge beeinflusst das Ergebnis des HSC-Fräsprozesses entscheidend.

Für jede Konstellation von Werkstückgeometrie und Werkstoff können verschiede Werkzeugausführungen gewählt werden. Bei der Werkzeugauswahl sind folgende Faktoren zu beachten:

- Die Größe und Form der zu bearbeitende Fläche;
- Die Steifigkeit des Teiles und der Spannvorrichtung;
- Die erforderliche Auskraglänge des Werkzeugs;
- Der Werkstoff, seine Festigkeit und Zustand;
- Das Vorhandensein von vorhergehenden sowohl mechanischen, als auch thermischen Bearbeitungen.

6.1.4 Arbeitsgangausarbeitung

Dieser wesentliche Schritt der Arbeitsplanung befasst sich mit der Festlegung der Folge von Fräsvorgängen um schrittweise das Fertigteil an einem Arbeitsplatz zu fertigen. Heutzutage findet die Durchführung der Arbeitsgangausarbeitung überwiegend in einem CAx-Umfeld statt. Nach der Auswahl der Fräsmaschine legt man die technologischen Randbedingungen zur Umsetzung der Fertigungsaufgabe fest. Der Einsatz der fertigungstechnischen Möglichkeiten der Maschine ist auch von der Fertigungsaufgabe abhängig. Bei der Gestaltung der Prozesse beim HSC-Fräsen kommt prinzipiell die Methode der Kombination von Verfahren zur Anwendung. Das hängt damit zusammen, dass die modernen CNC-Bearbeitungszentren neben dem Fräsen auch das Durchführen anderer Verfahren, wie Bohren, Reiben, Ausspindeln und sogar von additiven Verfahren ermöglichen. Die Vereinigung unterschiedlicher Operationen und Arbeitsstufen an einem Arbeitsplatz bringt viele Vorteile mit sich. Es wird die Produktivität gesteigert und die Durchlaufzeit verkürzt. Andererseits verlangt die hohe Verfahrenskonzentration die genaue Planung des gesamten Fertigungsprozesses und einen höheren Automatisierungsgrad der Einrichtung. Die Reihenfolgefindung verschiedener Spann- und Arbeitsstufen und deren Aufteilung in Arbeitsgänge werden anhand der Rohmaterial- und Werkstückgeometrie sowie der Anforderungen an Oberflächenqualität und -genauigkeit durchgeführt. Das Vorgehen in Arbeitsstufen zur Herstellung eines Teiles ist in Abschn. 3.2 ausführlich beschrieben.

Die Folge der Arbeitsstufen und Operationen ist zum einen von der innewohnenden Logik des Stoffabtrages von der Roh- zur Fertigteilform abhängig. Zum anderen ist das Fertigen von Formelementen, die miteinander verbunden sind, von fertigungstechnischen Bedingungen bestimmt, die zu einer s.g. „Zwangsfolge“ führen, so z. B. in einigen Fällen dadurch begründet, dass

- die Zugänglichkeit zu bearbeitender Werkstückoberflächen durch ein großes Aufmaß nicht möglich ist (z. B. das Fräsen steiler Konturbereiche erfolgt vor dem Fräsen flacher Bereiche);
- oder die Maß-, Form- oder Lagetoleranzen der Formelemente hängen zusammen (Flächenbearbeitung wird vor der Bohrbearbeitung durchgeführt, um Toleranzen einzuhalten).

Daher wird die Bearbeitung der Bezugsflächen, über die die Maß- und Lagebeziehungen verwirklicht werden, vorrangig zuerst ausgeführt. Dieser Vorrang liegt in der Anzahl von Maßkettengliedern und im Charakter der Bezugsflächen begründet. Man sollte auf jedem Fall zuerst mit der Bearbeitung von technologischen Bezugsflächen (s. g. technologische Basen), bes. Spannflächen, die später für die nachfolgenden Spannstufen und Arbeitsgänge als sichere Auflageflächen dienen, beginnen. Hier ist eine Analyse der Werkstückflächen mit Hinblick auf die Wirtschaftlichkeit der Bearbeitung durchzuführen. Häufig treten auch wählbare Reihenfolgen, s. g. freie Folgen, von Operationen auf. Beim Finden der Folge treten Wirtschaftlichkeitsaspekte (geringer Zeitverbrauch) oder auch Genauigkeitsaspekte in den Vordergrund.

Die Werkstückgeometrie wird hauptsächlich in vier Flächengruppen zusammengefasst [SIFF89]:

- die Grundfläche(n), das sind die Flächen, die dem Bauteil eine bestimmte Position während der Bearbeitung bzw. der Montage geben und die möglichen Freiheitsgrade bestimmen,
- die Hilfsflächen sind die Flächen, an denen andere Teile mit dem Bauteil verbunden werden ohne besondere Genauigkeitsanforderungen,
- die Funktionsflächen sind Flächen am Bauteil, die mit Flächen anderer Bauteile oder Medien in Kontakt treten und die Funktion einer Baugruppe oder des Produktes erfüllen,
- die freien Flächen sind die Flächen am Bauteil, die das Bauteilvolumen ergänzend umhüllen.

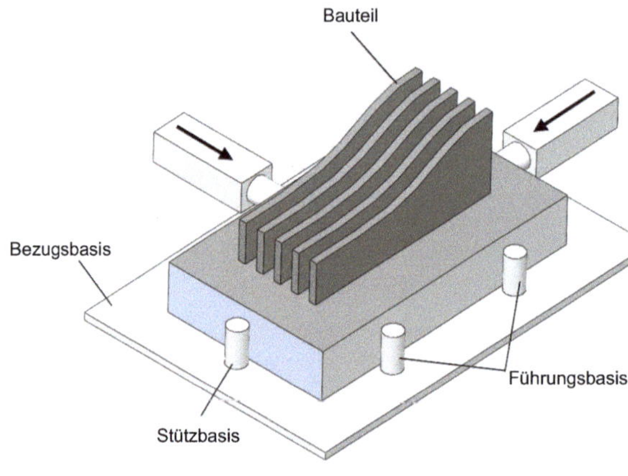

Abb. 6.4 Die technologischen Basen an einem prismatischen Werkstück

Diese Aufteilung ermöglicht die Anforderungen an einzelne Bauteilflächen genau zu definieren und beim NC-Programmieren zu berücksichtigen. Die Arbeitsplanung teilt die Flächen in folgende drei Gruppen ein:

- zu bearbeitende Flächen,
- unbearbeitet bleibende Flächen,
- und die Flächen für das Aufnehmen in die Einspannungen bzw. Bezugsflächen für die Werkzeugeinstellung – technologische Basen [JACO02].

Die Basisfläche bindet eine Translations – und zwei Schwenkbewegungen der sechs Raumfreiheitsgrade, die Führungsfläche bindet eine Translations- und eine Schwenkbewegung und die Stützfläche eine Translationsbewegung (Abb. 6.4). Die technologischen Basen ermöglichen die Bearbeitung von möglichst vielen Flächen des Werkstückes in einer Aufspannung und damit die Maß-, Form- und Lagetoleranzen sicherzustellen. Die technologischen Basen bestimmen weitgehend die Festlegung der Bearbeitungsreihenfolge am Werkstück. In der Praxis verwendet man möglichst für alle Arbeitsgänge und Arbeitsstufen innerhalb des Fertigungsprozesses die gleichen Flächen als technologische Basen. Damit werden die Abweichungen am Werkstück, die während der Aufspannung entstehen können, minimiert. Dieser Fall der Basierung tritt für Werkstücke auf, die direkt auf CNC-Maschine oder auf einem Wechseltisch (Spannpaletten) aufgespannt und ohne Veränderung der Einspannung an einer oder mehreren Bearbeitungsstationen komplett bearbeitet werden.

Bei geometrisch komplexen Teilen, bei der eine allseitige Bearbeitung mehrere Einspannungen des Werkstückes erfordert, benutzt man mindestens zwei unterschiedliche technologische Basen. Erste, s. g. Rohbasen, dienen zur Aufnahme des Werkstückes mit dem Ziel die Flächen, die dann als technologische Basen, s. g. Feinbasen, dienen, zu bearbeiten. Die Komplettierung der Bearbeitung wird bei Basierung des Werkstückes auf den nicht wechselnden technologischen Feinbasen ausgeführt. Bei Teilen mit erhöhten

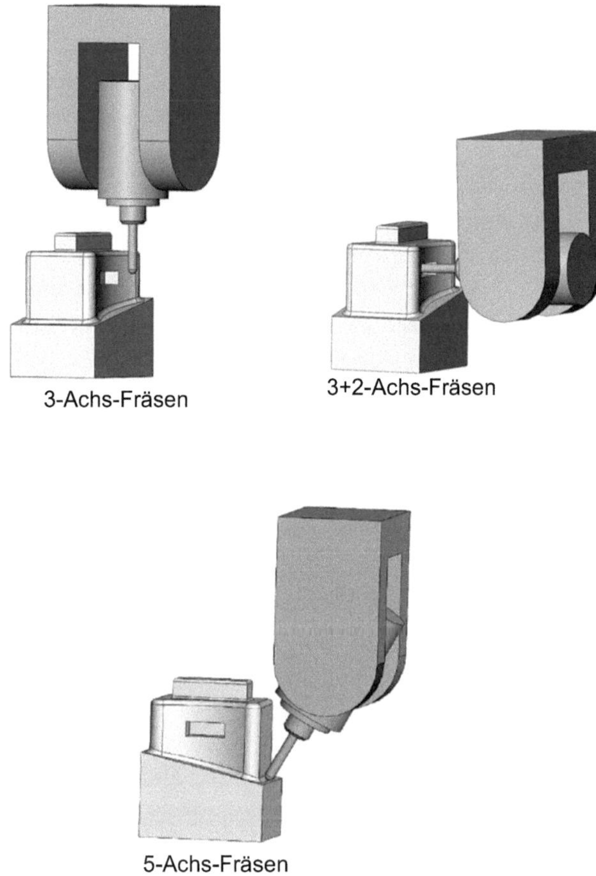

Abb. 6.5 Fräsen mit verschieden Werkzeuganstellungen

Qualitätsanforderungen erfolgt noch die Feinbearbeitung von Feinbasen vor der Ausführung der letzten genauigkeitsbestimmenden Arbeitsgänge.

Bei der Fertigung von labilen Teilen spielt die Auswahl von technologischen Basen eine entscheidende Rolle für die Sicherung der Fertigungsgenauigkeit. Um eine stabile Prozessführung zu realisieren, soll die gewählte Auflagefläche einen maximalen Stützpunktabstand ermöglichen. Auf diese Weise werden die verformungs- und schwingungsbedingten Abweichungen meist minimiert. Darüber hinaus beeinflusst die Auflagefläche des Werkstückes die Auswahl der anzusteuernden Achsen, z. B. 3-Achs-; 3+2-Achs-; oder 5-Achsfräsen (Abb. 6.5). Beim 3-Achsfräsen sind nur drei Linearachsen (X, Y, Z) einer CNC-Maschine an der Zerspanung beteiligt. Die Zustellung findet in Z-Richtung statt. Durch simultane Bewegung aller Achsen ist es möglich die in Z-Richtung zugänglichen Freiformflächen zu bearbeiten. Die Flächen, die in dieser Zustellung nicht zu bearbeiten sind, erfordern noch zusätzliche Achseinstellungen. In diesem Fall werden noch eine oder zwei Drehachsen zur Positionierung der Spindel zu Fläche als Hilfsachsen benutzt. Sobald der Fräser seine Position erreicht hat, werden die Drehachsen fixiert. Die Fläche wird in dieser Spindelposition fertig bearbeitet.

Die rotationssymmetrischen Flächen mit Hinterschnitten können mittels 3-2-Achsfräsen nicht gefertigt werden. Hier sollte zwangsläufig das 5-Achsfräsen eingesetzt werden. Beim 5-Achsfräsen wird neben der Fräserspitze auch die Fräserachsstellung zur Werkstückoberfläche kontinuierlich und simultan gesteuert. Das 5-Achsfräsen bringt Vorteile bei der Bearbeitung tiefer Konturen, die aufgrund der Fräserlänge nicht mit 3-Achsfräsen herstellbar sind. Der besondere Vorteil der der 5-Achs-Bearbeitung liegt im Fertigen in einer Aufspannung und damit in erhöhter Genauigkeit bei deutlich geringeren Rüst- und Durchlaufzeiten. Die Auswahl der anzusteuernden Achsen beeinflusst die Stabilität des Prozesses erheblich. Mehr Achsen bedeuten mehr Elemente der Maschine, die unter dem Fluss von unterschiedlich gerichteten Kräften stehen und die Steifigkeit des Fertigungssystems schwächen können.

Bei der Prozessgestaltung für das Fräsen in einer digitalen Umgebung spricht man von der NC-Verfahrenskette, die die Arbeitsschritte von der Konstruktion über die NC-Planung bis zur NC-Bearbeitung umfasst [BOCT96]. In der Prozessgestaltung werden ausgehend von der Fertigungsaufgabe das Rohteil festgelegt und danach die Arbeitsgänge, die Arbeitsgangfolgen und die für die jeweiligen Prozesse erforderlichen Fertigungsmittel (Maschine, Vorrichtungen) ermittelt. Die detaillierte Planung umfasst die endgültige Festlegung der einzelnen Arbeitsgänge und ihrer Abfolge. Beim Fräsen von Werkstücken mit komplexen Geometrien kommen aufgrund der technologischen (z. B. Schnittgeschwindigkeit, Vorschub) und geometrischen Parameter (z. B. Schnittaufteilung, Schnitttiefe) verschiedene Werkzeuge zum Einsatz. Anhand der Kombinationen von unterschiedlichen Arbeitsgängen entstehen mehrere mögliche Prozessfolgen, die durch unterschiedliche Bearbeitungszeiten und Aufwand charakterisiert sind (Abb. 6.6). In diesem Fall spricht man von einem mehrdeutigen Fertigungsprozess. Die Überführung dieses mehrdeutigen Prozesses in einen wirtschaftlichen Fertigungsprozess erfolgt durch Variantenvergleich, der anhand eines Kostenvergleiches in der Planungsphase als einkriteriale Entscheidungsfindung (vgl. Kap. 7) realisiert werden kann. Darüber hinaus sollte ausreichende Produktionskapazität zur Verfügung stehen. Treffen diese Forderungen für mehrere Varianten zu, dann muss diejenige Variante bestimmt werden, die einen höheren wirtschaftlichen Erfolg verspricht. Dabei ist die Auswirkung der Produktionskosten zu betrachten.

Die Generierung und Bewertung der Prozessfolgen wird bereits in der Produkt- und Prozessgestaltung angewendet um eine optimale Anpassung des Entwurfes der Fertigung an die Produktionsumgebung zu realisieren. Eine in der CAx-Umgebung laufende Bewertung von Fertigungsprozessen benötigt die konstruktiven und verfahrensspezifischen Informationen, die alternative Fertigungsvarianten auf Basis der Bauteilfeatures betrachtet. Diese Eigenschaften spielen bei der Prüfung der gewählten Fertigungsfolge und ihrer Verknüpfungen mit der Fertigungsumgebung eine wichtige Rolle. Um eine sichere Aussage über auftretende Fertigungszeiten, -kosten und -qualitäten zu treffen, führt man eine mehrkriteriale Bewertung durch, die unter Nutzung der Simulationstechnik noch effektiv ablaufen kann [BOCT96, EHRL17, RUDT16, SCHI15, WEST96]. Damit werden alternative Fertigungsvarianten miteinander verglichen und beste Folgen ermittelt. Die Anwendung von CAx-Lösungen zur Unterstützung des Planers bei der Bewertung von

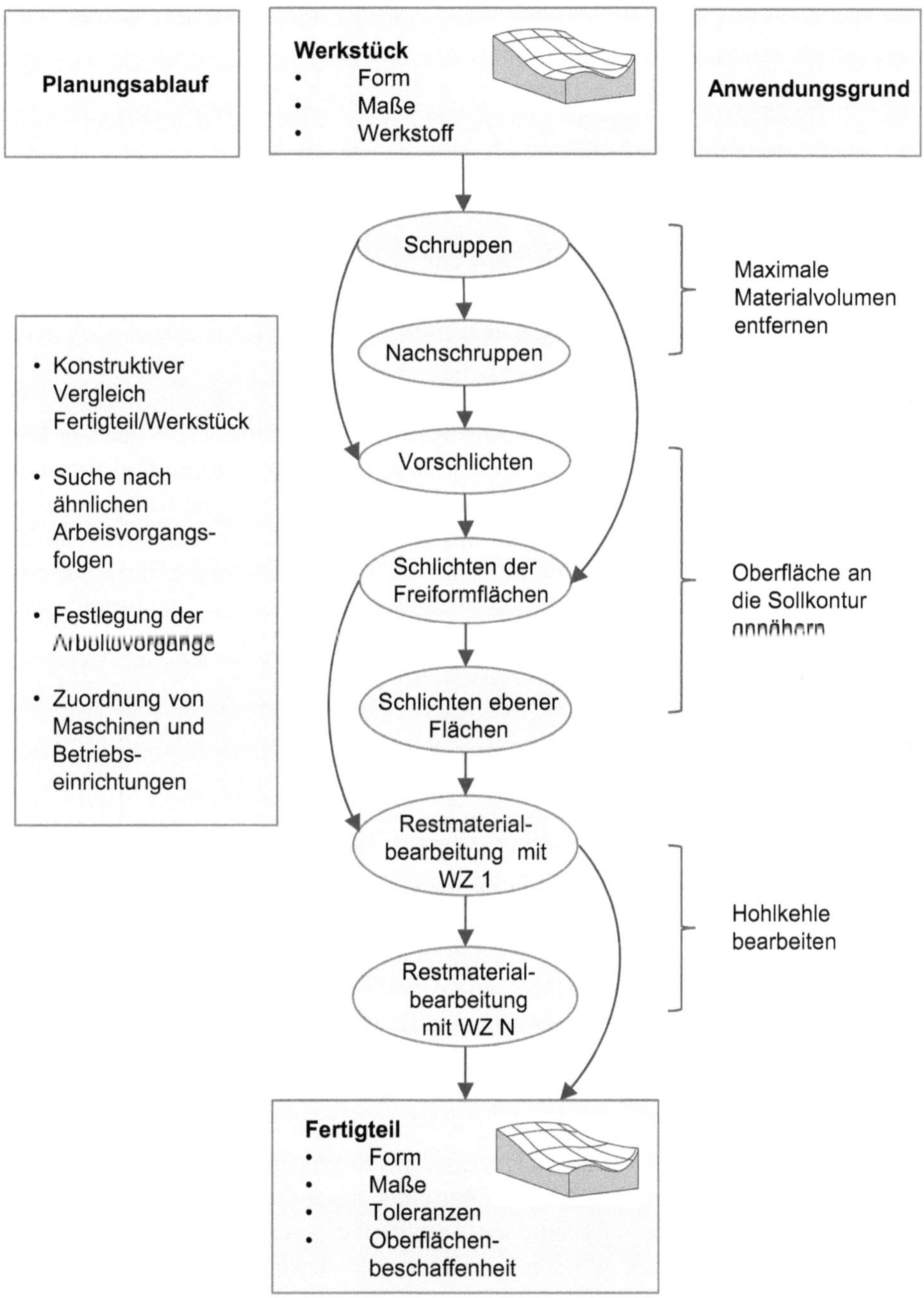

Abb. 6.6 Beispielhafte Darstellung der Arbeitsvorgangsfolge als Prozessgraph beim Fräsen

Fertigungsvarianten können nur bereichsübergreifend eingesetzt werden, da durch die steigende Komplexität von Produktentwicklungsprozessen die Produktdatenmengen enorm steigen [WEND99]. Heutzutage ist von den eingesetzten Systemen keines in der Lage die komplexen Zusammenhänge zwischen Produkt- und Prozessdaten durchgehend zu modellieren [EVER02, TÖNS95].

6.1.5 Rechnergestützte Methoden zur Ablauffolgeabschätzung

Die Anforderungsmerkmale des Produktes werden vielmehr mit den Fertigungsmöglichkeiten anhand des Erfahrungswissens der Arbeitsplaner verknüpft [SNEI10, KONA18]. Aus der betrieblichen Praxis ist bekannt, dass in vielen Fällen die genauere Bewertung der Prozessfolge erst in der nachgelagerten Arbeitsgangplanung stattfindet, wo man die konkreten Unternehmensdaten, wie das Fertigungsmittel in Betracht zieht. In den meisten Fällen bleibt die wirtschaftliche Betrachtung der Prozesse außer Acht. Die Beurteilung einer Prozessfolge findet in der Regel anhand der Zeit, die als Hauptfaktor für die Wirtschaftlichkeit gilt, statt. Die Bestimmung der Fräszeiten erfolgt bislang auf zwei unterschiedlichen Wegen [EVER05]:

- Vorgabezeitbestimmung mit Erfahrungswerten;
- Benutzung von rechnergestützten Planungssystemen (CAPP).

Der erste Weg kommt bei schnell zu fällenden Entscheidungen vor. Mit dieser Methode ist die zeitbasierte Bewertung von Prozessfolgen nur bedingt aussagekräftig. Die Integration eines CAPP-Systems in die CAD/CAM-Prozesskette liefert dagegen eine genauere Zeitbestimmung anhand von Produktdaten, wobei durch Zusammenführen von Produktdaten mit Ressourcen- und Prozessdaten im Fertigungsbereich die technologischen Parameter, wie Vorschub und Schnittgeschwindigkeit und Vorgabezeit festgelegt werden. Der systematisch und automatisch durchgeführte Arbeitsplanungsprozess umfasst neben der Auswahl der Verfahren und Betriebsmittel auch die NC-Programmierung. CAPP verfolgt das Ziel die Arbeitspläne nach technischen und wirtschaftlichen Gesichtspunkten zu gestalten. Bei dem zweiten Weg der Arbeitsplanung unter Einbeziehen von produktbezogenen Daten geht man davon aus, dass die Fertigungshistorie, die die Änderung der Gestalt und Eigenschaft des Werkstückes in jedem Prozessschritt entlang der praktizierten Fertigungsvariante beschreibt, bekannt ist [BORS07, WILL08]. Zur vollständigen Beschreibung der Fertigungshistorie müssen vollständig die Auswirkungen einzelner Prozessschritte berücksichtigt werden. Die Erweiterung der Fertigungsdaten durch Informationen zu Fertigungsmitteln unterstützt den Planer bei der Bearbeitung der Fertigungsaufgabe.

Für die Verknüpfung von produktionsspezifisch definierten Merkmalen mit Konstruktionsdaten stehen die Werkzeuge zur featurebasierten Modellierung zur Verfügung. Sie bilden Grundbausteine der modernen parametrischen 3D-CAD-Systeme. Sie werden in sog. Feature-Bibliotheken verwaltet und für die featuresbasierte Modellierung der Konstruktionen und der Fertigungsprozesse bereitgestellt. In dieser Kette nehmen die Konstruktions- und Fertigungsfeatures eine besondere Stellung ein. Konstruktionsfeatures umfassen neben geometrischen Informationen auch solche für weitere beabsichtigte Entwurfsaufgaben, wie z. B. Informationen für Berechnungen, Simulationen und Qualitätssicherung. Bei s. g. Fertigungsfeatures sind die geometrischen Informationen durch weitere Informationen ergänzt, die sowohl bei der strukturellen Gestaltung der Fertigungs- und Messprozesse als auch bei der Erstellung und Simulation von NCM-Steuerprogrammen eingesetzt werden. Ein mit diesen Merkmalen aufbereitetes 3D-Modell führt zur Beschleunigung der NC-Programmierung und der anschließenden Bearbeitung [ABEL02, VAJN18]. Der Einsatz der Features verlangt eine strukturierte und problembezogene Semantik, um eine Überflutung von Informationen zu vermeiden. Die Erkennung eines Features aus einer zusammengehörenden Einheit nach VDI Richtlinie 2218 [NN03] kann manuell oder automatisch erfolgen. Die manuelle Feature-Identifikation erfolgt in einem CAD-System durch den Anwender im interaktiven Dialog. Dieser ist bei der featurebasierten Gestaltung der Arbeitsplanung für die Herstellung von Bauteilen mit komplexen Formelementen der Fall. Automatische Identifikation kann dagegen ohne Zugriff des Benutzers anhand des Geometriemodels ablaufen. Einige CAM-System-Hersteller wie z. B. Autodesk, Tebis oder Mastercam bieten Lösungen für eine automatisierte Überführung der CAD-Geometrie in die CAM-Umgebung an. Nach Erkennen der Features werden sie mit CAM-System spezifischen Features gepaart. So entsteht zwischen den geometrischen und technologischen Parametern eine Verknüpfung, die dem Nutzer bei der NC-Programmierung zu Hilfe kommt. Diese Lösung beschränkt sich jedoch meist auf die Bearbeitung von sog. Standardgeometrieelementen (planare, zylindrische oder konische Flächen).

Für die featurebasierte Aufbereitung von Standardgeometrieelementen existiert eine Vielzahl von Applikationen, die von verschiedenen Softwareherstellern zur Verfügung gestellt werden. Um 3D-Bauteilflächen mit hohem Freiformanteil in fertigungsadäquate Geometriebereiche zu zerlegen und einer Bearbeitungsstrategie zu zuordnen, wurde eine Methodik entwickelt. Mit dieser Methodik werden an der gesamten Oberfläche anhand von Anstiegen, Krümmungen und Topologie Eigenschaften erkannt und zur Anwendung von standardisierten Verfahren bereitgestellt [ABEL02, BOSS07, GANS13, GYLD03, HUMP16, STAN02]. Trotz der erfolgsversprechenden Ansätze existieren bis heute keine kommerziellen CAD/CAM-Systeme die eine automatisierte Feature-Erstellung durchführen können.

Diese Aufgabe wird weiterhin manuell erledigt [ABEL06, SNEI10]. Die Anwendung der featurebasierten Beschreibung der Werkstückoberfläche in der Arbeitsplanung ist außerdem noch dadurch erschwert, dass schwierige Kollisionsbedingungen oder Hinterschnitte in den Feature-Konstellationen schwer zu erkennen sind und diese erst bei der NC-Programmierung deutlich werden. Die manuelle Anwendung von featurebasierten Verfahren wurde bereits bei der Zylinderkopfbearbeitung und im Werkzeug- und Formenbau erprobt [ABEL06, SNEI10]. Der in [JURK04] beschriebene Ansatz basiert auf der manuellen Zuordnung von Bearbeitungselementen zu den möglichen Fertigungstechniken.

Tab. 6.1 Menge der alternativen Fertigungsfolgen

Bauteilvariante	CNC-Bearbeitungszentrum	Entgraten/Nacharbeit	Messen
BV1	Maschine A	Arbeitsplatzt 1	Messmittel 1
BV2	Maschine B	Arbeitsplatz 2	Messmittel 2
BV3	Maschine C	Arbeitsplatz 3	Messmittel 3

Entscheidungskriterien:
- Abmessungen des Teiles;
- Werkstoff;
- Rohteilgeometrie;
- Anteil der Freiformfläche;
- Tiefe und Breite der engen Konturen;
- Oberflächengüte und -genauigkeit

Mit der Kombination von Fertigungsmitteln und Verfahren entsteht eine Menge von alternativen Fertigungsfolgen (Tab. 6.1). Zur Auswahl einer geeigneten Folge existieren mehrere Methoden. Eine von diesen Ansätzen beruht auf der sukzessiven Analyse der Eignung der Fertigungsmittel zur Lösung der Fertigungsaufgabe. Der Erfolg dieser Vorgehensweise hängt von der Qualität der Bildung der Produktionsmatrix ab. In der Regel beinhaltet die als morphologischer Kasten erstellte Matrix alle in der Fertigungsumgebung beteiligten Komponenten, wie die Fertigungsmethoden und -mittel und zeigt deren technologische Zuordnung zu einander. Die Korrelation zwischen den Konstruktions- und Fertigungsdaten kann featurebasierend erfolgen. Ziel der featerbasierten Teilebe- schreibung ist es die definierten geometrischen Elemente mit den technologischen Informationen zu verknüpfen, um Entscheidungen in der Arbeitsplanung zu treffen sowie den Fertigungsgestaltungssprozess zu automatisieren und zu beschleunigen. Die featureinternen semantischen Informationen werden im CAD-System erzeugt und in das CAM-System übernommen. Als semantische Informationen dienen Daten zu den Charakteristiken der Bearbeitung spezieller Geometrien (z. B. Werkzeuge, Ressourcen, Modi, Expertenwissen, u. a. m.) [NEST00, SHAB06].

Nach Durchführen der ersten groben Kombinationsanalyse werden die nicht geeigneten Fertigungsmittel aus der unternehmensspezifischen Matrix eliminiert. Im nächsten Schritt führt die bauteilspezifische Prüfung der Fertigungsmittel zu einer weiteren Selektion der Matrix. Mit dem Abgleich der Bauteilanforderungen mit den Eigenschaften der Fertigungsmittel wird ermittelt ob in der Matrix enthaltene Fertigungsmittel die geforderte Geometrie mit ihrer Beschaffenheit realisieren können. Diese Vorgehensweise ist am Beispiel des Fräsens anlehnend an [BREC05] in der Abb. 6.7 exemplarisch dargestellt. Der Erfolg so einer Entscheidungslogik hängt von der genaueren und eindeutigen Zuordnung der

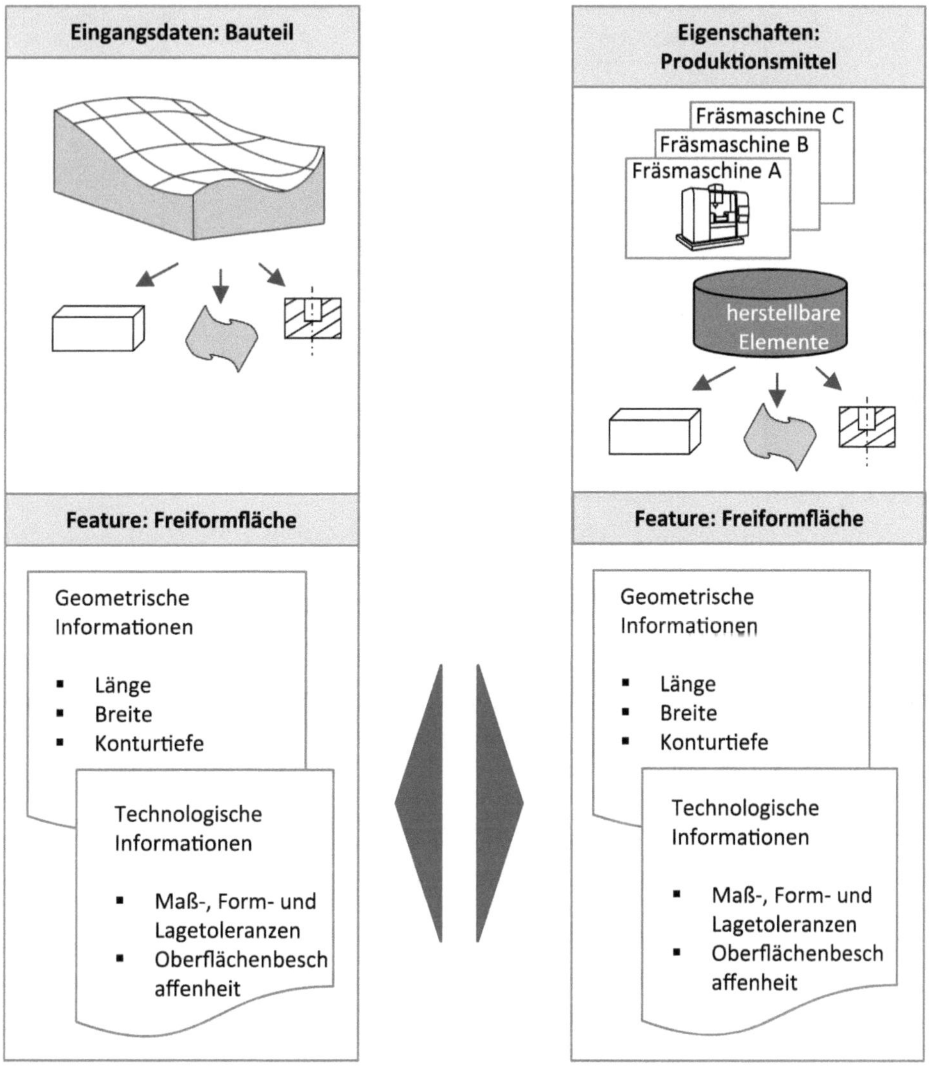

Abb. 6.7 Prinzipielle Darstellung des featurebasierten Datenabgleiches

Eigenschaften ab. Wenn die Auswahl anhand unzureichender Eingangs-informationen problematisch ist, dann sollte eine mehrkriteriale Bewertung der alternativen Fertigungsfolgen durchgeführt werden.

Eine Auswahl einer optimalen Fertigungsfolge anhand einer mehrkriterialen Bewertung beschreibt die Methode in [WEST96]. Um im Werkzeug- und Formenbau eine Entscheidung zu treffen, ob die Werkstückgeometrie durch Erodieren oder 3/5-Achsfräsen oder die Endbearbeitung gehärteter Bauteile durch Schleifen oder Hartdrehen ausgeführt werden soll, bietet diese Lösungsmethode eine qualitätsgerechte Auswahl von

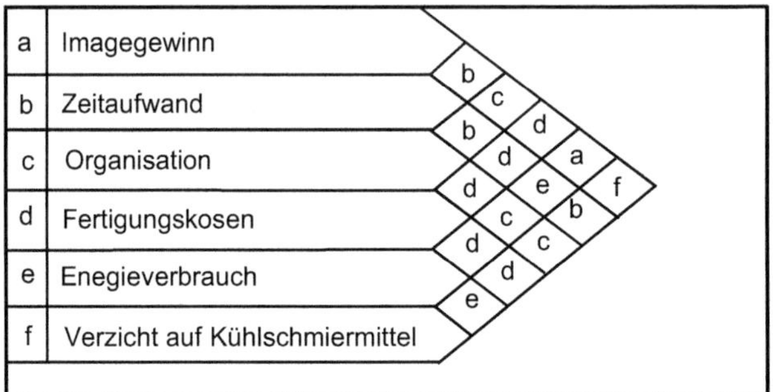

Kriterien	a	b	c	d	e	f
abs. Anzahl: Σ 15	1	3	3	5	2	1
Σ 100% ⇒ Gewicht	6,7	20,0	20,0	33,3	13,3	6,7

Abb. 6.8 Matrix zu Kriteriengewichtung [WEST96]

Fertigungsvarianten. Die Bildung der Kriterien zur Auswahl der Fertigungsvariante erfolgt auf der Basis der Nutzwertanalyse. Die Gewichtung einzelner Kriterien anhand des Nutzwertes bietet eine hohe Flexibilität ihrer Anpassung an die Unternehmensanforderungen. Die Auswahl der wichtigsten Kriterien für das Unternehmen bildet den Grundstein der Entscheidungsfindung. Die Formulierung der Anforderungen an die Fertigungsauswahl läuft mehrere hierarchisch geordnete Stufen ab. Dabei werden die Kriterien in Haupt- und Unterkriterien geteilt [TÖNS95]. Außerdem werden zwischen Fest- und Optimierungskriterien unterschieden. Bei Festkriterien werden nur die Varianten ausgewählt, die diese Kriterien erfüllen [ZANG76].

Abb. 6.8 zeigt für die Wahl von Schleifen vs. Hartdrehen exemplarisch eine Matrix, die die Gewichtung einzelner Entscheidungskriterien darstellt. Bei der Bewertung bekommt jeder Teilprozess vom Fachmann einen Punktwert, der dann mit dem Gewichtungsfaktor multipliziert wird. Die erreichbare Punktsumme für jedes Verfahren ist für die Auswahl der günstigsten Fertigungsvariante entscheidend. Die Durchführung dieser Bewertung erfordert die qualitativen, logistischen, technologischen und ökologischen Verbesserungspotentiale des Unternehmens zu quantifizierten [WEST96].

Die Lösungsmetode in [TROM01] beschreibt die Anwendung des Analytic Hierarchy Processes (AHP) für eine multikriterielle Bewertung bei unscharfen Fällen, bei der die Entscheidungsparameter mit Unsicherheit behaftet sind (z. B. Finden von falladäquaten Lösungen). Die AHP-Software führt in mehreren Schritten eine automatische Prüfung von Kriterien durch, die über Hierarchieebenen, wie oben beschreiben, zueinander gewichtet (Abb. 6.9) wurden. Die Fertigungsfolge, die alle gewichteten Kriterien am besten erfüllt, zeigt die optimale Lösung [TROM01].

Der AHP ist ein aufwändiges Verfahren, da der Bewertungsaufwand mit der Anzahl alternativer Fertigungsvarianten exponentiell steigt. Daher sollte der AHP-Methode nur dann eingesetzt werden, wenn der Lösungsraum bereits auf eine kleinere Menge

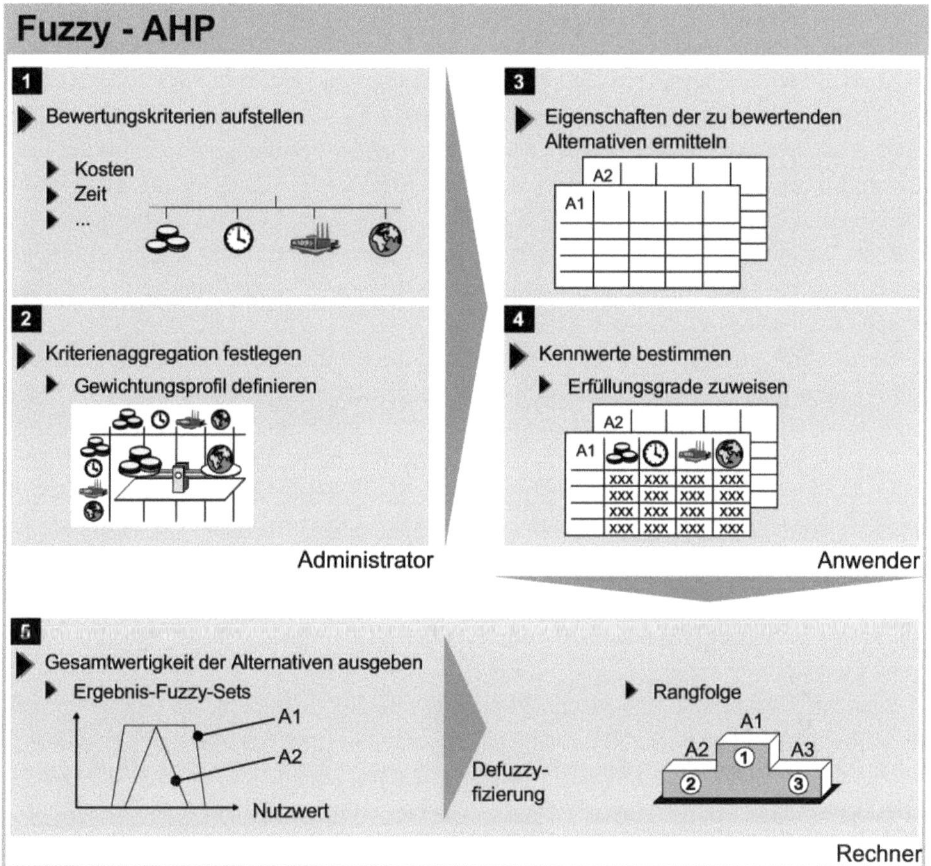

Abb. 6.9 Fuzzy-AHP-Bewertung von Fertigungsfolgen [EVER05]

bevorzugter Alternativen, die prinzipiell den Fertigungsanforderungen genügen, reduziert wurde. Der AHP ist in der Lage anhand der Fuzzy-Operatoren eine effiziente Rangfolge der alternativen Fertigungsvarianten zu bilden und benötigt dafür keine explizit formulierten Nutzensfunktionen. Sie fokussiert sich ausschließlich auf das Produkt/Fertigungsmittelkombination, wobei die anderen Aspekte von Produktionssystemen wie Eigenschaften und Gestalt nicht betrachtet werden.

6.1.6 Methoden zur Prozesszeitermittlung

Die oben beschriebene Vorgehensweise ermöglicht noch keine endgültige Auswahl einer optimalen Kombination aus Fertigungsverfahren und Betriebsmittel, da die Fertigungszeit und damit die Fertigungskosten nicht berücksichtigt werden. Mit der Abschätzung der Fertigungszeit bereits in der Konstruktionsphase auf der Basis der CAD-Modelldaten besteht die Möglichkeit den gesamten Fertigungsprozess zeitoptimal zu gestalten. Dafür sind einige konstruktionsbegleitenden Methoden verbreitet. Mit der Verkettung von spezialisierten Merkmalausprägungen und den geometrischen Parametern des Teiles mit den hinterlegten Standardlösungen entsteht jeweils ein teilespezifischer Arbeitsplan [KONA18]. Das bildet die Grundlage zur Berechnung der Fertigungszeit mittels der klassischen Berechnungsformeln für jede der parametrisierten Fertigungsfeatures aus der im CAD-System integrierten Datenbank. Nach REFA (vgl. Abb. 3.4) wird die Fertigungszeit in Rüst- (t_r) und Ausführungszeit je Arbeitsgang (t_a) geteilt [REFA92]. Die Ausführungszeit umfasst die Grund- (t_g), Verteil- (t_v) und Erholzeiten (t_{er}). Die Grundzeit besteht aus Haupt – (t_h), Neben- (t_n) und Wartezeiten (t_w).

Bei der Bewertung der Prozessfolgen spielen die Ermittlung der Haupt- und Nebenzeiten eine wichtige Rolle. Die Bestimmung der anderen Zeitkomponenten erfolgt anhand des Erfahrungswissens des Unternehmens bzw. aus Literaturangaben [KONA18]. Bei featurebasierter vollständiger Modellierung des Teiles kann eine automatisierte Zeitberechnung auf Basis hinterlegter Modelle durchgeführt werden [GANS13, JURK04, KONA18, WINK12]. Die in diesen Arbeiten beschriebenen analytischen Modelle greifen für die Fertigungszeitberechnung auf die geometrischen Eigenschaften der Teile zurück. Die so ermittelte Gesamtzeit der Fertigung lässt die Kosten für die alternative Fertigungsvariante ermitteln. Demnach ist es möglich den gesamten Aufwand für jede

Konstruktionsvariante, die eigene Fertigungsvarianten erfordern, zu bestimmen und damit die Iterationsschleifen zwischen Konstruktion und Arbeitsplanung zu reduzieren.

Die Vorgehensweise in [NEST99] beschreibt die Möglichkeiten des CAD-Systems EXAPTplus beim featurebasierten Fräsen. Die Programme für bestimmte Grundformen können bei den wiederkehrenden Abläufen und Programmteilen als Unterprogramme hinterlegt und bei Bedarf aufgerufen werden. Die Bearbeitungsfeatures beinhalten automatische Schnittwertermittlung und Kollisionsprüfung anhand der Ablaufsimulation und man kann anhand dieser Informationen die Fräszeit bestimmen. Der Nachteil dieser Vorgehensweise liegt darin, dass man mit konstanten Katalogwerten des Schnittregimes, wie Vorschub und Schnitttiefe, arbeitet, das die realen Zerspanungsbedingungen nicht berücksichtigt.

In einem anderen Ansatz [TROM01] wird die Simulationstechnik zur Zeitbestimmung herangezogen, um die zeitlich veränderliche Bearbeitungsgeschwindigkeiten möglichst genau abzubilden. Die kommerziellen CAM-Systeme ermöglichen lediglich eine reine kinematische Zerspanungssimulation, wo die Einflüsse der Systemverformung und der Steuerungsdynamik nicht berücksichtigt werden. Um diesen Nachteil zu beseitigen, wurden spezielle Applikationen für CAD-Systeme entwickelt. In [TROM01] wird über die Erweiterung des CAD-Systems SolidWorks durch die spezielle Applikation IntSimU berichtet, die die parallele Simulation und Visualisierung von NC-Programmen bei Konstruktionsarbeiten am Beispiel Drehen und Fräsen ermöglicht. Die Simulation berücksichtigt statische und dynamische FEM-Berechnungen zur Nachbildung der Maschineneigenschaften der Nachgiebigkeit. Werkzeug- und Werkstücknachgiebigkeiten werden mithilfe der FEM automatisiert berechnet und zur Simulation herangezogen. Nach der Modellbildung der Komponenten des Fertigungssystems erfolgt die Prozesssimulation anhand von Schnittkraftmodellen. Somit ist eine kinematische NC-Simulation unter Wirkung von realitätsnahen Bedingungen möglich. Anhand des Wissens über die Eigenschaften der Komponenten des Fertigungssystems, die messtechnisch erlangt wurden, kann die optimale Prozesszeit simulativ ermittelt werden [BREC05]. Die Modellgüte der Simulation hängt von den durchgeführten Messungen und der modellhaften Abbildung der mechanischen Eigenschaften aller Elemente und ihrer Verbindung im Fertigungssystem ab. Es zeigt sich, dass eine solche Simulationssoftware die Bearbeitung realitätsnah darstellen kann. Die Berücksichtigung der zeitlich sich verändernden Eigenschaften während der Bearbeitung verlangt einen sehr hohen Aufwand, der im Verhältnis zum erreichbaren Effekt selten gerechtfertigt ist.

6.2 Rationalisierungspotentiale beim HSC-Fräsen

Der technische Fortschritt in den vergangenen 30 Jahren hat die Potenziale des HSC-Fräsens zur Erhöhung der Rationalisierung von Fertigungsprozessen in Unternehmen neben den organisatorischen Mitteln unter Beweis gestellt. Es war möglich durch den Einsatz der HSC-gerechten Fertigungstechnik die Erzeugnisse qualitativ zu verbessern und die Prozesse ihrer Herstellung produktiver und wirtschaftlicher zu gestalten. Neue Schneidstoffe, steife Fräsmaschinen mit hochdynamischen Antrieben und leistungsfähigen CNC-Steuerungen sowie Werkzeug-Spindelsystemen haben es ermöglicht die vielfältigen Rationalisierungsmaßnahmen in der Praxis zur Verbesserung der NC-Verfahrenskette umzusetzen (Abb. 6.10). Der Wettbewerbsdruck auf Hochlohnländer bei globalen Märkten zwingt die Unternehmen ständig durch die Suche alternativer Fertigungswege die Produktivität und Flexibilität zu erhöhen. Eine ständige Verbesserung der Eigenschaften der Produktionsmittel, sowie der Einsatz neuer technischer Lösungen halten die Rationalisierung in der Fertigung am Laufen. Die produzierenden Unternehmen sind interessiert die möglichen Rationalisierungspotentiale zuerst in der Fertigung auszuschöpfen, weil hier der Nutzen in den Prozessen schneller und eindeutig sichtbar wird. Die aktuellen Entwicklungen des HSC-Fräsens konzentrieren sich nach [BOSS07, HEIS10, SNEI10] auf:

- Die Entwicklung neuer Schneidstoffe mit höherem Standvermögen;
- Die Erhöhung der technologischen Möglichkeiten des Fräsens durch den Einsatz von leistungsfähiger Rechnertechnik und Software;
- Die Erhöhung der Flexibilität der Fertigungseinrichtung durch den Einsatz intelligenter Systeme;
- Die Integration der Überwachungssysteme zur Kompensation der statischen und
- dynamischen Störeinflüsse;

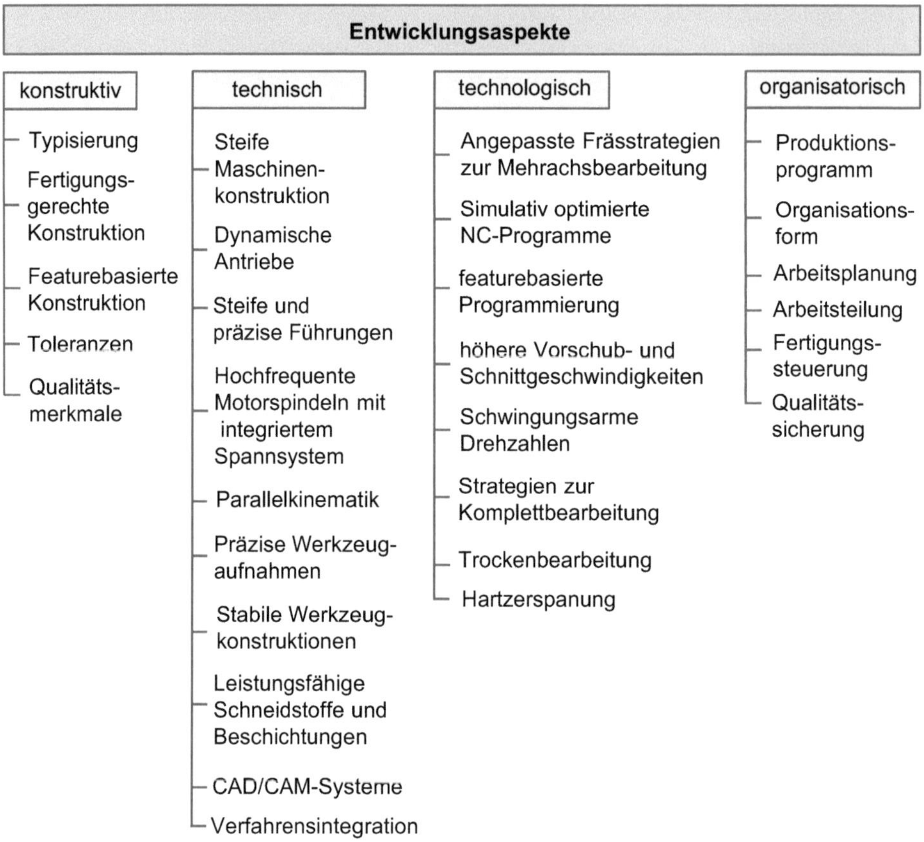

Abb. 6.10 Rationalisierungsansätze in der HSC-Bearbeitung

- Die Integration verschiedener Fertigungsverfahren in einer Maschine, wie z. B. Additive Fertigungsverfahren und Fräsen mit dem Ziel die Prozesskette durch Komplettbearbeitung von Teilen zu verkürzen.
- Die Automatisierung der Werkstückhandhabung, um Rüst- und Nebenzeiten zu verkürzen.
- Die Erhöhung der Effektivität der durchgehenden NC-Programmierung mittels Ganzheitlicher Betrachtung des Produktentstehungsprozesses, wobei das Produktdatenmodell durch die fertigungsrelevanten Informationen bereichert und automatisiert für die ganze NC-Verfahrenskette übernommen werden.

Neben den dargestellten Maßnahmen steht die Entwicklung von Werkzeugkonstruktionen für verschiedene Fräsaufgaben, besonders für die Bearbeitung von komplexen Teilen mit tiefen und engen Kavitäten, auf der Tagesordnung. Neue Entwicklungen zur Erweiterung der Leistungsgrenze der Werkzeuge bieten den geometriebedingten kritischen Drehzahlbereich mittels technischer Maßnahmen zu überschreiten und damit das

Potenzial des HSC-Fräsens mit extrem langen Werkzeugen zu erhöhen (Im Kap. 8 werden aktuelle Forschungsergebnisse zu diesem Thema dargestellt.)

Seit Jahren laufen die Forschungs- und Entwicklungsarbeiten zur Ausschöpfung des Einsatzpotentials des 5-Achs-Fräsens, um die Innovationskraft der Unternehmen des Bereiches des Werkzeug- und Formenbaues zu verstärken. Die Suche nach alternativen Frässtrategien und -parametern führt zur Kombination unterschiedlicher Prozessführungen und zugehöriger Fertigungsmittel. Öfter werden bei der Planung des 3-Achs-Fräsens die Festlegung des Fräsmodus, die Auswahl des Werkzeuges, sowie der Schnittwerte anhand des Erfahrungswissens des Programmierers realisiert. Untersuchungen haben gezeigt, dass die Topologievielfalt bei den frästypischen Teilen den Einsatz optimaler Frässtrategien verlangt, was die Rationalisierungspotentiale des Fertigungsprozesses deutlich erhöht. Zum Beispiel. die Komplettbearbeitung von Grafit- oder Kupferelektroden mittels Fräsens reduziert den Fertigungsaufwand beim Senkerodieren erheblich. Die Anwendung des 5-Achs-Fräsens bei der Herstellung von Zieh- oder Nachziehwerkzeugen ermöglicht einige aufwendige Bearbeitungsschritte zu substituieren und folglich die Bearbeitungszeit deutlich senken. Die umlaufenden Kanten an den Teilen bereiten öfter für den Einsatz des 3-Achsfräsens aufgrund der Bearbeitungstiefe oder Hinterschneidungen schwer lösbare Probleme. Mit den angestellten und kurz gespannten Fräswerkzeugen sind solche Bearbeitungsfälle durch eine simultane fünfachsige Steuerung der Werkzeugachse zur Flächennormalen in optimalem Anstellungsbereich erfolgreich zu realisieren. Die Anwendung leistungsfähiger Fräswerkzeuge, wie dem Torusfräser, bringt in angepasster simultaner 5-Achs-Prozessführung deutliche Vorteile mit sich. Es ist möglich eine Zeitersparnis von bis zu 80 % zu erzielen [HOCH13].

Im Rahmen der Bestrebungen zur gleichzeitigen Steigerung der Flexibilität und Produktivität von Fertigungsprozessen durch Hybridisierung von Produktionssystemen bietet der hohe Automatisierungsgrad der CNC-Bearbeitungszentren eine vielversprechende Grundlage. Mit der integrierten Kombination von üblicherweise getrennten Prozessschritten in einer Fertigungseinrichtung schafft man eine Plattform, um anforderungsgerechte Bauteile sogar durch den Einsatz von verschiedenen Wirkverfahren (z. B. Laserschmelzen/Extrudieren und vorzugsweises Abtragen durch Fräsen) herzustellen. Die so integrierte Kombination der Prozesse führt in der Regel zur signifikanten Verkürzung von Bearbeitungsfolgen. Die hochgenaue Abstimmung der Verfahrwege verschiedener Prozesse ist eine wichtige Voraussetzung zur Realisierung dieser Möglichkeiten [BREC11].

Obwohl manchmal betont wird, dass 5-Achs-Fräsen mit der additiven Fertigung in Konkurrenz steht, versuchen einige Hersteller die technologischen Potenziale beider Verfahren mit einander zu kombinieren (Abb. 6.11). Die additiven Fertigungsverfahren sind noch nicht in der Lage enge Toleranzen, die für die Nutzung vieler Bauteile entscheidend sind, sicherzustellen. Daher sollen diese Teile weiterhin mechanisch bearbeitet in den Endzustand gebracht werden. Hier greift man auf die Potenziale des 5-Achsfräsen zurück, da für das Nachbearbeiten von anspruchsvollen additiv gefertigten Teilen das mehrachsige Fräsen als wirkungsvolles Komplettierungsverfahren am besten geeignet scheint [GEBH16].

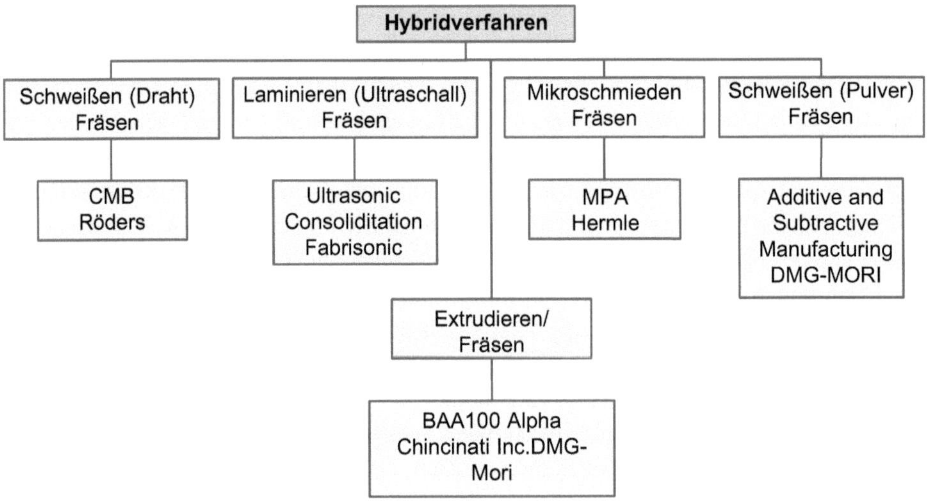

Abb. 6.11 Repräsentative Hybridverfahren anlehnend an [GEBH16]

Nach dem Ergänzen der NC- Verfahrenskette des HSC-Fräsens durch additive Fertigung kann mit dem Einsatz der rechnergestützten Arbeitsplanung die integrierten Prozesse sowie die Prozessführung verwirklicht und damit das Potenzial der Bearbeitung weiter ausgeschöpft werden. Die Ersparnisse, die man von der Verfahrenskombination erwartet, hängen stark vom Einsatzbereich der Verfahren, sowie deren Leistungsfähigkeit ab. Die Vorteile der Integration des Fräsens und additiven Fertigungsverfahrens wie z. B. des Laserauftragsschweißens oder des Extrudierens liegt darin, dass einerseits das Rohteil mit bestangepasster Geometrie additiv hergestellt werden kann und andererseits die Annäherung der Rohteilgeometrie mit minimalem Materialabtrag an die Sollkontur möglich ist (Abb. 6.12). Dadurch kann z. B. bei Integralbauteilen der Materialverlust auf fünf Prozent reduziert werden, da mit additiven Verfahren nur dort Material aufgetragen wird, wo man es benötigt.

Infolge integrierter Prozessführung auf einer Maschine spart der Anwender Maschinenzeit und hohe Investitionen. Die Hybrid-Maschine kombiniert die Vorteile des Fräsens, wie z. B. hohe Bearbeitungsgenauigkeit mit der Flexibilität und der hohen Aufbaurate des Auftragens von Metall oder Kunststoffmaterial (Abb. 6.13).

In einem weiteren Hybridsystem wird die Formgebung von laminiertem Aluminium [GEBH19] oder anderen Werkstoffschichten mittels Fräsen als ein Weg zur schnelleren Fertigung von 3D-Konturen beschrieben. Durch Laminieren erzeugte Körper spielen als Rohteil für die schnelle Fertigung eine entscheidende Rolle. Das Fräsen bringt das Rohteil in die gewünschte Form und Genauigkeit. Die hybriden fertigungstechnischen Lösungen ermöglichen neue Konzepte zur Weiterentwicklung des Fräsens zu verwirklichen [TORR20]. Die Rationalisierungspotentiale des HSC-Fräsens können anhand von Kostenbetrachtungen quantifiziert werden.

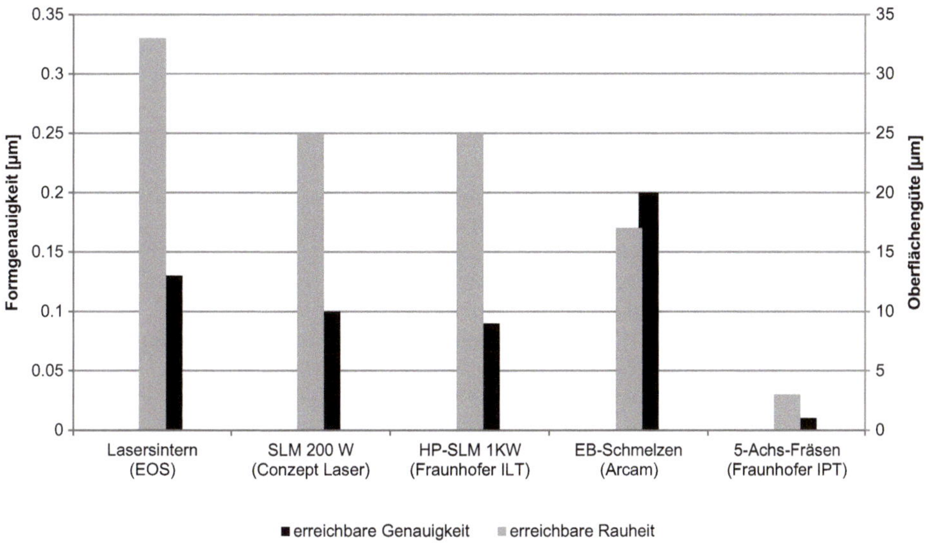

Abb. 6.12 Gegenüberstellung der erreichbaren Oberflächenparameter bei verschiedenen additiven Verfahren [KLOC18]

Abb. 6.13 Additive und subtraktive Bearbeitung des Kunststoffmaterials auf LSAM-Maschine. (Quelle: Thermwood)

Literatur

[ABEL02] Abele E, Luo Y, Stanik M, Stroh C (2002) Freeform features for die and mould manufacturing, In: Proceedings of the 1st CIRP(UK) Seminar on Digital Enterprise Technology, S. 65–68

[ABEL06] Abele E, Fröhlich B, Stroh C (2006) Die feinen Unterschiede – CAM-Systeme unter die Lupe genommen. Werkstatt und Betrieb 9:98–105

[BOCT96] Bochtler W (1996) Modellbasierte Methodik für eine integrierte Konstruktion und Arbeitsplanung. Dissertation, RWTH Aachen

[BORS07] Borsdorf R (2007) Methodischer Ansatz zur Integration von Technologiewissen in den Produktentwicklungsprozess. Dissertation, RWTH Aachen

[BOSS07] Bossmann M (2007) Feature-basierte Produkt- und Prozessmodelle in der integrierten Produktentstehung. Dissertation, Univ. des Saarlandes

[BREC05] Brecher C, Klocke F, Weck M (2005) Meidlinger, R.; Wegner, H.: Bewertung von Fertigungsfolgen. In: Eversheim W, Schuh G (Hrsg.): Integrierte Produkt- und Prozessgestaltung. Springer, Berlin, Heidelberg, S 208–225

[BREC11] Brecher C (2011) Integrative Produktionstechnik für Hochlohnländer. Springer, Berlin Heidelberg. doi: https://doi.org/10.1007/978-3-642-20693-1

[CAET17] Caetano DE, Alves JL, Neto RL, Duarte TP (2017) Development of Plaster Mixtures Formulations for Additive Manufacturing. In: Silva L. (eds) Materials Design and Applications. Advanced Structured Materials, vol 65. Springer, Cham. https://doi.org/10.1007/978-3-319-50784-2_20

[DIEG19] Diegel O, Nordin A, Motte, D (2019) A Practical Guide to Design for Additive Manufacturing. Springer Singapore. Doi:10.1007%2F978-981-13-8281-9

[EHRL17] Ehrlenspiel K, Meerkamm H (2017) Integrierte Produktentwicklung: Denkabläufe, Methodeneinsatz, Zusammenarbeit. 6., überarbeitete und erweiterte Auflage. Hanser, München. Doi:https://doi.org/10.3139/9783446421578

[EVER02] Evershheim W (2002) Organisation in der Produktionstechnik. 3, Arbeitsvorbereitung. Springer, Berlin Heidelberg. Doi: https://doi.org/10.1007/978-3-642-56336-2

[EVER05] Eversheim W, Shuh G (2005) Integrierte Produkt- und Prozessgestaltung. Springer, Berlin Heidelberg. Doi:https://doi.org/10.1007/b138348

[GANS13] Gansauge L (2013) Methodik zur Industrialisierung der Einzelfertigung am Beispiel des Werkzeug- und Formenbaues. Dissertation, TU Chemnitz

[GEBH16] Gebhardt A (2016) Additive Fertigungsverfahren/Additive Manufacturing und 3D-Drucken für Prototyping – Tooling – Produktion. 5., aktualisierte und erweiterte Auflage. Hanser München. Doi:https://doi.org/10.3139/9783446445390

[GEBH19] Gebhardt A, Schwarz A (2019) Produktgestaltung für die Additive Fertigung. Hanser München. Doi:https://doi.org/10.3139/9783446461338

[GYLD03] von Gyldenfeldt C (2003) Methode zur Beschreibung und Erkennung von Freiformfertigungfeatures. Dissertation, RWTH Aachen

[HACK17] Hackney PM (2017) Characterisation of direct 3D sand printingprocess for the production of sand castmould tools. Rapid Prototyping Journal 23(1):7–15. Doi: https://doi.org/10.1108/RPJ-08-2014-0101

[HEIS10] Heisel U, Klocke F, Uhlmann E, Spur G (2010) Handbuch Spanen. Hanser München. Doi:https://doi.org/10.3139/9783446436992

[HENR14] Henriques E, Pecas P, Silva A (2014) Technology and Manufacturing Process Selection: The Product Life Cycle Perspective. Doi: https://doi.org/10.1007/978-1-4471-5544-7

[HINT89] Hintzen H, Matek W, Muhs D, Wittel H (1989). Konstruieren und Gestalten. Vieweg+Teubner Verlag, 3. Auflage. Doi: https://doi.org/10.1007/978-3-322-85068-3

[HOCH13] Hochmut C, Rienäcker C (2013) Reduktion von Fertigungszeit durch eine 5-achsig simultane Fräsbearbeitung. In: Neugebauer R (Hrsg) Handbuch Ressourcenorientierte Produktion. Hanser München, S. 668–674. Doi:https://doi.org/10.3139/9783446436237

[HOEN10] Hoenew G, Meißner Th (2010) Entwerfen und Gestalten im Maschinenbau. Hanser, München.

[HUMP16] Humpa MW (2016) CAD-Methodik zur Produktivitätssteigerung in der Prozesskette Konstruktion-Fertigung, Dissertation, Universität Duisburg-Essen

[JACO02] Jacobs H.-J, Dürr H (2002) Entwicklung und Gestaltung von Fertigungsprozessen. Hanser, Leipzig, 2002

[JURK04] Jurklies I (2004) Generierung und Bewertung von Prozessketten im Werkzeug- und Formenbau. Dissertation, Technische Universität Chemnitz

[KLOC18] Klocke F (2018) Fertigungsverfahren 5: Gießen, Pulvermetallurgie, Additive Manufacturing. Springer, Berlin Heidelberg. Doi: https://doi.org/10.1007/978-3-662-54728-1

[KOLL20] Kollenberg W (2020) Additive Fertigung keramischer Komponenten: Grundlagen und Anwendung: Grundlagen und Anwendungen. Vulkan-Verlag

[KONA18] Konarsky M (2018) Entwicklung eines IT-gestützten Kosteninformationssystems als Instrument des Produktkostenmanagements in der Auftragsfertigung. Dissertation, TU Chemnitz

[LEUP16] Leupold A, Glossner S (2016) 3D-Druck, Additive Fertigung und Rapid Manufacturing. Rechtlicher Rahmen und unternehmerische Herausforderung. Vahlen Verlag

[NEST00] Nestler A (2000) Integration von CAM-Funktionalitäten in durchgängigen CAD/CAM-Systemen, Dresdner CAD/CAM-Kolloquium

[NEST99] Nestler A (1999) Erfahrungsbasierte Fertigungs-und Bearbeitungs-Feature. Forschungsbericht

[NN03] VDI 2218:2003-03. Informationsverarbeitung in der Produktentwicklung Feature-Technologie

[REFA92] REFA: Methodenlehre des Arbeitsstudiums. Teil 1: Grundlagen, Teil 2: Datenermittlung, Teil 3: Kostenrechnung, Arbeitsgestaltung. Hanser, München, Wien (1976/1992)

[RIEG12] Rieg F, Steinhilper R (2012) Handbuch Konstruktion. Hanser, München

[RUDT16] Rudtsch V (2016) Methodik zur Bewertung von Produktionssystemen in der frühen Entwicklungsphase. Dissertation, TU Chemnitz

[SCHI15] Schindler S (2015) Strategische Planung von Technologieketten für die Produktion. Dissertation, TU München

[SHAB06] Shabaka A, El Maraghy HA (2006) Generation of Machine Coinfiguration Based on Product Features. International Journal of Computer Integrated Manufacturing 20 (4): 355–369. Doi: https://doi.org/10.1080/09511920600740627

[SIFF89] Schiffer T (1989) Fertigungsprozessgestaltung im Maschinen- und Gerätebau

[SNEI10] Schneider Th (2010) Automatisierte Akquisition von erfahrungsbasiertem Fertigungswissen im Werkzeug- und Formenbau. Dissertation, TU Chemnitz

[SCHÖ96] Schönheit M (1986) Wirtschaftliche Prozessgestaltung. Springer Berlin

[SPUR89] Spur G (1989) Keramikbearbeitung. Hanser, München

[STAN02] Stanik M (2002) HSC-Freiformfertigungsfeatures für den Werkzeug- und Formenbau. Dissertation, TU Darmstadt

[TÖNS95] Tönshoff HK, Hennig KR (1995) Fertigungstechnologien bewerten und auswählen. VDI-Z 6(137): 30–33

[TORR20] Torres Marques A, Esteves S, Pereira JPT, Oliveira LM (2020) Additive Manufacturing Hybrid Processes for Composites Systems. Springer International Publishing. Doi: https://doi.org/10.1007/978-3-030-44522-5

[TROM01] Trommer G (2001) Methodik zur konstruktionsbegleitenden Generierung und Bewertung alternativer Fertigungsfolgen. Dissertation, RWTH Aachen

[VAJN18] Vajna S (2018) CAx für Ingenieure: Eine praxisbezogene Einführung. Springer Vieweg, Berlin, Heidelberg. Doi: https://doi.org/10.1007/978-3-662-54624-6

[WEND99] Wendenberg M (1999) Manche Wünsche bleiben (noch) offen – PDM wird immer wichtiger, doch nicht alle Systeme taugen für jeden Zweck. It.AV 3: 14

[WEST96] Westkämper E (1996) Null-Fehler-Produktion in Prozessketten: Maßnahmen zur Fehlervermeidung und -kompensation. Springer, Berlin. Doi: https://doi.org/10.1007/978-3-642-60373-0

[WILL08] Willms H (2008) Methodisches System zur Auslegung von kostenoptimalen und prozessstabilen Fertigungsverkettungen. Dissertation, RWTH Aachen

[WINK12] Winkler S (2012) Generierung von Teilarbeitsgängen im Rahmen eines durchgängigen Ansatzes zur automatisierten Arbeitsplanerstellung. Dissertation, TU Chemnitz

[ZANG76] Zangemeister C (1976) Nutzwertanalyse in der Systemtechnik. Wittemannsche Buchhandlung, München

7 Bearbeitungsoptimierung unter Berücksichtigung der technologischen Vererbung

7.1 Konzept der optimalen Fertigung

Die Fertigung von Bauteilen eines Produktes mittels unterschiedlicher Fertigungsverfahren als Teil der Wertschöpfungskette dient der Erfüllung des Kundenwunsches, der in zeitlich und örtlich unterschiedlich nutzbaren Produktionsbereichen realisiert wird. Durch effizientes Zusammenwirken dieser Bereiche mit ihren eigenen Fertigungsstrukturen ist eine schnelle Herstellung von Teilen in vorbestimmter Qualität möglich. Die kostengünstige Erzeugung des Produktes im Wertschöpfungsprozess soll mit minimalem Ressourcenverbrauch und unter gleichzeitiger Berücksichtigung von Durchlaufzeit und Qualität erfolgen [EVER95]. Um diese Ziele zu erreichen, werden diese in Entscheidungskriterien, die in verschiedenen Ebenen wirken, abgebildet und unterschiedliche Methoden zur Bestimmung von Rationalisierungsmaßnahmen festgelegt. Die strategischen Unternehmensziele bestimmen die Entwicklung der Fertigungstechnik, die neben technologischen Erfordernissen, z. B. der Teilefertigung, die eigenen Wettbewerbsvorteile stark in den Vordergrund stellt. Eine Vernachlässigung der Fertigungstechnik kann dazu führen, dass die Möglichkeiten und Potenziale der Produktion in der Wertschöpfungskette nicht ausreichend genutzt werden, obwohl diese Verfahrensbereiche einen großen Anteil an der Kostenentstehung haben [WEST16]. Dieser Zusammenhang wurde schon in der Vergangenheit von den Unternehmen erkannt und Methoden zu ihrer Verbesserung (Optimierung) wurden entwickelt und in der Praxis umgesetzt. Die Prozessoptimierung wird heute im Rahmen des Prozessmanagements von Unternehmen eingesetzt und umfasst die Bereiche der Produktion [HIRZ08].

Der Begriff „Optimierung" wird in der Praxis meist als Verbesserung eines Vorganges, eines Prozesses oder eines Systems hinsichtlich unterschiedlicher Kriterien wie z. B. Kosten, Zeit, Qualität, Kapitaleinsatz und Flexibilität verstanden. Bei mehrkriterialer

R. Aliyev, B. Hentschel, *HSC-Fräsen von stäubenden Werkstoffen*,
https://doi.org/10.1007/978-3-662-63693-0_7

Optimierung werden Antagonismen der Ziele mittels einer Gewichtung der Zielkriterien berücksichtigt. Mit einer Gewichtung der Kriterien ist eine Steuerung der Prozessergebnisse möglich. Die Prozessoptimierung hat die Aufgabe Verbesserungsansätze zu identifizieren, Lösungen zu entwickeln, zu bewerten und eine „beste" Variante auszuwählen und umzusetzen [BECK18]. Die effektive Gestaltung eines Prozesses verlangt eine genauere Kenntnis des Prozessergebnisses als Voraussetzung für die Entwicklung und Auswahl der bestmöglichen Variante zu haben.

Bei der Optimierung ist zwischen den Ansätzen zur qualitativen und quantitativen Verbesserung der Prozesse zu unterscheiden. Eine quantitative Betrachtung zielt auf die Steigerung der Leistungskennzahlen, deren positive Änderung eine Verbesserung bedeutet. Die mathematischen Optimierungsmethoden lassen Prozessergebnisse quantitativ bewerten. Beim Einsatz dieser Methoden ist meist wegen der Komplexität der Prozesse die Art von Entscheidungen mit rein analytischer Bewertung nicht möglich.

Die Prozessoptimierung der Fertigung dient einerseits dazu die Effizienz der Produktionsprozesse durch eine optimale Kombination von Prozessparametern zu maximieren, andererseits dient sie dazu die Effektivität des Ressourcenverbrauchs unter Nutzung aller Potenziale im Produktlebenszyklus mittels technisch konzeptioneller Maßnahmen kontinuierlich zu verbessern.

Je nach dem Betrachtungsaspekt kann die Verbesserung die gesamte Prozesskette oder einzelne Prozessschritte betreffen. Verfolgt man eine übergreifende Prozessverbesserung dann werden die gesamten Abläufe beginnend von F&E, über die Produktion, die Verwaltung bis hin zum Einkauf, dem Vertrieb und dem Versand im Rahmen integrierter Prozesskonzepte unter Berücksichtigung der Ressourcen in Betracht gezogen. Ihre Struktur und Zusammenwirken miteinander wird verbessert, damit man zielgerichtet die notwendige Prozessfähigkeit hinsichtlich Flexibilität, Qualität und Durchlaufzeit erreicht. Bekannte Werkzeuge für so ein Prozessmanagementkonzept sind z. B.: Reengineering, KVP, Six Sigma, SPC, FMEA usw. (Abb. 7.1).

Die Anwendung des Supply Chain Managements und der Lean Methoden zeigten in betrieblichen ebenso wie in überbetrieblichen Zusammenhängen eine große Wirkung hinsichtlich der Steigerung der Liefertreue und Senkung der Durchlaufzeit bei gesicherter Qualität.

Parallel zur gesamtheitlichen Verbesserung von organisatorischen Abläufen trägt die Maximierung der Leistung der Technik zur wirksamen Umsetzung der Unternehmensziele erheblich bei. Das Finden einer optimalen Einstellung von Parametern der Formgebungsverfahren in der Prozesskette verlangt den Einsatz der Methoden der Verfahrensoptimierung, die es ermöglichen die Kapazitäten der Fertigungseinrichtungen unter Berücksichtigung technischer und organisatorischer Restriktionen besser auszunutzen.

Öfter kommen widersprüchlich gestellte Ziele bei der Prozessauslegung vor (Abb. 7.2). Solche Zielkonflikte, wie z. B. Qualitätsverbesserung bei höherer Leistung, können nur anhand von qualitativen (konzeptionellen) Verbesserungsmaßnahmen erreicht werden. Eine Steigerung der Bearbeitungsgeschwindigkeit im Hinblick auf die Leistungssteigerung verlangt stabile Prozessräume. In diesem Fall können die Grenzen nur dann überwunden

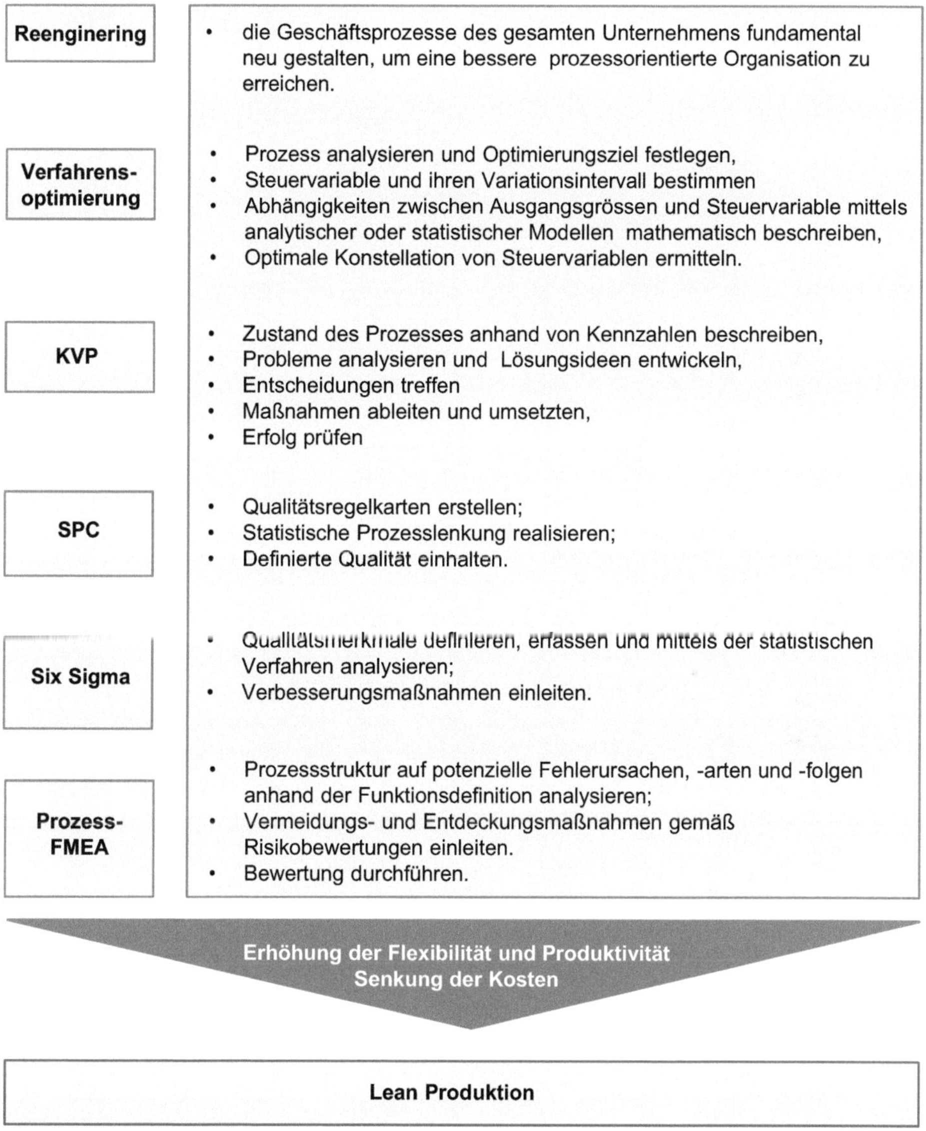

Abb. 7.1 Möglichkeiten zur Prozessverbesserung

werden, wenn man die Prozesse durch sensitive Prozessführung vor Störungen schützt. Besonders der Einsatz der HSC-Bearbeitung erhöht die Empfindlichkeit des Prozesses. Eine stabile HSC-Bearbeitung legt einen hohen Wert auf die dynamische Stabilität des Fertigungssystems. Durch abgestimmte Maschinenkomponenten ist die Realisierung einer stabilen Prozessführung möglich. Ein erhöhter Automatisierungsgrad der Fräseinrichtungen öffnet neue Wege empfindliche Prozesse zu beherrschen und damit die Leistung und die Qualität bei Annäherung an die Grenzen zu halten. Automatisierte Anlagen

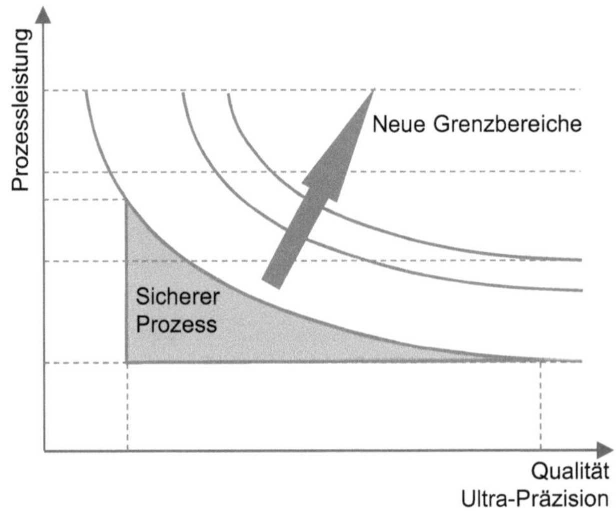

Abb. 7.2 Sichere Prozessbereiche [WEST16]

ermöglichen die Rüstzeit, die mit der genauen Einstellung des Betriebsmittels verbunden ist, deutlich zu reduzieren. So ist durch Integration des Prozesswissens in die Steuerung und Regelung der Prozesse eine Leistungssteigerung erzielt worden [WEST16].

Die Verbesserung komplexer betrieblicher Prozesse, gesteuert mit einem modernen vernetzten Informations- und Kommunikationssystem, ist heutzutage ohne geeignete Software nicht möglich. Mittels dieser Programme ist es möglich Prozesskennzahlen zu analysieren und anhand der Erkenntnisse ihren Beitrag zur Wertschöpfung die vorhandenen Ressourcen zielgerichtet zu planen. Die Simulationen unterstützen die Realisierung dieser Konzepte.

Mittels Simulation können die Fertigungsprozesse bereits vor der Umsetzung anhand mathematischer Modelle mit Betrachtung von Prozesskennzahlen mit Bezug auf wirtschaftliche Kriterien bewertet und gestaltet werden. Ein wesentlicher Vorteil liegt darin, dass Anwender nicht dem realen Prozess geltenden Bedingungen unterliegen. So können Untersuchungsintervalle und Prozessparameter nahezu beliebig gewählt werden. Sie ermöglicht in der Konzeptions- und Entwicklungsphase durch die Prognose von Leistung, Belastung, Beanspruchung und Zuverlässigkeit in Abhängigkeit verschiedener Einflussparameter eine beste Prozessvariante zu wählen. Leistungsfähige Simulationssysteme stellen die Werkzeuge zur virtuellen Versuchsdurchführung an einem abstrahierten Prozessmodell zur Verfügung und reduzieren damit den Aufwand der Prozessgestaltung wesentlich.

Wissensdatenbanken bilden eine wichtige Grundlage für eine effiziente Prozesssimulation. Neben der Automatisierung der Produktion besitzt der Aufbau technologischer Wissensbanken ein bedeutendes Zukunftspotenzial. Das Wissen gründet sich auf einer

Zunahme technologischer Erfahrungen und Kenntnisse. Sie umfassen Maschineninformationen, sämtliche eingesetzte Werkzeuge und dazugehörige Verfahrenswerte.

Technikwissen bündelt die theoretisch – empirischen Kenntnisse und Maßnahmen zur Lösung von Fertigungsaufgaben. Sie ist ein zentrales Forschungsobjekt zur Entwicklung neuer Fertigungstechniken. Eine praktische Nutzung ist dann gegeben, wenn man das Wissen modellhaft beschreiben kann. Die Modelle liefern die Aussagen über den Prozessverlauf anhand von Ursache-Wirkungs-Zusammenhängen [BREC17]. Die Anzahl der zu berücksichtigenden Einflussfaktoren und deren Verknüpfung bestimmt die Aussagekraft und Qualität eines Modells.

Die mathematische Modellierung des Prozesses schafft die Basis der wissenschaftlichen Methoden der Prozessoptimierung. Während der Optimierung werden die Einflüsse anhand des Ursache-Wirkung-Zusammenhangs analysiert und ihre optimale Einstellung ermittelt. Bei diesem Ansatz ist die Beschreibung der Zusammenhänge von prozessrelevanten Parameterkollektiven als Problemstellung zielführend. Es wird angestrebt die Zusammenhänge naturgesetzlich abzuleiten, was häufig nicht möglich ist, somit werden diese abgebildet durch empirisch gewonnene Abhängigkeiten zwischen Prozesseingangs- und -ausgangsgrößen in Form numerischer Modelle. Die Erstellung der Zusammenhänge anhand experimenteller Untersuchungen erfolgt mittels Modellierung parametrischer Abhängigkeiten. Bei der Modellierung komplexer Prozesse werden diese entlang ihrer Verkettung in Übertragungs-, Ursachen- und Wirkmodelle unterteilt. Durch die Kombination verschiedener Modelle versucht man die Prozesse realitätsnah abzubilden [NIEB17].

Liegen ausreichende Informationen über Phänomene des Fertigungsprozesses vor, so ist es möglich die Prozesse (Abb. 7.3) anhand der Ursache-Wirkungs-Zusammenhänge physikalischer Gesetzmäßigkeiten (z. B. ein Modell zur Beschreibung der elastischen Verformungen) zu beschreiben. Die Ableitung vollständiger analytischer Modelle setzt eine mathematische Beschreibung der Zusammenhänge des Prozesses voraus. Da der Prozessverlauf der Fertigung ein sehr komplexer Vorgang ist, können i. R. mit einem Modell nur ein Teil des gesamten Systems beschrieben werden. Gelingt es nicht ein analytisches Modell herzuleiten, basiert die Modellierung auf einem empirisch-numerischen Ansatz. Bei der numerischen Modellierung spanender Fertigungsprozesse wird z. B. die Methode der

Abb. 7.3 Methoden der Prozessmodellierungen

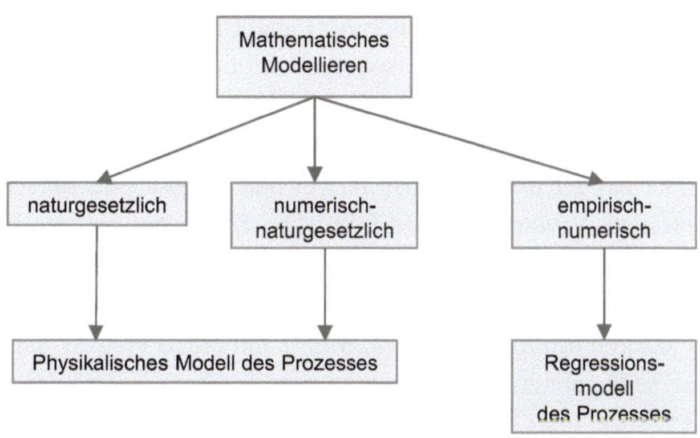

finiten Elemente (FEM) verbreitet angewendet. Unter Berücksichtigung werkstoffbezogener plastomechanischer Modelle, die aufgrund von Reibung und Verformung mit thermischen Effekten verbunden sind, wird der Prozessverlauf mittels s. g. FEM-Zerspanmodelle für den untersuchten Bearbeitungsfall aufbereitet. Dabei greift das numerische Verfahren bei der Beschreibung von Vorgängen auf empirische Daten zurück. Die FEM ermöglicht somit kontinuierliche Feldprobleme in diskreter Vorgehensweise zu lösen [KLOC18].

Die empirisch-numerischen Modelle haben einen beschränkten Gültigkeitsbereich von betrachteten Kenngrößen und können nicht auf andere Fälle erweitert werden. Sie beziehen ihre Werte aus Messungen und qualitativen Betrachtungen. In allen Fällen basieren die Modelle auf Informationen zum Untersuchungsgegenstand, nach denen die Genauigkeit der Modellbeschreibung bewertet und Rückschlüsse zu statistischen Aussagen der Prozessmodellierung gezogen werden. Die innere Struktur des Prozesses wird dabei nicht betrachtet.

Charakteristische Besonderheiten vieler real-technologischer Prozesse, als Forschungsgegenstand zur Modellierung und Optimierung, liegen darin, dass sie unter Einfluss mehrerer steuerbarer und nicht steuerbarer Faktoren stehen, die teilweise stochastisch wirken. Aus dieser prozessbedingten Tatsache ist bekannt, dass Prozesse ihre theoretische Grenzleistung wegen instabiler Prozessführung nicht erreichen können. Nur anhand der qualitativen Klärung der wesentlichen Wirkzusammenhänge des Prozesses und deren Berücksichtigung bei der Gestaltung des Fertigungssystems und -prozesses ist es möglich die Grenzleistung zu erzielen. Dabei spielt die Modellierung des Prozessverlaufes eine wichtige Rolle.

Ein und denselben Prozess kann man mit verschiedenen Methoden modellieren, deren Adäquatheit verschiedenen Kriterien entspricht. Eine der praktizierten Methoden zur Lösung der Optimierungsprobleme lehnt sich an das Formulieren und Anwenden polynominaler mathematische Modelle an. Der Prozess wird in diesem Fall als „Black Box" betrachtet und die Zusammenhänge zwischen Prozesseingangs- und -ausgangsparameter formal in Form von Regressionsgleichungen mittels einer Regressionsanalyse der Messdaten hergestellt. Die Koeffizienten der Regressionsgleichung werden als Koeffizienten der Taylor-Reihe betrachtet. Dafür bieten die Methoden der statistischen Versuchsplanung (SVP) sämtliche Werkzeuge zur Quantifizierung von Ursachen-Wirkungsbeziehungen mit einem vertretbaren Ressourcenverbrauch an. Die Effektivität des Problemlösungsprozesses und der Informationsgehalt der Untersuchungsergebnisse kann mittels optimaler statistischer Versuchspläne deutlich gesteigert werden. Daher finden die Methoden der SVP bei der Lösung konstruktiver und fertigungstechnischer Probleme im Maschinenbau breitere Anwendung [SEFF97]. Die SVP setzt bei der Modellierung des Fräsprozesses unter diesen Umständen voraus Einflüsse möglichst genau zu identifizieren und bei der Durchführung der Versuche zu berücksichtigen. Damit können die Einflüsse zufälliger Faktoren minimiert werden. Man kann einen Prozess dann statistisch untersuchen, wenn seine Ergebnisse reproduzierbar und in einem zulässigen Streubereich bleiben.

Die Nachteile der polynominalen Darstellung liegen darin, dass man anhand der Koeffizienten keine naturgesetzliche Ausgangsfunktion des Prozessverlaufes erstellen kann. Andererseits sind diese Polynome praktisch sehr nützlich, da es ermöglicht wird die Prozesskenngrößen im Bereich des Untersuchungsraumes zu verfolgen und durch deren Differenzierbarkeit bei der Suche nach Extremwerten eingesetzt werden können. Bei der Erstellung der Optimierungsaufgabe des konkreten Prozesses sollten folgende Fragen formuliert werden:

- Was soll verbessert werden?
- Was bedeutet ein verbessertes Ergebnis?
- Welche Faktoren sollen einbezogen werden?
- In welchem Intervall ist eine Prozessänderung möglich?

Die Antwort auf die erste Frage umfasst die Auswahl der Größen, die für die Charakterisierung und die Ergebnisse des Prozesses relevant sind. Der Prozess kann durch verbrauchte Materialien, Energie, Zeit, sowie andere Ergebnisse, dargestellt durch Eigenschaften des Produktes oder wirtschaftliche Kenngrößen u. ä., charakterisiert werden.

Die Antwort auf die zweite Frage betrifft die Formulierung des oder der Optimierungskriterien. Es sollten die Merkmale genannt werden, die es ermöglichen eine vergleichende Bewertung alternativer Prozesse durchzuführen und aus der Menge der Optimierungskriterien die zu wählen, die am besten eine entsprechende Variante auswählen lassen. Es sind selbstverständlich die wichtigsten Faktoren bei den technologischen Untersuchungen zu betrachten. Zu diesen zählen i. R. Materialeigenschaften, technologische Einstellparameter und Störeinflüsse. Diese Parameter werden in einem begrenzten Bereich, der aus technischen und organisatorischen Gründen gesetzt ist, untersucht. Die Restriktionen werden in Form von mathematischen Gleichungen, Ungleichungen und Ja/Nein-Entscheidungen formuliert. So erstellte mathematische Modelle können sowohl bei der Verfahrensoptimierung, als auch bei der Lösung der strukturellen Optimierungsprobleme der Prozesskette angewendet werden. Die Sicherung einer geforderten Qualität und Genauigkeit z. B. der Geometrie bei gleichzeitig höherer Leistung ist ohne Optimierung der Prozessfolgen nicht zu erreichen, da die Ergebnisse der vorhergehenden Prozesse zugleich Eingangsgrößen nachfolgender Prozesse sind. Dieser Zusammenhang zeichnet sich als „technologische Vererbung" entlang der Prozesskette ab. Die optimale Prozessgestaltung unter Berücksichtigung der technologischen Vererbung führt zur Auslegung einer Prozessfolge, die negative Einflüsse auf nachfolgende Prozessschritte verhindert bzw. minimiert und damit eine hohe Leistung hinsichtlich der gestellten Ziele gewährleistet. Eine Kombination der Optimierung der Prozessstruktur und der Verfahrensoptimierung verspricht eine bessere Ausschöpfung der Leistungsgrenze.

Bei Gestaltung des Fräsprozesses nach dem Optimierungsprinzip ist die Modellierung der Ursachen-Wirkungs-Zusammenhänge für alle Faktoren unumgänglich, die die signifikanten Einflüsse auf die Prozesskenngrößen entlang der Prozesskette möglichst adäquat beschreiben. Nur so können die strategischen Ziele des optimalen und fähigen Fräsprozesses in einem breiten Untersuchungsraum erreicht werden.

Die Bearbeitung eines Teiles in einem Arbeitsgang gliedert sich, was die eigentliche Formgebung betrifft, in eine Folge von Arbeitsstufen mit einer Folge von Bearbeitungsstellen (Flächen bzw. Teilflächen am Werkstück) und Operationsfolgen mit bestimmten Werkzeuganstellungen und Bewegungsfolgen. Damit ergeben sich verschiedene Optimierungsaufgaben bzw. Änderungsintervalle von Prozesskenngrößen. Die elementare Aufgabe ist die Bearbeitungsoperation mittels Verfahrensoptimierung zu gestalten. Bezüglich der zu bearbeitenden Flächen gibt es Vorgaben zu günstigen Bewegungsfolgen (Modi). Die Folgefindung der Bearbeitungsstellen ist ein kürzestes Weg-Problem. Die Auswahl des Werkzeuges (Geometrie, Größe) ist zum einen durch geometrische Restriktionen angrenzender Flächen und zum anderen durch das Aufmaß und eine vorhergehende Bearbeitung bedingt bzw. abhängig. Die Arbeitsstufenfolge ergibt sich zum einen aus der Regel möglichst schnell sich der Endkontur anzunähern und aus der technologischen Verträglichkeit (Zwangsfolge, bedingte Folge, freie Folge) aneinandergrenzender bzw. nacheinander folgender Operationen verschiedener Arbeitsstufen. In der Praxis ist bei komplexeren Teilen damit eine unüberschaubare Vielzahl von Arbeitsgangvarianten bildbar, die in ihrer Zeitinanspruchnahme sich stark unterscheiden können. Einen besonders großen Einfluss auf den Zeitverbrauch hat die Werkzeugauswahl in Verbindung mit der Schrupp-Schlicht- und Restmaterial- und ggf. Nachbearbeitung.

7.2 Der Schnitt als Optimierungsobjekt

Wie beschrieben zeigt sich das HSC-Fräsen als ein von vielfältigen Störfaktoren beeinflusster und recht komplexer dynamischer Zerspanungsvorgang. Die Abb. 7.4 stellt die beim Fräsen in Wechselbeziehung stehenden Systemkomponenten dar. Der Zustand einzelner Systemelemente wie Werkzeug, Maschine, Werkstück und die Prozessführung haben eine eigene Gewichtung bei dem Erreichen des Prozessergebnisses. Jede Änderung dieser Einflussfaktoren führt zu Variationen der Prozesskenngrößen. Daher bieten die Ursache-Wirkungs-Zusammenhänge breite Optimierungspotenziale. Da eine komplexe Optimierung der Eigenschaften des Fertigungssystems und der Prozesse in einem Schritt nicht möglich ist, behandelt man die Teilaspekte separiert, indem die Entwicklung und die Optimierung der Fertigungsmittel und der Prozesse getrennt durchgeführt werden [BREC11].

Die Verfahrensoptimierung wird in einem technischen Bereich durchgeführt, der durch die Leistung der Werkzeugmaschine und des Fräswerkzeuges vorbestimmt ist. Die Effektivität der Optimierung hängt stark von der angewendeten Optimierungsmethode ab. Um die Unternehmensziele hinsichtlich Wirtschaftlichkeit und Wettbewerbsfähigkeit zu realisieren, bieten die Optimierungsmethoden die Werkzeuge an, um die Prozesskomponente beim Fräsen in der Ausführung so auszulegen, dass man neben den fähigen und robusten Prozesseigenschaften noch die bestmögliche Alternativvariante auswählen

Abb. 7.4 Einflussparameter auf den Fräsprozess

kann, die die besten Wechselbeziehungen zwischen den Prozessschritten mit den dazugehörigen Parametern ergibt.

Die Effizienz der Prozessoptimierung beim Fräsen hängt im Wesentlichen von der Komplexität der Fertigungsaufgabe, dem vorhandenen Technologiewissen, dem Einsatz von CAx-Techniken und möglichen mathematischen Beschreibungen der Pozesskenngrößen ab. Das Wissen über Eingangs- und Ausgangsgrößen die den Gestaltungsbereich beschreiben, bildet die Grundvoraussetzung der Optimierung. Die Optimierung ermöglicht den Prozessverlauf entlang der Prozesskette so zu lenken, dass die Zielgröße ein Optimum erreicht. Dafür ist eine Betrachtung der Prozessstruktur im Detail von hoher Bedeutung. Die Prozessstruktur zwischen Eingangs- und Ausgangsgrößen ist bedingt durch die Fertigungsaufgabe. Der bekannte dreistufige Prozessverlauf: Schruppen – Schlichten – Restmaterialbearbeitung kann beispielsweise in mehr als drei Etappen verlaufen (s. Abb. 4.3).

Eine Gestaltung des Prozesses mit minimaler Stufenzahl und mit geringstem Zeitverbrauch bildet die Aufgabestellung der Optimierung des Fräsens. Es handelt sich hier um eine Optimierung der Struktur der Mittel und des Prozesses und der parametrischen Eigenschaften einzelner Stufen.

Die Strukturoptimierung beschäftigt sich mit der Gestaltung der Struktur des technologischen Prozesses. In der Regel lässt sich die Prozessstruktur schwer formalisieren, da es öfter um Maschinenarten, Werkzeugtypen, Aufspannlagen usw. handelt. Um die Optimierungsaufgabe zu lösen wird jede Variante separat in verschiedenen Planungsebenen betrachtet. So entstehen in jeder Betrachtungsebene mehrere mögliche Prozessvarianten, die zur Lösung der Aufgabe führen können (Abb. 7.5). Das Finden der optimalen Lösung erfordert die Formulierung eines Optimierungszieles und wirkungsvoller Entscheidungskriterien.

Die Aufgabe der Strukturoptimierung umfasst die schrittweise Bestimmung der optimalen Lösung in jeder Stufe. Um eine optimale Variante zu ermitteln, muss man eine Reihe möglicher Varianten gestalten und dann anhand der Optimierungskriterien eine oder wenige geeignete Varianten durch Vergleich auswählen. In der Realität kann das für eine Bauteilgeometrie mit durchschnittlicher Komplexität eine so große Menge an Lösungen ergeben, die auch mit Einsatz moderner DV nicht schnell lösbar ist. Deshalb wird bei der Strukturoptimierung eine vereinfachte Vorgehensweise angewendet.

Die Effektivität des Auswahlverfahrens kann dadurch erhöht werden, dass man die Auswahl der effektiven Lösung in jeder Stufe erreicht. Zum Beispiel, ob das Schruppen in einem Schritt mit einem großen Werkzeug oder anhand von Schnittaufteilung in mehreren Schruppzyklen notwendig ist, beeinflusst den gesamten Prozessverlauf entscheidend. Da diese Entscheidung die Eingangssituation für die folgende Schlichtetappe festlegt, bereitet die Formulierung eines wirkungsvollen Entscheidungskriteriums zur Auswahl der Prozessstruktur allein im Vorwärtsentwurf aufgrund der ganzheitlichen Prozessmodellierung

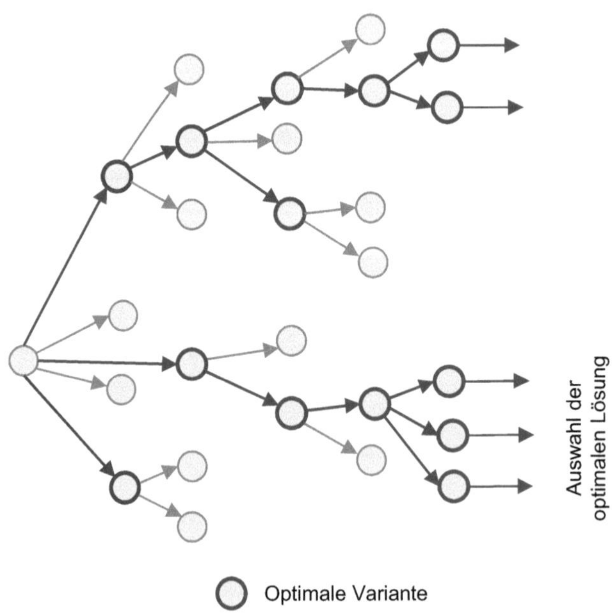

Abb. 7.5 Prozessgraph mit möglichen Lösungswegen

große Probleme. An dieser Stelle bietet sich die Methode des Rückwärtsentwurfes zur Lösung der Optimierungsaufgabe entlang der Prozesskette mit geringem Aufwand an. Im Rahmen eines kombinierten Prozessentwurfes die die Rückwärtsoptimierung mit der parametrischen Optimierung einzelner Prozessschritte vereinigt, kann eine optimale Prozessgestaltung beim Fräsen durchgeführt werden [JACO02].

Bei der Rückwärtsoptimierung fängt man mit dem letzten Arbeitsschritt (am Fertigteil) an, um die Verfahrensparameter zu ermitteln. In diesem Fall wird mit der Auslegung der Restmaterialbearbeitung begonnen. Ausgehend vom Fertigteil wird das Ziel verfolgt, die Restmaterialbearbeitung sowohl strukturell, als auch parametrisch so auszulegen, dass die gesamte Bearbeitungszeit ihr Minimum erreicht. Das setzt eine entsprechende Schlichtkontur voraus, die über Schlichtoperationen erzeugt wurde.

Auf der Basis der Verfahrenswerte der Restmaterialarbeitsstufen werden die Schlichtarbeitsstufen gestaltet. Erfahrungsgemäß wird die gekrümmte Oberfläche des Bauteiles mit einem Fräser komplett bearbeitet. Durch die Ermittlung des bestangepassten Werkzeuges hat man die Prozesskette Schlichten – Restmaterial weitgehend bestimmt.

Das optimale Schlichten erfordert wiederum eine entsprechende Werkstückzwischengestalt, die beim Schruppen in einer oder mehreren Stufen erzeugt wird. Es besteht zwischen Schruppen und Schlichten eine vererbungsbedingte Abhängigkeit, die bei der Prozessgestaltung berücksichtigt werden sollte. Das Ziel der Optimierung (Strukturoptimierung) ist die Minimierung der gesamten Fräsbearbeitungszeit:

$$t_{\mathrm{gschr}\Sigma} + t_{\mathrm{gschl}\Sigma} + t_{\mathrm{grm}\Sigma} \rightarrow \mathrm{MIN} \tag{7.1}$$

Das Minimum des gesamten Prozesses resultiert aus den minimalen Grundzeiten jeder Stufe, die isoliert behandelt werden. Die anderen Kriterien für die Realisierung eines wirtschaftlichen Prozesses sind durch Auswahl geeigneter Fertigungsmittel sichergestellt. Dies ist eine Voraussetzung für die Gestaltung der zeitoptimalen Prozessführung. Die methodische Grundlage der Rückwärtsoptimierung basieren auf der Verfahrensoptimierung als mathematische Optimierungsmethode.

An der Stelle muss betont werden, dass sich die Berechnung der Grundzeiten beim Fräsen von Bauteilen mit Freiformelementen deutlich von den Bauteilen mit Regelgeometrien (ebene/zylindrische/kugelige Flächen) unterscheidet. Wenn beim Fräsen von ebenen Flächen der Einsatz bekannter Gleichungen zu Fräsweg/Vorschub problemlos möglich ist, verlangt die Grundzeitbestimmung beim Fräsen von Freiformflächen eine entsprechende Anpassung. Die direkte Bestimmung der Arbeitswege des Werkzeuges ist in diesem Fall aufgrund des hohen Aufwands in der Planungsetappe nicht möglich. Hierfür kommen einige annähernde Vorgehensweisen zu indirekter überschlägiger Bestimmung der Arbeitswege, wie z. B. über Volumen- oder Flächengrößen, zum Einsatz. Dieser Ansatz bildet der Grundlage der Grundzeitbestimmung beim Fräsen und ermöglicht erst die Verfahrensoptimierung beim Fräsen komplexer Geometrien, die im Weiteren ausführlich dargestellt werden.

Die Grundzeit resultiert aus den Zeiten, in der die Maschine die Werkzeugbewegung mit programmiertem Vorschub ausführt. Dazu gehören neben den Werkzeugwegen im Eingriff auch die Zustellbewegungen zwischen einzelnen Bahnen. Für die Betrachtung der Nebenzeit kommt nur der technische Anteil der gesamten Nebenzeit in Frage, da allein diese Komponente durch das NC-Programm beeinflussbar ist. Die Untersuchungen belegen die Schwierigkeiten der gezielten Programmierung der Werkzeugwege im Eilgang. Diese entstehen meist im automatisieren Programmierungsmodus. Besonders maßgebend für die technischen Nebenzeiten sind die forcierte Zustellung bis zur globalen oder lokalen Sicherheitsebene, die Werkzeugbahnen zwischen zwei Bereichen über eine Sicherheitsebene und die Rückzugbewegung.

Die Untersuchungen um diese Vorgänge in der Planungsphase zu optimieren, ergeben keine vielversprechenden Lösungen [BOSC16, DENK13, KIM01, WELL19]. Hierfür werden lediglich Instrumente geschaffen, welche es ermöglichen die schon erzeugten NC-Programme zu modifizieren, um Leerläufe im Programm zu minimieren. Die bekannten Vorgehensweisen sind für den einmaligen Gebrauch wenig geeignet, sondern werden über viele Jahre hinweg durchgehend genutzt.

Um die Komplexität der Grundzeitberechnungen auf ein akzeptables Maß zu beschränken, werden in dieser Arbeit die Einflussfaktoren – wie die Beschleunigungszeiten und der Werkzeugverschleiß – explizit aus der Betrachtung herausgenommen.

7.3 Verfahrensoptimierung

7.3.1 Nebenbedingungen/Restriktionen

Die technisch-technologischen Bedingungen verursachen s. g. Restriktionen zur technologischen Optimierung. Die Gesamtheit der technischen und organisatorischen Grenzen wird als Restriktionssystem bezeichnet. Die Berücksichtigung der Grenzen hat das Ziel mögliche Bearbeitungsfehler und Störsituationen im Voraus zu verhindern. Das heißt, dass die Parameterbereiche, die zum Auftreten von Störeinflüssen führen, von vornerein vermieden werden sollen.

Die Bildung des „Lösungsraumes" ist eine wichtige Aufgabe bei der Optimierung. Die Berücksichtigung der zur Abweichung der Prozessergebnisse führenden Störeinflüsse in dem Lösungsraum erfolgt über die Formulierung mathematischer Zusammenhänge der Fertigungsbedingungen und der zu optimierenden Schnittwerte. Damit werden die Einflüsse einzelner Störeinflüsse auf die Bearbeitungsqualität abgebildet. Ein Lösungsraum beinhaltet eine komplexe Informationsmenge, die Informationen über die zu optimierenden Schnittwerte und Informationen zu den Fertigungsmitteln zusammenfasst. Der mathematische Apparat des Lösungsraumes basiert auf empirischen Gleichungen zur Bestimmung der Zerspankräfte, der Werkzeugstandzeit und den Nachgiebigkeiten des Fertigungssystems mit ihrer Wirkung auf die Wirkstelle. Ein Lösungsraum mit vielen prozessbestimmenden technologischen Restriktionen offenbart die Schwachstellen eines

Fertigungssystems. Anhand deren Analyse können technische Maßnahmen zur Erweiterung optimaler Bearbeitungsbereiche eingeleitet werden [JACO77, SIFF89].

Die Restriktionen kann man in zwei Gruppen teilen:

- statische Grenzbedingungen und
- dynamische Grenzbedingungen.

Die statischen Grenzbedingungen sind in der Regel durch zulässige Werte bzw. Wertbereiche seitens der Komponenten des Systems WSWW (Werkstück, Spannmittel, Werkzeugmaschine, Werkzeug) vorgegeben und sollten nicht über- bzw. unterschritten werden. Die Werte der zu betrachtenden Parameter befinden sich im Bereich, der durch die physikalischen Eigenschaften oder durch die Fertigungsaufgabe bestimmt wird. Die Variationsbereiche der Verfahrens- und Maschinenparameter können als Ungleichungen dargestellt werden:

- Grenzen des Arbeitsraumes: $X_{min} \leq X \leq X_{max}$
  $Y_{fmin} \leq Y \leq Y_{max}$
  $Z_{min} \leq Z \leq Z_{max}$
- Grenzen der Vorschubgeschwindigkeit: $v_{fmin} \leq v_f \leq v_{fmax}$
- Grenzen der Drehzahl: $n_{min} \leq n \leq n_{max}$
- Grenze der Spindelleistung: $P_c \leq P_{cmax}$
- Grenze des Werkzeugdurchmessers: $d \leq d_{max}$
- Grenze des Werkzeuglänge: $l \leq l_{max}$
- Grenze der Laufgenauigkeit der Maschine: $\delta \leq \delta_{max}$
- Grenze der erreichbaren Rauheit: $R_{zmin} \leq R_z \leq R_{zmax}$
- Grenze der Achsanstellungen der Maschine: $\beta_{min} \leq \beta \leq \beta_{max}$

Dynamische Randbedingungen ändern sich im Prozessverlauf zeitlich und örtlich:

- Werkzeugstandzeit: T
- dynamische Steifigkeit: $k(\omega)$
- thermische Verformung: $\Delta x(t)$

Die Standzeit des Werkzeuges, als Verfahrensrestriktion verlangt eine mögliche genaue Beschreibung der Abhängigkeiten von den Schnittwerten einerseits und vom Werkstoff andererseits. Die mathematische Beschreibung dieser Abhängigkeit ermöglicht diese bei der Erstellung des Lösungsraumes zu berücksichtigen und damit ein Abweichen der Verfahrensparameter in unsichere Bearbeitungsbereiche zu verhindern. Hier kann man auf bekannte Standzeitmodelle zurückgreifen [BREC17, KLOC18].

Das Modellieren der dynamischen Steifigkeit eines Fertigungssystems zum Fräsen ist aufgrund der Nachgiebigkeit einzelner Komponenten eine komplexe Aufgabe. Eine besondere Schwierigkeit bereitet dabei die Berücksichtigung der Verformungen an den

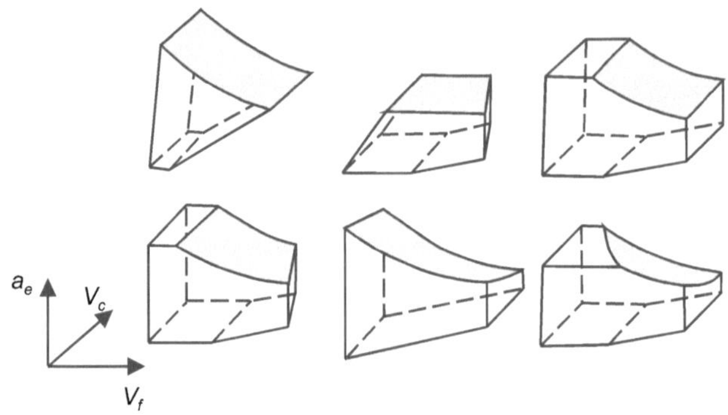

Abb. 7.6 Mögliche Lösungsräume bei der Optimierung der Schnittwerte (v_f, v_c, a_e) nach [JACO77]

Koppelstellen des Systems WSWW, die für die gesamte Verformung des Systems maßgebend sind [BREC17]. Als schwächstes Glied des Fertigungssystems spielt die Beschreibung der Verformung von sehr langen Fräswerkzeugen, die beim Fräsen tiefer Konturen zwangsläufig zum Einsatz kommen, eine besondere Rolle (vgl. Kap. 8).

Mit der Einbeziehung aller in der Praxis relevanter Bedingungen in das Optimierungsmodell wird die mathematische Darstellung der Zusammenhänge komplizierter. Daher versucht man die Modellierung der Ursachen-Wirkungs-Zusammenhänge und die Bestimmung der Restriktionen getrennt zu behandeln um den Aufwand der Modellierung zu minimieren [JACO77].

Die technischen Restriktionen beziehen sich auf den Stand der Technik um die Leistungsfähigkeit des Fertigungssystems darzustellen. Die Berücksichtigung der dynamischen Restriktionen in den statischen Restriktionen verringert erfahrungsgemäß die Lösungsräume. Abb. 7.6 stellt einige Lösungsräume für die Schnittwerte beispielhaft dar.

7.3.2 Spanungsoptimierung

Die Gestaltung von technologischen Prozessen nach dem Optimierungsprinzip setzt die mathematische Modellierung technologischer Sachverhalte in technischen und technologischen Grenzen voraus. Je nach Anwendung der Optimierungsmethoden und Zielfunktionen kommen unterschiedliche analytisch-empirische Beschreibungen der Verfahrenskenngrößen, wie der Zerspankraftkomponenten, der Werkzeugstandzeiten, der elastischen Verformungen im Fertigungssystem usw. zur Anwendung. Ihr Zusammenhang mit den Eingangsgrößen ist häufig funktional darstellbar. Diese Funktionen ermöglichen Extremwerte für die Bearbeitungsoperation abzuleiten. Es ergibt sich so das Lösungsfeld der wählbaren Arbeitswerte. Das Ergebnis der Bearbeitung ist neben dem qualitätsgerechten Werkstück auch der Ressourcenverbrauch (Kosten) und die Zeitdauer dafür. Gewöhnlich stellt sich die Frage der Wahl der Arbeitswerte nach den geringsten Kosten oder der kürzesten Zeit. In vielen Fällen wählt man nur werkzeugbezogene sichere Arbeitswerte und verzichtet auf eine Optimierung. Die damit nicht genutzten Zeit- und Kostenersparnisse liegen im zweistelligen Prozentbereich. Bei kurzzeitigem Einsatz eines Werkzeuges ist dieses auch zu rechtfertigen aber bei langen zeitlichen Arbeitsstufen des Schruppens, Schlichtens und der Restmaterialbearbeitung ist dieses nicht zu akzeptieren.

Die Vorgehensweise zur Verfahrensoptimierung erfordert das Formulieren von entsprechenden Zielfunktionen für die Optimierungsgrößen Kosten K und Zeit t der Operationen innerhalb der Grundzeit. Die Rüst-, Verteil-, Brach- und Erholungszeiten (Abb. 3.4 und 3.6) sind nur organisatorisch und mit spezifischen technischen Mitteln zu beeinflussen. Nach Kap. 3, Abb. 3.6 ergibt sich die Betriebsmittelgrundzeit aus der Brachzeit, der Nebennutzungszeit und der Hauptnutzungszeit (Zeit je Einheit t_e). Die Nebenzeit (t_n) nach Abb. 3.4 ergibt sich aus der technologisch bedingten Werkzeugwechselzeit, evtl. Umspannen und den Werkzeugzustellzeiten. Die Hauptzeit (t_h) ergibt sich aus dem Bearbeitungsweg der Operation des Werkzeuges durch die Vorschubgeschwindigkeit (v_f) und einer anteiligen verschleißbedingten Werkzeugwechselzeit (t_{ww}). Für das Fräsen ergibt sich mit der Vorschubgeschwindigkeit

$$v_f = z \cdot n \cdot f_z \tag{7.2}$$

und der Schnittgeschwindigkeit des Werkzeuges (v_c)

$$v_c = \pi \cdot d_{WZ} \cdot n \tag{7.3}$$

und der Standzeitfunktion, die folgendermaßen beschrieben werden kann,

$$T_{WZ} = A_3 \cdot v_c^{A2} \cdot f_z^{A4} \tag{7.4}$$

die Hauptzeit t_{hop} der Operation mit Berücksichtigung der anteiligen Werkzeugwechselzeit t_{ww}

$$t_{hop} = \left(l_{op.} / v_f\right) \cdot \left(1 + \left(t_{ww} / T_{WZ}\right)\right) \tag{7.5}$$

Die Arbeitsstufe mittels eines Werkzeuges kann nun in viele unterschiedliche einzelne Schnitte/Operationen aufgeteilt sein, z. B. das Bearbeiten einer gekrümmten Fläche mit verschiedenem Aufmaß. Die Zeit für eine Arbeitsstufe ergibt sich aus der Summe dieser Operationszeiten und der notwendigen Nebenzeiten für die Zustell- und Werkzeugwechselbewegungen. Bezogen auf die Hauptzeit (t_h) ergibt sich die Grundtzeit (t_g) (Abb. 3.4) aus der Summe aller Operationszeiten am Arbeitsplatz und die Nebenzeit t_n aus der Summe aller Zeiten der Zustell- und Wechselbewegungen aller Werkzeuge und des Werkstückspannens. Die Nebenzeit ist durch technische und ergonomische Umstände bestimmt und wird so kurz als möglich ausgeführt. Die Hauptzeit ergibt sich aus dem Werkzeugweg und der Vorschubgeschwindigkeit. Höhere Arbeitswerte ergeben kürzere Bearbeitungszeiten aber auch einen überproportionalen Werkzeugverschleiß, d. h. eine kürzere Standzeit und häufigere technologisch bedingten Werkzeugwechsel. Das ist also ein Optimierungsproblem. Die partielle Differentiation der Zeitzielfunktion Gl. (7.5) nach der Schnittgeschwindigkeit (v_{copt}) und dem Zahnvorschub (f_{zopt}) ergeben folgende Bestimmungsgleichungen [JACO77]

$$v_{copt} = \left(\left(-t_{ww}\left(A_2+1\right)/\left(A_3 \cdot f_z^{A4}\right)\right)\right)^{-A2} \tag{7.6}$$

$$f_{zopt} = \left(\left(-t_{ww}\left(A_4+1\right)/\left(A_3 \cdot v_c^{A2}\right)\right)\right)^{-A4} \tag{7.7}$$

Werden das entsprechende Restriktionssystem der einzelnen Operationsschritte benutzt findet man die zulässigen optimalen Schnittwerte. Bewertet man die Zeitanteile ökonomisch so kommt man zur Kostenzielfunktion [JACO77]

$$K_{op} = \left(l_{op}/v_f\right).\left(\left(K_M+K_L\right)+\left(K_{ww}/T_{wz}\right)\right) \tag{7.8}$$

Dabei sind die Werkzeugkosten Kww gebildet aus den Werkzeugbeschaffungs- (K_{WV}), den Werkzeugregenerations- (K_{WS}) und den Werkzeugwechselkosten (KWW = t_{WW}. (K_M + K_L)). Dafür ergeben sich die Beziehungen der kostenoptimalen Schnittgeschwindigkeit (v_{copK}) und des kostenoptimalen Vorschubes (f_{zopK})

$$V_{copK} = \left(-\left(K_{WW}/\left(K_M+K_L\right)\right).\left(A_2+1\right)/\left(A_3 f_z^{A4}\right)\right)^{-A2} \tag{7.9}$$

$$f_{zopK} = \left(-\left(K_{WW}/\left(K_m+K_L\right)\right).\left(A_4+1\right)/\left(A_3 v_c^{A2}\right)\right)^{-A4} \tag{7.10}$$

Die Erfahrungen zeigen, dass die Optimalwerte auf den Restriktionen des Lösungsfeldes mit maximalen Vorschub- und Schnittgeschwindigkeitswerten gefunden werden.

Die flächen- bzw. volumenbezogenen Schnittfolgen sind in den NC-Programm-Modi (vgl. Kap. 4) enthalten. Dafür sind jeweils die gültigen Restriktionssysteme festzulegen und die optimalen Arbeitswerte zu bestimmen. Die Drehzahl (Schnittgeschwindigkeit) ist in einem Modus nicht veränderbar aber teilweise die Vorschubgeschwindigkeit. Das Werkzeug wird am Werkzeugwechselpunkt eingewechselt und wird von da an den Startpunkt des NC-Modus zugestellt. Der NC-Modus wird an seinem Endpunkt verlassen und das Werkzeug wird zum nächsten NC-Modus zugestellt. Das erfolgt solange bis die Arbeitsstufe beendet wird und ein Werkzeugwechsel stattfindet. Das in der Folge der Modi liegende Kürzeste-Weg-Problem ist mittels linearer Optimierungsverfahren [KRUM12] exakt zeitminimal lösbar. Das Optimierungsproblem wird mathematisch als ungerichteter Graph beschrieben und auf diesem wird die zeitminimale Lösung gefunden.

Die Bestimmung von optimalen Schnittwerten unter Berücksichtigung der werkzeugseitigen Kostenkomponente des Prozesses und der werkstoffbezogenen Standzeitabhängigkeiten bedarf eine aufwendige Fertigungsaufbereitung, die sich nur bei der Teilefertigung in großen Stückzahlen rechnet. Beim Fräsen von Formen und Modellen aus stäubenden Materialien handelt sich oftmals um wenige Teile, bei denen die Werkzeugkosten und -wechselzeit eine untergeordnete Rolle spielen. Hier kann durch die Reduzierung der gesamten Fertigungszeit auch die Fertigungskosten indirekt positiv beeinflusst werden. Diese Vorgehensweise bildet im Weiteren die Grundlage der Verfahrensoptimierung beim Fräsen von stäubenden Materialien.

7.4 Optimierung von Arbeitsgängen/Arbeitsverrichtungen

7.4.1 Grundsätze des Vorgehens

In der Arbeitsgangplanung wird die Folge der Teilverrichtungen/Arbeitsstufen des Bearbeitens und von weiteren Prozessschritten, wie Werkstückspannen, Prüfen, Säubern und Rüsten des Arbeitsplatzes geplant. Die Arbeitsstufenfolge weist zum einen eine geometrische Bestimmtheit durch die Phasen Schruppen, Schlichten und Restmaterialbearbeitung beim Materialabtrag von der Ausgangs- zur Endform und zum anderen durch technisch und geometrisch bedingte sog. Zwangs- bzw. Vorzugsfolge auf. Dabei können durch die Werkzeugwahl für die Arbeitsstufen, dem Startort der Bearbeitung und der ersten Arbeitsstufe eine bei komplexeren Teilen unüberschaubare Vielfalt an Arbeitsganginhalten kreiert werden.

Die Arbeitsstufengestaltung vom Schruppen zum Schlichten ist zum einen durch das Prinzip des maximalen Materialabtrages beim Schruppen und zum anderen durch eine qualitätsgerechte und mit minimaler Bearbeitungszeit ausgeführtes Schlichten und Restmaterialabtragen gekennzeichnet. Die Menge des beim Schruppen nicht abgetrennten Materials bestimmt zum einen die notwendige Zeit des Schlichtens und die verbleibende Welligkeit über den Vererbungseffekt die Formabweichungen der Fertigteilflächen. Das Schlichten mit durchmessergroßen Werkzeugen verringert die Formabweichung und erhöht die Produktivität des Flächenbearbeitens lässt aber in Hohlkehlen Restmaterial zurück, die nachträglich mit kleinen Werkzeugen bearbeitet werden müssen. Auf diese Weise hängen die Bearbeitungsphasen Schruppen, Schlichten und Restmaterialabtrag voneinander ab. Ausgehend von der Fertiggestalt und Oberflächengüte sind die Werkzeuge für die Bearbeitungsphasen so zu wählen das eine gemeinsame minimale Bearbeitungszeit erreicht wird, also eine spezielle Form des Rückwärtsentwurfes des Fertigungsprozesses mit gleichzeitigem Optimierungscharakter.

Die Rückwärtsoptimierung bietet die Möglichkeit die Verbindungen in beide Richtungen zu berücksichtigen und eine günstigere Alternative der technologischen Kette: Schruppen – Schlichten – Restmaterialbearbeitung zu finden. Da die Ursachen-Wirkungs-Zusammenhänge dieser Kette sich schwer modellieren lassen, ist es möglich durch die Betrachtung der Teilmengen Schlichten – Restmaterialbearbeitung und Schruppen – Schlichten jeweils ein Optimum zu finden.

7.4.2 Prozessfolge Restmaterialabtrag – Schlichten

Die Schlichtoperation ist ein wichtiger Prozessschritt zur Erzeugung der Werkstückoberfläche durch HSC-Fräsen. Sie steht unter dem Einfluss der Schruppbearbeitung und bestimmt durch die erzielbare Oberflächenqualität den Aufwand der Nacharbeit in den folgenden Prozessschritten. Der Aufwand des Schlichtens wird neben der Zerspanbarkeit eines Werkstoffes wesentlich durch die Größe der zu fräsenden Fläche (A_{schl}) beeinflusst.

Bei einem vorgegebenen Rauheitswert (R_z) ergibt sich die Produktivitätsgröße Zeitspanfläche (A_z) für das Schlichten:

$$A_z = a_e . v_f \tag{7.11}$$

Diese Kenngröße ist ein Einflussfaktor auf die Hauptzeit beim Schlichten

$$t_{schl} = \frac{A_{schl}}{A_z} = \frac{A_{schl}}{a_e \cdot v_f} \tag{7.12}$$

Die Nebenzeit wird beim Schlichten annährend berücksichtigt, da die Komplexität der Aufgabe keine genauere Berechnung ohne zu hohen Aufwand zulässt. Die Abb. 7.7 stellt das Problem der Betrachtung der technischen Nebenzeit am Beispiel des Fräsens einer gekrümmten Oberfläche exemplarisch dar. Die technische Nebenzeit resultiert in diesem Fall aus den Zeiten für das Zurücklegen der Zustellungen zwischen den Werkzeugbahnen. Die Anzahl der Zustellungen ergibt sich durch die Eingriffsbreite oder -tiefe des Werkzeuges je nach dem Bearbeitungsmodus. Die Form und die Art der Zustellbewegungen hängt von den Bearbeitungsbedingen ab und diese können in den NC-Programmiersystemen eingestellt werden. Ob das Werkzeug außerhalb oder innerhalb des Werkstückes zugestellt wird, entscheidet neben den Anforderungen durch die Qualität auch die Stoffeigenschaften des Werkstückes.

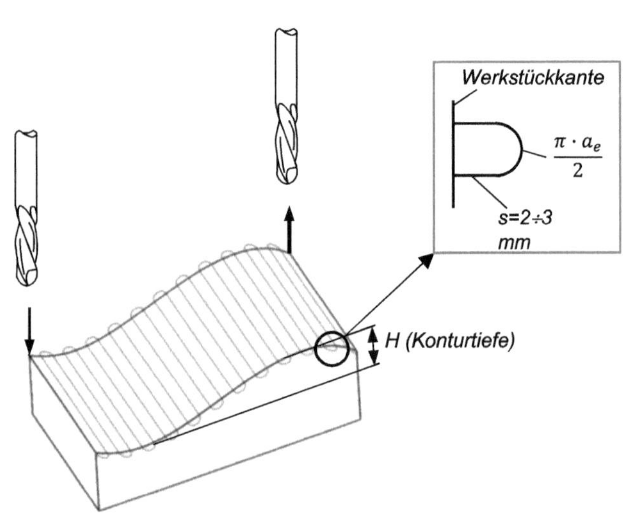

Abb. 7.7 Prinzipielle Darstellung der Werkzeugzustellungen beim NC-Schlichten (Pendelfräsen)

Die in der Gegenwart meist praktizierte spiralförmige Zustellung bringt viele Vorteile beim Ausräumen geschlossener Konturen mit sich, da mit relativ hohem Vorschub ohne zu bremsen in den nächsten Schnitt übergegangen werden kann. Diese Form der Zustellung wird bei der Modellierung der Nebenzeit vernachlässigt, um diese mathematisch einfach abbildbar zu machen. Dabei ist einen Effekt hervorzuheben, der mit der werkzeugbezogenen Vorschubgröße zusammenhängt. Der Unterschied zur Eingriffsbreite ist so klein, dass hier die programmierte Vorschubbewegung aufgrund des maschinenspezifischen Beschleunigungsvermögens keinen nennenswerten Vorteil bei großen Werkzeugen schaffen kann. Betrachtet man diesen Anteil der technischen Nebenzeit als konstant, so reduziert sich die Zeitveränderung auf die Anzahl der Zustellbewegungen. Kleine Werkzeuge benötigen immer mehr Zustellbewegungen, die zwar fast mit gleichen Geschwindigkeiten (v_{fz}) ausgeführt werden, führen aber durch die große Zahl von Zustellungen (j) zu deutlich höheren Nebenzeiten (Gl. 7.13) (Abb. 7.7):

$$t_{nschl} = \frac{L_{zust}}{v_{fzust}} = \left(\frac{2 \cdot s + \pi \cdot a_{e/2}}{v_{fzust}} \right) \cdot j \tag{7.13}$$

mit $j = L/a_e$ und $v_{fzust} \approx 0{,}1 \cdot v_f$ (Vereinfachung erfahrungsgemäß)

$$t_{nschl} = \frac{20 \cdot s \cdot L}{a_e \cdot v_f} + \frac{5 \cdot \pi \cdot L}{v_f} \tag{7.14}$$

Auf diesen Anteil kommt bei der Berechnung der optimalen Werkzeugdurchmesser eine wichtige Bedeutung zu. Diese Gleichung beschreibt den Haupttreiber der technischen Nebenzeit beim Pendelfräsen von stäubenden Materialien. Für die Bearbeitung mittels Gleichlauffräsen sollte diese Gleichung entsprechend erweitert werden, was aber nicht Gegenstand dieser Arbeit ist.

Durch die Auswahl eines geeigneten Fräserdurchmessers kann die gesamte Hauptzeit signifikant beeinflusst werden. Man könnte theoretisch den größten Fräser auswählen, um die Hauptzeit (Fräszeit) beim Schlichten zu minimieren (Abb. 7.8).

Es ist bekannt, dass der Fräserdurchmesser beim Schlichten den Umfang der Restmaterialbearbeitung mitbestimmt. Das vererbte Restmaterialvolumen ist als Eingangsgröße für die Gestaltung dieser Etappe von großer Bedeutung, da bei der Komplettbearbeitung einer Geometrie der Anteil der Restmaterialbearbeitung einen wesentlichen Teil der gesamten Bearbeitungszeit darstellt. Zum Beispiel, kann der Aufwand der Restmaterialbearbeitung einer Sandform bis 40 % der gesamten Bearbeitungszeit betragen. Einerseits hängt dies mit den erreichbaren Zeitspanflächen zusammen und andererseits führt die Trägheit der Maschinensteuerung bei kleinen Weginkrementen zu niedrigen Vorschubgeschwindigkeiten.

Trotz einer raschen Antriebsentwicklung der NC-Technik können moderne Maschinen entlang der kleinen Kantenradien keine hohen Vorschubwerte erreichen. Daher steigt die Bearbeitungszeit zum Ausräumen von Hohlkehlen mit kleiner werdenden Radien stark an.

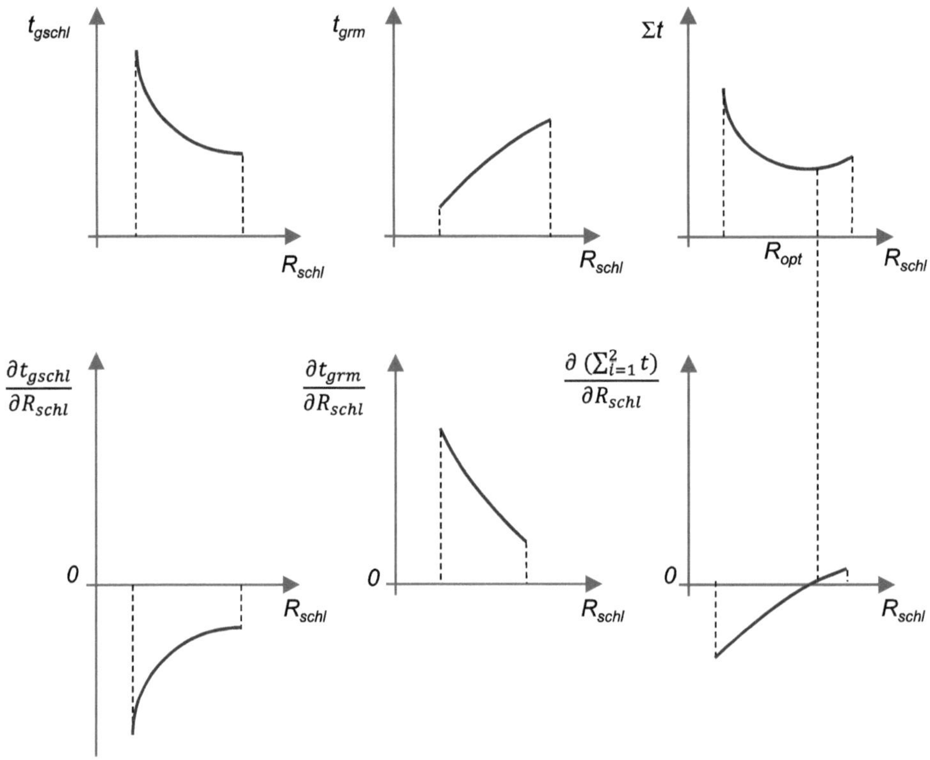

Abb. 7.8 Einfluss des Durchmessers des Schlichtfräsers auf die gesamte Fräszeit bei den Schlicht- und Restmaterialoperationen (qualitativ)

Eine optimal geschlichtete Oberfläche ist durch geringes Restmaterial gekennzeichnet. Das Finden dieses Anteiles beschreibt die Aufgabe der Optimierung der Folge Schlichten – Restmaterial bei der die Gesamtbearbeitungszeit minimiert werden soll.

$$t_{gschl-grmb} = t_{gschl} + t_{grm} \Rightarrow MIN \tag{7.15}$$

Es ist eine Tatsache, dass die Restmaterialbearbeitung in steilen und flachen Bereichen durch unterschiedliche zeitbestimmende Eigenschaften charakterisiert ist. Wie in Abb. 7.9 deutlich sichtbar, bestehen die Werkzeugbahnen in steilen Bearbeitungsbereichen aus Kreissegmenten, die in kleinen Dimensionen variieren (i. R. zwischen 1,5–6 mm). Die Hauptzeit ist in diesem Bereich durch die Schnitttiefe (a_p) beeinflussbar, da die Maschine entlang der Kreissegmente nur einen begrenzten Vorschub erreichen kann und steuerungstechnisch keine Möglichkeit zu Ihrer Steigerung besteht. Beim Fräsen flacher Bereiche, die meist in ebenen Flächen liegen, bietet sich ein größeres Potenzial an die Hauptzeit zu minimieren. In diesem Bereich resultiert die Hauptzeit hauptsächlich aus dem Arbeitseingriff (a_e) und der Vorschubgeschwindigkeit (v_f) entlang der Hohlkehle, wobei die Maschinenachsen erfahrungsgemäß aufgrund der längeren Wege je Schnitt höhere Vor-

Abb. 7.9 Querschnitt durch das Restmaterialvolumen

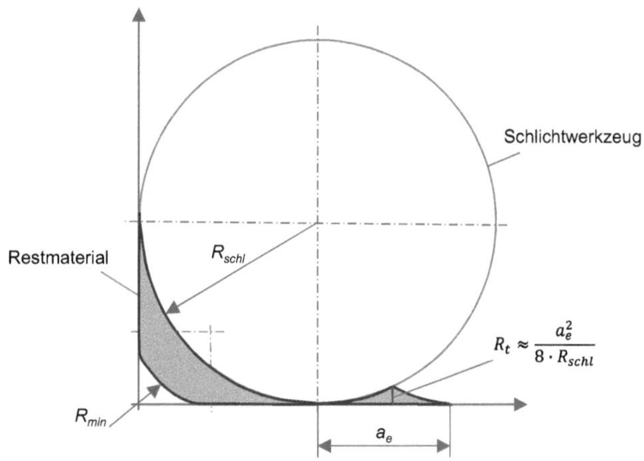

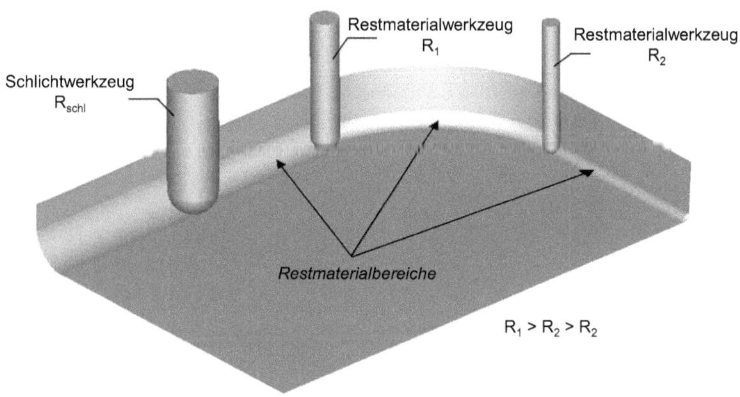

Abb. 7.10 Vererbung der Materialvolumina von Schlicht- zur Restmaterialbearbeitung

schubwerte erreichen können [LAUR07]. Die Hauptzeit wird in der Restmaterialbearbeitung wie folgt berechnet

$$t_{hrm} = t_{hstb} + t_{hflb} \tag{7.16}$$

mit:

t_{hstb} Hauptzeit für die steilen Bereiche;
t_{hftb} Hauptzeit für flache Bereiche.

Die in steilen oder flachen Bereichen vorhandenen Materialvolumina sind vom Schlichten vererbt und geometrisch durch den Durchmesser des Schlichtwerkzeuges bedingt (Abb. 7.10). Als ein weiterer wichtiger Faktor gilt dabei der Neigungswinkel der sich in der Hohlkehle treffenden Flächen. Bei Winkeln >90° entstehen kleinere Restmaterialien als bei kleineren Winkeln (<90°). Dieser Einfluss wird bei den weiteren Berechnungen vernachlässigt und nur der Fall des 90° Winkels in Betracht gezogen, um die Modellierung zu vereinfachen und es so überschaubarer zu machen.

Wie in Abb. 7.9 ersichtlich, resultiert aus dem Radius des Schlichtwerkzeuges (R_{schl}) und dem Radius der Hohlkehle (R_{min}) ein Querschnitt (A_{rm}) welcher das Restmaterialvolumen mitbestimmt. Der Verlauf dieses Querschnittes entlang der Hohlkehle führt zu dem Materialvolumen (V_{rm}):

$$V_{rm} = A_{rm} \cdot L_{hkl} \tag{7.17}$$

mit

$$A_{rm} = \left(R_{schl}{}^2 - R_{\min}{}^2\right) \cdot \left(1 - \pi / 4\right).$$

Diese Gleichung weist auf den vorhandenen Zusammenhang (Aufmaß) zwischen Schlichten und Restmaterialbearbeitung hin.

Um das gesamte Restmaterialvolumen nach dem Schlichten für ein Bauteil zu ermitteln, soll das Restmaterialvolumen entlang der Hohlkehlen mit unterschiedlichen Radien in steilen, sowie in flachen Bereichen summiert werden:

$$V_{rm\_ges} = \sum\nolimits_{i=1}^{n} V_{rm_i} = \sum\nolimits_{i=1}^{n} \begin{bmatrix} H_i \cdot \left(\left(R_{schl}^2 - R_{\min\_i}^2\right) * (1 - 0{,}25 \cdot \pi)\right) + \\ L_i \cdot \left(\left(R_{schl}^2 - R_{\min\_i}^2\right) * \left(1 - 0{,}25 \cdot \pi\right)\right) \end{bmatrix} \tag{7.18}$$

mit:

H Höhe der Hohlkehle
L Länge der Hohlkehle in den jeweiligen flachen Bereichen
i Anzahl der Radien am Werkstück

Da für jedes Werkzeug zur Restmaterialbearbeitung die Arbeitswerte und die Standzeit zugeordnet werden können, sind sie in der Lage nur ein entsprechendes Zeitspanvolumen (Q_{wz}) zu verwirklichen. Auf der Basis dieser Parameter ergibt sich für die Hauptzeit t_{hrm} in der Restmaterialbearbeitung für ein gewähltes Werkzeug ($R_i = R_{min}$) folgende Beziehung:

$$t_{hrm} = \sum_{i=1}^{n} \left[\frac{H_i \cdot \left(\left(R_{schl}^2 - R_i^2\right) * (1 - 0{,}25 \cdot \pi)\right)}{Q_{wzHi}} + \frac{L_i \cdot \left(\left(R_{schl}^2 - R_i^2\right) * (1 - 0{,}25 \cdot \pi)\right)}{Q_{wzLi}} \right] \tag{7.19}$$

mit:

Q_{wzHi} werkzeugbezogenes Zeitspanvolumen in steilen Bereichen;
Q_{wzLi} werkzeugbezogenes Zeitspanvolumen in flachen Bereichen.

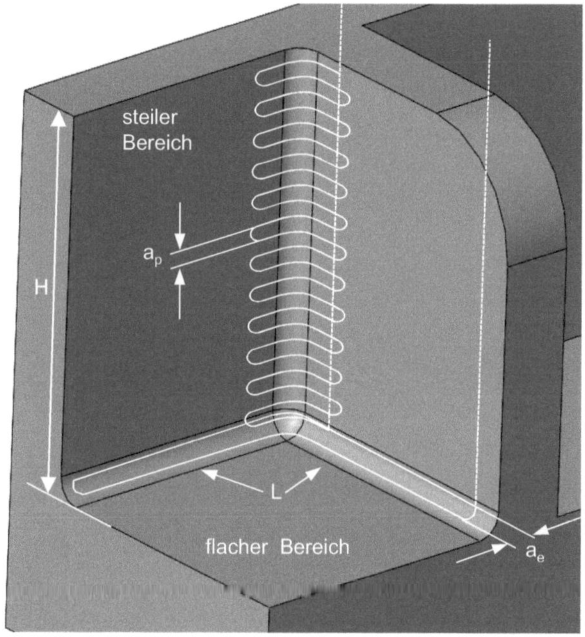

Abb. 7.11 Werkzeugbahnen der Restmateriabearbeitung

Analog zur Vorgehensweise des Schlichtens erfolgte die Berechnung der Nebenzeit bei der Restmaterialbearbeitung. Geometriebedingte Unterteilung der Restmaterialien in steile und flache Bereiche ermöglicht die Nebenzeiten für jeden Bereich getrennt zu berechnen und anschließend aufzusummieren (Abb. 7.11). In steilen Bereichen ist neben der Zustellung die Höhe (H_i) maßgebend. Im flachen Bereich ist dagegen die Breite des Bereiches, welche durch den Durchmesser des Schlichtwerkzeuges (R_{schl}) gegeben ist, bestimmend. Die für die technische Nebenzeit relevante Anzahl von Zustellungen ergibt sich aus R_{schl}/a_{erm}. Unter Berücksichtigung der dargestellten Vorgehensweise berechnet sich die technische Nebenzeit bei der Restmaterialbearbeitung (Pendelfräsen) aller Bereiche mit einem Werkzeug näherungsweise mit:

$$t_{nrm} = \sum_{i=1}^{n} \left[\begin{array}{c} \left(\dfrac{20 \cdot s}{v_{frm}} + \dfrac{5 \cdot \pi \cdot a_{prmi}}{v_{frm}} \right) \dfrac{H_i}{a_{prmi}} \dfrac{(R_{schl} - R_i)}{a_{ermi}} + \\ \left(\dfrac{20 \cdot s}{v_{frm}} + \dfrac{5 \cdot \pi \cdot a_{ermi}}{v_{frm}} \right) \dfrac{(R_{schl} - R_i)}{a_{ermi}} \end{array} \right] \tag{7.20}$$

Ein optimales Schlichtwerkzeug soll die Bedingungen der beiden Zielfunktionen für Schlichten und Restmaterialbearbeitung erfüllen, Gl. (7.15). Nach dem Prinzip der Optimierung nimmt die zu minimierende Zielfunktion folgende Gestalt an:

$$\frac{\partial t_{ges.}}{\partial R_{schl}}=\left[\frac{A_{schl}}{a_{eschl}\cdot v_{fschl}}+\frac{20\cdot s\cdot L_{schl}}{a_{eschl}\cdot v_{fschl}}+\frac{5\cdot\pi\cdot L}{v_f}+\sum_{i=1}^{n}\left[\frac{0{,}21\cdot 10\cdot\left(R_{schl}^2-R_i^2\right)\cdot H_i}{Q_{wzrm}}+\right.\right.$$
$$\frac{0{,}21\cdot L_i\cdot\left(R_{schl}^2-R_i^2\right)}{Q_{wzrm}}+\left(\frac{20\cdot s}{v_{frm}}+\frac{5\cdot\pi\cdot a_{prmi}}{v_{frm}}\right)\frac{H_i}{a_{prmi}}\frac{\left(R_{schl}-R_i\right)}{a_{ermi}}+ \tag{7.21}$$
$$\left.\left.\left(\frac{20\cdot s}{v_{frm}}+\frac{5\cdot\pi\cdot a_{ermi}}{v_{frm}}\right)\frac{\left(R_{schl}-R_i\right)}{a_{ermi}}\right]\right]=0$$

Durch die die Differenzierung dieser Gleichung ist es möglich einen zeitoptimalen Zusammenhang zwischen dem Schlichtwerkzeug und dem Restmaterialvolumen zu erstellen. Dafür soll diese umgestellt und vereinfacht werden, um ein handhabbares Instrument zu schaffen.

Wie man in Gl. (7.21) sieht, existieren für einen fixierten Schlichtwerkzeug-Durchmesser mehrere Restmaterialwerkzeugkombinationen, welches die analytische Lösung dieser Aufgabe enorm erschwert. Nur durch die Annahmen in der Tab. 7.1 kann eine praktikable Lösung gefunden werden. Damit nimmt die Gl. (7.21) folgende Form an:

$$\frac{\partial t_{ges.}}{\partial R_{schl}}=\left[\begin{array}{c}\dfrac{A_{schl}}{\sqrt{8\cdot R_{schl}\cdot R_t}\cdot z_{schl}\cdot k_{fz}\cdot R_{schl}\cdot\dfrac{v_c\cdot 500}{\pi\cdot R_{schl}}}\\ +\dfrac{20\cdot s\cdot L_{schl}}{\sqrt{8\cdot R_{schl}\cdot R_t}\cdot z_{schl}\cdot k_{fz}\cdot R_{schl}\cdot\dfrac{v_c\cdot 500}{\pi\cdot R_{schl}}}+\\ 2\cdot\sum_{i=1}^{n}\left[\dfrac{0{,}21\cdot 10\cdot\left(R_{schl}^2-R_i^2\right)\cdot H_i}{Q_{wzrm}}+\dfrac{0{,}21\cdot L_i\cdot\left(R_{schl}^2-R_i^2\right)}{Q_{wzrm}}\right]\end{array}\right]=0 \tag{7.22}$$

Nach dem Umformen und Weglassen von konstanten Gliedern der Gl. (7.22) ergibt sich:

$$\frac{\partial t_{ges.}}{\partial R_{schl}}=\left[\frac{1}{\sqrt{R_{schl}}}\left(\frac{A_{schl}\cdot\pi+20\cdot s\cdot L_{schl}\cdot\pi}{\sqrt{8\cdot R_t}\cdot z_{schl}\cdot k_{fz}\cdot v_c\cdot 500}\right)+2R_{schl}^2\sum_{i=1}^{n}\left(\frac{0{,}21\cdot\left(10H_i+L_i\right)}{Q_{wzrmi}}\right)\right]=0 \tag{7.23}$$

Die Suche des Optimums der Gl. (7.23) nach bekannter mathematischer Regel stellt den Zusammenhang zwischen dem Schlichtwerkzeug R_{schl} und den Eingangsparametern, wie z. B. A_{schl}, z, f_z, k_{ap}, v_c u. a., her:

Tab. 7.1 Modellannahmen für die Prozessoptimierung

Parameter		Vereinfachung
Schlichten	Schnittgeschwindigkeit beim Schlichten	$v_c = \frac{\pi \cdot D \cdot n}{1000}$
	Eingriffsbreite beim Schlichten	$a_e \approx \sqrt{8 \cdot R_{schl} \cdot R_t}$
	Vorschubgeschwindigkeit beim Schlichten	$v_{fschl} = z_{schl} \cdot f_{zschl} \cdot \frac{v_c \cdot 500}{\pi \cdot R_{schl}}$
	Vorschub pro Zahn	Das Verhältnis von Vorschub pro Zahn und Fräser durchmesser wird erfahrungsgemäß wie folgt festgelegt: $f_{zschl} = 0{,}04 \cdot R_{schl}$
Restmaterialbearbeitung	Radien der Hohlkehle	alle Hohlkehlen haben gleichen Radius (R_{min})
	Arbeitseingriff bei der Restmaterialbearbeitung	Um in allen Restmaterialbereichen gleichmäßige Oberflächenrauheit sicherzustellen, werden der Arbeitseingriff in steilem Bereich der Schnitttiefe im flachen Bereich gleichgesetzt: $a_{erm} = a_{prm}$
	Vorschubgeschwindigkeit bei der Restmaterialbearbeitung	Die Vorschubgeschwindigkeit in steilen Bereichen beträgt nur ein Zehntel der tatsächlichen Vorschubgeschwindigkeit für die Restmaterialbearbeitung. Die Ist-Vorschubgeschwindigkeit weicht aufgrund der Achsendynamik der Maschine sehr stark vom Soll-Wert ab. Deshalb kommt dieser Parameter nicht als vom Werkzeugdurchmesser beeinflussbarer Faktor in Frage.
	Die technische Nebenzeit bei der Restmaterialbearbeitung	Die technische Nebenzeit bei der Restmaterialbearbeitung der Hohlkehlen korreliert sehr stark mit der Hauptzeit. Erfahrungsgemäß weist die technische Nebenzeit durchschnittlich die gleiche Größe auf wie die Hauptzeit: $t_{nrm} = t_{hrm}$

$$R_{schl} = \sqrt[5]{\frac{1}{16}\left(\frac{A_{schl} \cdot \pi + 20 \cdot s \cdot L_{schl} \cdot \pi}{\sqrt{8 \cdot R_t} \cdot z_{schl} \cdot k_{fz} \cdot v_c \cdot 500}\right)^2 \cdot \left(\sum_{i=1}^{n}\left(\frac{Q_{wzrmi}}{0{,}21 \cdot (10H_i + L_i)}\right)\right)^2} \tag{7.24}$$

Die Anwendung der Gl. (7.24) stützt sich auf die geometrischen Parameter der zu fräsenden Oberflächen und der Hohlkehle, deren Größe heutzutage mittels CAD/CAM-Software problemlos featurebezogen bestimmt werden können. Die Gl. (7.24) lässt die

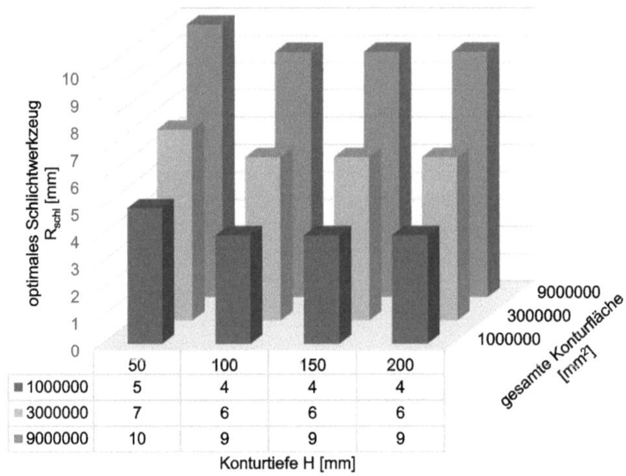

Schnittbedingungen für den Werkstoff Gips	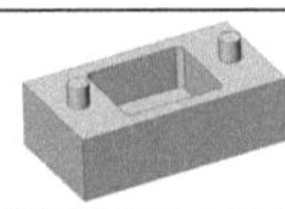
Schlichten	*Restmaterialbearbeitung*
R_t =0,04 mm *s = 2mm* *z = 2 mm* *k_{fz} = 0,4* *V_c=1000 m/min* *L_{schl} = 1800 mm*	*s = 2mm* *$H_{i\Sigma}$ = 800 mm* *$L_{i\Sigma}$ = 3000 mm* *a_e = 0,3 mm* *a_p=0,3 mm* *V_{fm} = 10000 mm/min* *R_{min} = 2 mm*

Abb. 7.12 Einfluss der Geometrie auf die Werkzeugauswahl beim Schlichten

Schlussfolgerung zu, dass das Verhältnis von zu schlichtenden Oberflächen (A_{schl}) zur Größe der Restmaterialbereiche $\sum_{i=1}^{n}(10H_i + L_i)$ für R_{schl} maßgebend ist. Beim Fräsen von komplexen Teilen mit vielen Kavitäten sollen eher kleinere Schlichtwerkzeuge eingesetzt werden, um die Fräszeit für die Restmaterialbearbeitung im Rahmen der technologischen Restriktionen zu minimieren und damit den Aufwand für die untersuchte Prozesskette in Grenzen zu halten (Abb. 7.12). Als ein weiterer Einflussfaktor auf die Wahl der Größe von R_{schl} ist die IST-Vorschubgeschwindigkeit bei der Restmaterialbearbeitung. Mit steigender IST-Vorschubgeschwindigkeit (v_{frm}) steigt notwendigerweise die Größe des Werkzeugdurchmessers für das Schlichten, wodurch eine geringere Bearbeitungszeit für diese Prozesskette zu verwirklichen ist.

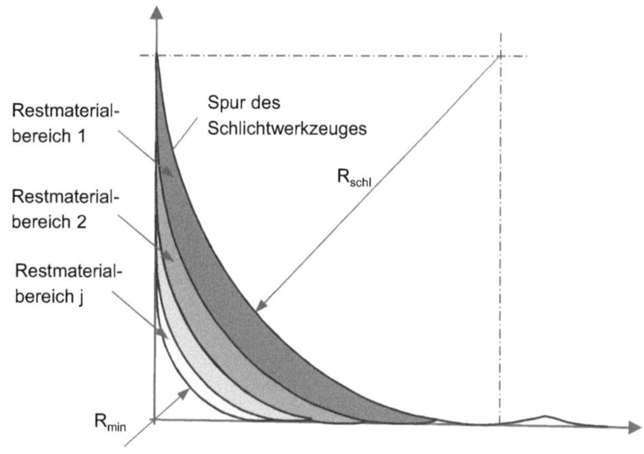

Abb. 7.13 Aufteilung des Restmaterials

7.4.3 Schnittaufteilung bei der Restmaterialbearbeitung

Wenn man alle Restmaterialbereiche mit einem Werkzeug bearbeitet, der so groß ist wie der kleinste Radius am Werkstück, bliebe nach dem Fräsen kein Restmaterial in den Hohlkehlen mehr stehen. Alle Bereiche werden sauber bearbeitet. Das Ausräumen großer Restmaterialvolumina mit einem relativ klein gewählten Werkzeug wird zu einer erhöhten Zeit führen. Um dies zu vermeiden, werden große Restmaterialvolumina in mehreren Arbeitsstufen/Schnitten entfernt, was eine optimale Schnittaufteilung bedingt (Abb. 7.13).

Die Aufteilung erfolgt mit dem Einsatz von Werkzeugsätzen. Unter Berücksichtigung der Zeitspanvolumina der einzelnen Werkzeuge (Q_{wzj}) kann die Gl. (7.19) folgendermaßen geschrieben werden:

$$t_{hrm} = \frac{V_{mb1}}{Q_{zwz1}} + \frac{V_{mb2}}{Q_{zwz2}} + \cdots + \frac{V_{mbj}}{Q_{zwzj}} \tag{7.25}$$

wobei: $R_1 < R_2 < \ldots < R_j$; j – Anzahl der Restmaterialwerkzeuge; j = 1 für das kleinste Werkzeug

Unter Annahme der proportionalen Erhöhung der Eingriffsparameter, was bei der Bearbeitung von zerstäubenden Werkstoffen durchaus möglich ist, kann man im Rahmen der gegebenen Restriktionen das Zeitspanvolumen für das jeweilige Werkzeug mit dem kleinsten Werkzeug ins Verhältnis setzten:

$$Q_{wzj} = Q_{wz1} \cdot \left(K^{3/2}\right)^{j-1} \tag{7.26}$$

wobei $k = \frac{R_{j+1}}{R_j}$ ist.

K beschreibt das Verhältnis zwischen einzusetzenden Werkzeugen ($K > 1$). Er ist konstant und liegt erfahrungsgemäß im Bereich 1,5 bis 4. Der kleinste Werkzeugdurchmesser (R_l) entspricht in diesem Fall dem kleinsten Radius an den Hohlkehlen (R_{min}). Man geht davon aus, dass bei kleinen Werkzeugen kleinere Durchdringungsflächen entstehen, deren Verhältnisse mit K darzustellen sind. Aufgrund der üblichen Achsendynamik wird hier der Einfluss der Schneidenzahl auf die Vorschubgeschwindigkeit nicht berücksichtigt. Man kann ein großes Restmaterialwerkzeug mit mehreren Schneiden einsetzten, aber die dadurch theoretisch erzielbare Vorschubgeschwindigkeit kann bei kurzen Wegen nicht umgesetzt werden. In den meisten Fällen führt die Erhöhung der Schneidenzahl lediglich zur Senkung des Vorschubes pro Schneide.

Mittels Gl. (7.27) können einzelne Restmaterialbereiche über das gesamte Restmaterial beschrieben werden:

$$V_j = V_{rm\_ges.} \frac{K^{2(j-1)} \cdot \left(K^2 - 1\right)}{K^{2(n-1)} - 1} \tag{7.27}$$

Unter Berücksichtigung der Gl. (7.26) und (7.27) in der Gl. (7.25) erhält man eine allgemeine Beschreibung der Hauptzeit für das Entfernen des gesamten Restmaterials mit n Werkzeugen:

$$\begin{aligned} t_{thrm} &= \\ &\frac{V_{rm\_ges.} \cdot \left(K^2 - 1\right)}{Q_{wz1} \cdot \left(K^{2(n-1)} - 1\right)} + \frac{V_{rm\_ges.} \cdot K^2 \left(K^2 - 1\right)}{Q_{wz1} \cdot \left(K^{2(n-1)} - 1\right)} + \frac{V_{rm\_ges.} \cdot K^4 \left(K^2 - 1\right)}{Q_{wz1} \cdot \left(K^{2(n-1)} - 1\right)} + \cdots \\ &+ \frac{V_{rm\_ges.} \cdot K^{2(j-1)} \left(K^2 - 1\right)}{Q_{wz1} \cdot \left(K^{2(n-1)} - 1\right)} = \sum_{j=1}^{n} \frac{V_{rm\_ges.} \cdot K^{2(j-1)} \cdot \left(K^2 - 1\right)}{Q_{wz1} \cdot \left(K^{2(n-1)} - 1\right)} \end{aligned} \tag{7.28}$$

Die Gl. (7.28) zeigt, dass mit steigender Zahl der Werkzeuge (n) die Hauptzeit für die Restmaterialbearbeitung sinkt (Abb. 7.14). Von diesem Gesichtspunkt aus ist es möglich mit minimalen Eingriffsparametern (a_e, a_p) bezüglich des gesamten Restmaterialvolumens

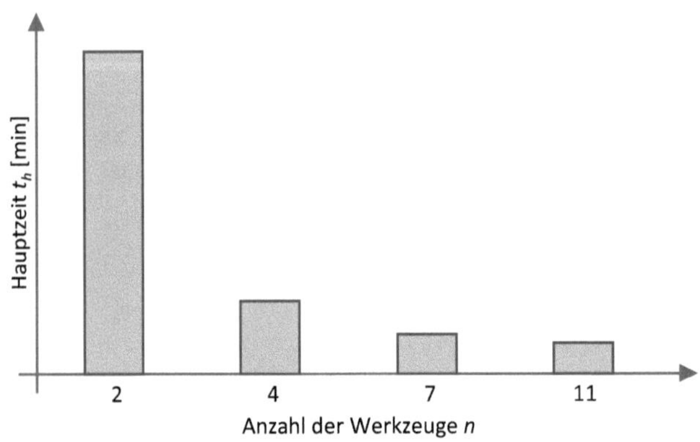

Abb. 7.14 Beispielhafte Darstellung des Einflusses der Werkzeuganzahl bei der Restmaterialbearbeitung (Werkzeugbereich: R_{min} = 1 mm; R_{schl} = 16 mm; Werkstoff: Gips)

theoretisch eine große Zahl von Werkzeugen in Werkzeugsätzen zu realisieren. Die technische Umsetzung dieser Vorgehensweise verlangt auch das Bereitstellen von vielen kleinen Fräswerkzeugen, was im Endeffekt aufgrund der erhöhten Nebenzeiten und sonstigen Kosten nicht wirtschaftlich scheint.

Um das mathematische Problem der Schnittaufteilung/Werkzeugwahl näherungsweise zu lösen, sollen fertigungstechnische Aspekte in Betracht gezogen werden. Dabei kann die Lösung je nach der Komplexität der Geometrie individuell ausfallen. In der Regel besitzen die Werkstücke mehrere Hohlkehlen mit verschiedenen Radien. Diese Radien können als Grundlage für die Werkzeugauswahl benutzt werden. Allgemein gilt:

- erstes Werkzeug entsprechend dem kleinsten Radius der Geometrie festlegen;
- restliche Werkzeuge für die Restmaterialwerkzeuge anhand weiterer Radien am Bauteil auswählen ($R_1 < R_2 < R_3 < \ldots < R_n$);
- Hohlkehlenradien, die bei der Ausbildung des gesamten Restmaterialvolumens keine wesentliche Bedeutung haben, sind bei der Berechnung zu vernachlässigen;
- für den Fall, dass alle Hohlkehlen mit einem gleichen Radius versehen sind, sollte für die Schnittaufteilung der Koeffizient $K = 2$ verwendet werden.

7.4.4 Prozessfolge Schruppen – Schlichten

Die Optimierungsaufgabe der Prozessfolge „Schruppen – Schlichten“ beinhaltet die Ermittlung zeitoptimaler Prozessparameter für diese Etappen unter Berücksichtigung der Bearbeitungsbedingungen der nachfolgenden Folge Schlichten – Restmaterialbearbeitung. Die Rückwärtsgestaltung liefert eine Basis für die Phasen Schruppen und Schlichten, die über einen vererbungsbedingten Parameter im Zusammenhang stehen. Das Finden der optimalen Parameter für das Schruppen setzt die Beschreibung des vererbungsbedingten Einflusses auf das Schlichten voraus. Der Vererbungseffekt hängt von der Größe der Aufmaßschwankungen ab, die nach dem Schruppen entlang der gekrümmten Flächen unterschiedliche Werte aufweisen. Die Aufmaßschwankungen erschweren die Zerspanungsbedingungen des Kugelkopffräsens, das ohnehin von ständig wechselnden Werkzeuganstellungen und Geschwindigkeiten beeinflusst ist. Das Aufmaß ist für das Schlichten ein wesentlicher Faktor, der die Gestaltung und die Zeit der Bearbeitung insgesamt erheblich bestimmt. Die Senkung des negativen Einflusses der Aufmaßschwankungen auf das Ergebnis des Schlichtens kann nur anhand der Modellierung der technologischen Wechselbeziehungen zwischen Schruppen und Schlichten gewährleistet werden. Der Gesamtprozess aus Schruppen und Schlichten soll qualitätsgerecht so gestaltet sein, dass die Grundzeitsumme ein Minimum erreicht

$$t_{gschr} + t_{gschl} \Rightarrow \text{MIN} \tag{7.29}$$

Wie schon erwähnt, berechnet sich die Grundtzeit beim Schruppen für das abzutragende Materialvolumen (V_{schr}) zu

$$t_{gschr} = \frac{V_{schr}}{f_{zschr} \cdot a_{eschr} \cdot H_s \cdot n_{schr} \cdot Z_{schr}} + t_{nschr} \tag{7.30}$$

hier mit

$$t_{nschr} = \left(\frac{2s + a_p}{v_{fz}} \right) \cdot \frac{H}{a_p} = \frac{2s \cdot H}{v_{fz} \cdot a_p} + \frac{H}{v_{fz}} \tag{7.31}$$

Der technische Anteil der Nebenzeit beim Schruppen ist ebenso von der Zustellbedingungen abhängig, wird jedoch angesichts der Größe der Parameter nicht so stark ins Gewicht fallen, wie es bei den Folgearbeitsstufen der Fall ist. Die Schnitttiefe, die im Wesentlichen die Zustellzeit bestimmt, ist mit der Werkzeuggröße indirekt gebunden. Eine Parametrisierung dieser Beziehung ist kompliziert und deren Berücksichtigung in der Modellbeschreibung würde den Optimierungsvorgang deutlich erschweren. Der Mehrwert, der dadurch geschaffen werden soll, ist nicht mit dem damit verbundenen Aufwand zu rechtfertigen. Im Weiteren wird daher der Einfluss der Nebenzeit des Schruppens auf die Optimierung der Prozesskette Schruppen-Schlichten vernachlässigt.

Die Verfahrensoptimierung beim Schruppen liefert ein maximales Zeitspanvolumen, das einer minimalen Hauptzeit entspricht. Hierbei verlangt die Maximierung der Schnittwerte eine Schnittleistung, für die die maschinenseitige Restriktion gilt. Für die Berechnung der Leistung des Schruppfräsens gilt

$$P_c = \frac{F_c \cdot V_{c\,schr} \cdot z_{ie}}{1000 \cdot 60} [kW] \tag{7.32}$$

Für einen Grenzwert der Stufenhöhe für eine maximal erreichbare Fräsleistung gilt folgende Gleichung [ALIJ01]:

$$H_{s\,grenz} < \frac{P_{c\,eff} \cdot 360 \cdot 60.000}{114{,}6 \cdot f_{z\,schr} \cdot z_e \cdot k_c \cdot v_{c\,schr}} \tag{7.33}$$

Die Restriktionen (Abb. 7.15) beschränken nicht nur die Maximierung der Stufenhöhe, sondern auch die anderen Einstellparameter, die direkt zur Erhöhung der Fräsleistung führen. Andererseits führt die Maximierung von Schnittwerten zu hoher Beanspruchung des Werkzeuges und damit dessen Standzeit. Dieser Faktor kommt häufig als weitere Restriktion für die Verfahrensoptimierung beim Fräsen zur Wirkung. Die dafür entwickelten zahlreichen Gleichungen können bei der Bildung von Restriktionssystemen angewendet werden (vgl. Abschn. 7.3.1).

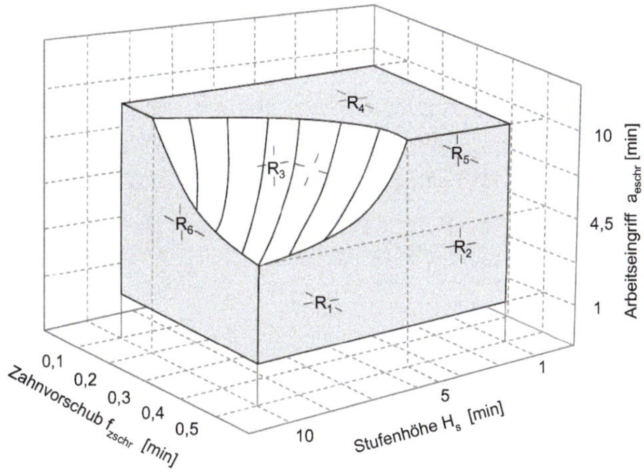

Abb. 7.15 Lösungsraum für die Prozessoptimierung beim Schruppen mit Einschränkung der Spindelleistung -P_c (P_c = 3kW)

Tab. 7.2 Restriktionen für das Schruppen (Werkzeug D = 10 mm; z = 2)

Restriktionssystem		
Zahnvorschub	R_1: $f_{zmin} > 0{,}1$ mm(0,01·D)	R_2: $f_{zmax} \leq 0{,}5$ mm
Arbeitseingriff	R_3: $a_{emin} > 1$ mm(0,1·D)	R_4: $a_{emax} \leq 1$ mm(0,1·D)
Stufenhöhe	R_5: $H_{smin} > 1$ mm	R_6: $H_{smin} \leq 1$
Leistung	R_7: $f_z \cdot a_e \cdot H_s \leq (P_c \cdot \varphi_c \cdot D \cdot 60\,000)/(k_c \cdot z_{iE} \cdot sin\chi_r)$	

Die Untersuchungen haben gezeigt, dass die Standzeit der Fräswerkzeuge beim Fräsen von stäubenden Werkstoffen relativ hoch ist. Daher stellt hier das Standzeitvermögen meist keine wesentliche Restriktion dar.

In [ALIJ01] wurden die auf das Schruppfräsen wirkenden Faktoren analysiert und in einem Restriktionssystem am Beispiel des Graphitfräsens dargestellt (Tab. 7.2). Das in dieser Tabelle gezeigte Restriktionssystem legt die maximal möglichen Parameterbereiche für den Zahnvorschub (f_z) den Arbeitseingriff (a_e) und die Stufenhöhe (H_s) fest, die das Minimum der Hauptzeit gewährleisten

$$t_{schr} \rightarrow MIN \tag{7.34}$$

Die Leistung des Schlichtens wird durch die Verfahrensparameter a_e, a_p und v_f bestimmt. Obwohl eine konstante Vorschubgeschwindigkeit programmiert ist, verläuft das Schlichten unter Einfluss von verschiedenen technischen und technologischen Faktoren häufig mit verminderter Vorschubgeschwindigkeit. Demzufolge entstehen sich verändernde Spanungsdicken, die zu unterschiedlicher Oberflächenbeschaffenheit führen. Beim Fräsen von geschruppten Oberflächen entstehen zusätzliche Schwankungen aufgrund der variierenden Durchdringungsflächen von Werkzeug und Werkstück, die auf das schwankende Aufmaß nach dem Schruppen zurückzuführen sind.

Dies führt neben den anderen Restriktionen zur Beschränkung der Schnittwerte. Daher soll die Zeitminimierung beim Schlichten unter Berücksichtigung der zulässigen Formabweichung erfolgen. Das verlangt zwischen dem Zeitziel t_{hschl} und der zulässige Formabweichung (y_{zul}) einen analytischen Zusammenhang *(f)* zu erstellen. Im Allgemeinen ist zwischen der maximal zulässigen Abweichung der Fläche y_{min} und den Verfahrensparametern eine Abhängigkeit *(f)* vorhanden, die man nach f_{zschl} auflösen kann

$$f_{zschl} = f\left(y_{zul} \cdot a_{eschl} \cdot H_s\right) \tag{7.35}$$

Die Berücksichtigung der Gl. (7.30) und (7.34) in der Zielfunktion Gl. (7.29) ergibt:

$$t_{gschl} = \frac{V_{schl}}{a_{eschl} \cdot a_{pschl} \cdot f\left(y_{zul} \cdot a_{eschl} \cdot H_s\right) \cdot n_{schl} \cdot z_{schl}} + \frac{20 \cdot s \cdot L}{a_e \cdot v_f} + \frac{20 \cdot \pi \cdot L}{v_f} \tag{7.36}$$

Die Formabweichung beim Schlichten resultiert aus den Verlagerungen der Werkzeugspitze an der Wirkstelle Werkzeug/Werkstück. Betrachtet man das Fräswerkzeug als Euler-Bernoulli-Balken, kann diese Abweichung wie folgt dargestellt werden:

$$y_{zul} = \frac{F_c \cdot l_{schl}^{\ 3}}{3 \cdot E_{schl} \cdot I_{schl}} \tag{7.37}$$

Zur Bestimmung der Fräskräfte beim Fräsen mit Kugelkopffräsern existieren einige Ansätze [BIEK91, FINZ01, JANO95, NGUY07]. Die entwickelten analytischen Modelle basieren hauptsächlich auf der Bildung von doppeltgekrümmten Spänen während der Bewegung des Werkzeuges entlang der Freiformflächen. Die räumlich ständig wechselnden Kontaktbedingungen führen dazu, dass man in jedem Flächenbereich in Abhängigkeit der Flächennormalen zur Werkzeugachse andere Fräskräfte erhält. Dieses Phänomen erschwert die Ableitung eines analytischen Modells, das für die ganzheitliche Prozessoptimierung angewandt werden kann.

Da für die Optimierung eigentlich die Größe der zulässigen Formabweichung entscheidend ist, bietet sich hier an die Modellbeschreibung nur auf die maximal auftretenden Formabweichungen zu reduzieren und diese bei der Prozessoptimierung als Grenzwert einzusetzen. Die Untersuchungen belegen, dass die höchste Formabweichung beim Tauchschnitt im Bereich der Anstellwinkel um 45° auftritt [ALIJ01, HOCK96, JANO95]. Die Fixierung des Werkzeugs mit diesen Bearbeitungsbedingungen soll die Lösung der mathematischen Aufgabe vereinfachen. Abb. 7.16 stellt den Werkzeugeingriff beim Tauchschnitt schematisch dar. Hier wird angenommen, dass $H_s << R$ ist, was in der Praxis üblich ist.

Für die Bestimmung der Schnittkraft kann auf das Modell von Kienzle zurückgegriffen werden [DEGN15]

$$F_c = b \cdot h \cdot K_c \cdot K_\Sigma \left[N\right] \tag{7.38}$$

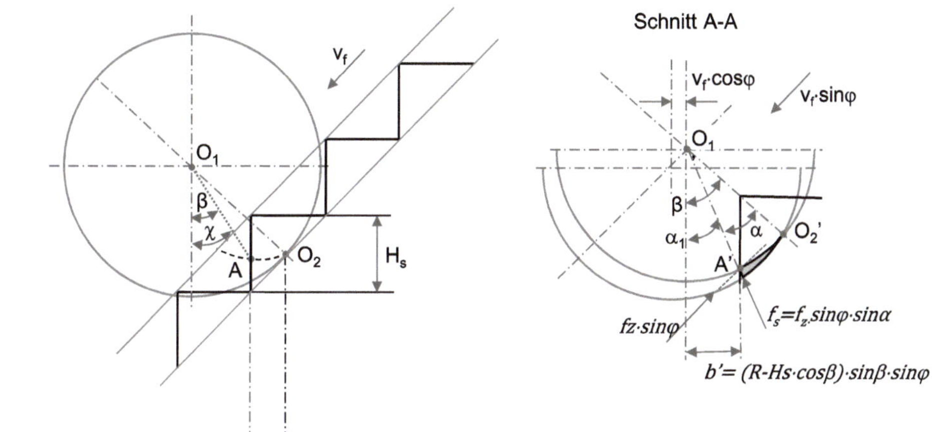

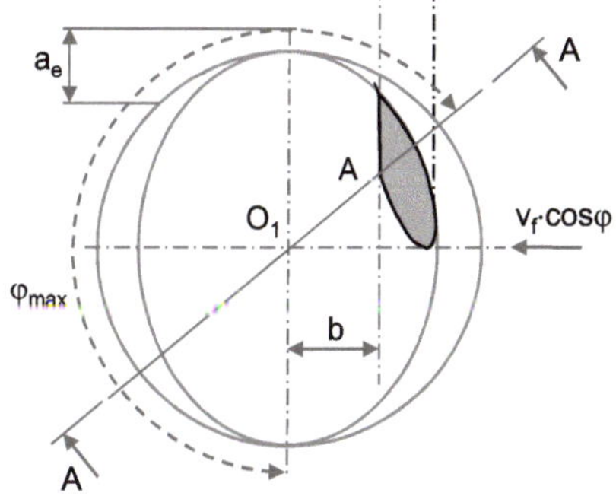

$$\sin\alpha_1 = \frac{b'}{R} = \left(1 - \frac{Hs \cdot \cos\beta}{R}\right) \cdot \sin\beta \cdot \sin\varphi = (1 - M \cdot \cos\beta) \cdot \sin\beta \cdot \sin\varphi;$$

$$K = H_s/R;$$

$$A = R \cdot f_z \cdot \sin\varphi \cdot (\cos\alpha_1 - \cos\alpha_1) =$$

$$R \cdot f_z \cdot \sin\varphi \cdot (\cos 0° - \cos(\beta - \alpha_1)) =$$

$$R \cdot f_z \cdot \sin\varphi \cdot (1 - 0{,}77 \cdot (\cos\alpha_1 + \sin\alpha_1)) =$$

$$R \cdot f_z \cdot \sin\varphi \cdot (1 - 0{,}77 \cdot (\sqrt{1 - \sin^2\alpha_1} + \sin\alpha_1) =$$

$$R \cdot f_z \cdot \sin\varphi \cdot (1 - 0{,}77 \cdot (\sqrt{1 - \sin^2\beta \sin^2\varphi \cdot (1 - \cos\beta \cdot K)^2} + \sin\beta \cdot \sin\varphi \cdot (1 - \cos\beta \cdot K)).$$

Abb. 7.16 Spanungsquerschnitt für maximale Werkzeugbelastung

wobei $K_\Sigma = K_\gamma \cdot K_v \cdot K_{ver}$ ist.

Die Anwendung dieses Modells setzt die Bestimmung des Spanungsquerschnittes anhand der Eingriffsverhältnisse voraus. Der Spanungsquerschnitt ist die senkrecht zur Schnittrichtung sich verändernde Durchdringungsfläche von Werkzeug und Werkstück an der Schneide, die bei Rotation des Werkzeuges durch den Vorschub entsteht. Er kann als eine Funktion des Eingriffswinkels (φ) dargestellt werden und wird gleichzeitig vom Einstellwinkel der Schneide (χ), dem Arbeitseingriff (a_e) und dem Anstellwinkel (β) beeinflusst. Die sich ständig verändernden Parameter erschweren die Bestimmung eines gemittelten Spanungsquerschnittes. Daher können die analytischen Modelle der Schnittbedingungen nur nummerisch gelöst werden.

Da für die angestrebte Problemlösung nur die größte Belastung am Werkzeug gesucht wird, kann anhand der Vereinfachung der Randbedingungen durch Vernachlässigen einiger Faktoren, wie Bewegungsform und Formfehler der Schneide, eine vereinfachte Modellbeschreibung für den Eingriffsfall mit Abb. 7.16 hergeleitet werden.

Entscheidend dafür ist die Festlegung des Einstellwinkels für die größte Schneidenlänge im Eingriff. Dieser Winkel entspricht dem Eintritt der Schneide zum Eingriff und kann mit Gl. 7.38 bestimmt werden

$$\sin\varphi_{max} = 1 - \frac{a_e}{R} \tag{7.39}$$

Für eine fixierte Lage der Schneide kann der Spanungsquerschnitt mit folgendem Integral berechnet werden

$$A(\kappa) = \int_{\kappa 1}^{\kappa 2} h(\varphi,\kappa) R d\kappa \tag{7.40}$$

Im Schnitt A-A der Abb. 7.16 ist der Spanungsquerschnitt für eine fixierte Lage dargestellt. In dieser Lage hängt der Spanungsquerschnitt von der Stufigkeit der Oberfläche ab. Die Stufenhöhe bestimmt bei vorgegebener Lage die aktive Schneidenlänge und damit den Spanungsquerschnitt (A_{max}). Bei einer Anstellung von $\beta = 45°$ ergibt sich ein Spanungsquerschnitt von A_Σ unter Berücksichtigung der Spanungsdicke (h_m) nach [BIEK91] zu

$$\text{Aus} \cap O_1O_2B\text{: } A_\Sigma = R \cdot f_z \cdot \sin\varphi \cdot \left(\cos 0^\circ - \cos 45^\circ\right) = 0{,}293 \cdot R \cdot f_z \cdot \sin\varphi \tag{7.41}$$

Diese Durchdingungsfläche vermindert sich durch die Größe der Stufe um A_Δ. Aus $\cap$ O_1AB findet man die Fläche A_Δ

$$A_\Delta = R \cdot f_z \cdot \sin\varphi \cdot \left(\cos\left(\beta - \alpha_1\right) - \cos\beta\right) \tag{7.42}$$

$$\text{mit} \sin\alpha_1 = \frac{b'}{R} = \left(1 - \frac{Hs \cdot \cos\beta}{R}\right) \cdot \sin\beta / \sin\varphi$$

Diese Gleichungen ermöglichen den Spanungsquerschnitt A_{max}. zu berechnen

$$A_{max.} = A_\Sigma - A_\Delta \tag{7.43}$$

Das Einsetzten der Gl. (7.41) und (7.42) in Gl. (7.43) und danach in Gl. (7.38) liefert zwar ein analytisch bestimmbares Schnittkraftmodell, lässt sich aber bei der Optimierung im Zusammenhang mit den Schnittparametern des Schruppens schwer lösen. Durch eine Vereinfachung kann das Problem wie folgt behoben werden. Wie aus der Abb. 7.16 ersichtlich stehen die Flächen A_Σ und A_Δ in einem Verhältnis zu einender, das durch die Stufenhöhe (H_s) bestimmt ist. Dieses Flächenverhältnis kann folgenderweise beschrieben werden

$$\tau = \frac{A_\Delta}{A_\Sigma} = \frac{\cos\left(45^\circ - \alpha_1\right) - 0{,}707}{0{,}293} \tag{7.44}$$

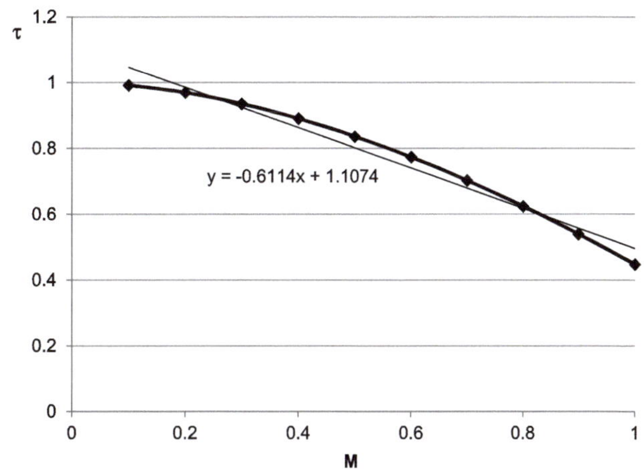

Abb. 7.17 Einfluss der bezogenen Stufenhöhe M auf das Verhältnis der Durchdringungsfläche Werkzeug/Werkstück

Des Weiteren soll hier für die Übersichtlichkeit ein Quotient der bezogenen Stufenhöhe $M = H_s / R$ eingeführt werden. Dieses Verhältnis beschreibt den Einfluss der Stufenhöhe auf die Formabweichung der Oberfläche aus praktischer Sicht besser, da man beide Parameter bei der Prozessauslegung zusammen betrachtet. Unter Berücksichtigung dieser Annahmen erhält man für das Flächenverhältnis

$$\tau = \frac{A_\Delta}{A_\Sigma} = \frac{\cos\left[45^\circ - \arcsin\left(\left(1 - M \cdot \cos\beta\right) \cdot \sin\beta / \sin\varphi\right)\right] - 0{,}707}{0{,}293} \tag{7.45}$$

Die grafische Darstellung dieser Beziehung in Abb. 7.17 veranschaulicht einen degressiven abfallenden Verlauf von τ in Abhängigkeit zu M. Um den weiteren Berechnungsvorgang zu ermöglichen, wird hier diese Abhängigkeit für einen Praxisbereich mit einem linearen Polynom beschreiben. Die dabei entstehende Abweichung ist aufgrund der niedrigen spezifischen Schnittkraft von stäubenden Werkstoffen zu vernachlässigen.

$$\tau = -0{,}611 \cdot M + 1{,}1074 \tag{7.46}$$

Die Berücksichtigung der Gl. (7.44) und (7.46) in Gl. (7.43) ergibt

$$A_{max.} = A_\Sigma \cdot \left(1 - \tau\right) = A_\Sigma \cdot \left(0{,}611 \cdot M - 0{,}1074\right) \tag{7.47}$$

wobei M in einem Intervall von 0,1 bis 1 definiert ist. Mittels der Gl. (7.38) kann die Spanungskraft beim Tauchschnitt für den Anstellwinkel von $\beta = 45°$ und für einen Eingriffswinkel $\varphi_{max} = 90°$ berechnet werden

$$F_c = A_\Sigma \cdot \left(0{,}611 \cdot M - 0{,}1074\right) \cdot K_c \cdot K_\Sigma \tag{7.48}$$

Setzt man die Gl. (7.48) und (7.41) in die Gl. (7.38) ein, so erhält man eine Beziehung, die es ermöglicht für die fixierte Lage des Schlichtwerkzeuges den Zahnvorschub in Abhängigkeit von maximaler Belastung des Werkzeuges (F_c), zulässiger Formabweichung des Werkstückes y_{zul} und der Stufenhöhe (H_s), die nach dem Schruppen entsteht, zu bestimmen:

$$f_{zschl} = \frac{y_{zul} \cdot 3 \cdot E_{schl} \cdot I_{schl}}{0{,}293 \cdot R_{schl} \cdot l_{schl}^3 \cdot \kappa_c \cdot K_\Sigma \cdot (0{,}611 \cdot M - 0{,}1074)} \tag{7.49}$$

Die Berücksichtigung der Gl. (7.49) in der Gl. (7.36) ergibt die Grundzeitfunktion der Optimierung des Schlichtens unter Berücksichtigung der Stufigkeit

$$t_{gschl} = \frac{V_{schl} \cdot 0{,}293 \cdot R_{schl} \cdot l_{schl}^3 \cdot \kappa_c \cdot K_\Sigma \cdot \left(0{,}611 \cdot \frac{H_s}{R_{schl}} - 0{,}1074\right)}{3 \cdot E_{schl} \cdot I_{schl} \cdot a_{eschl} \cdot a_{pschl} \cdot y_{zul} \cdot n_{schl} \cdot z_{schl}} + \frac{20 \cdot s \cdot L}{a_e \cdot v_f} + \frac{20 \cdot \pi \cdot L}{v_f} \tag{7.50}$$

Die hergeleitete Grundzeitfunktion offenbart den Einfluss der Oberflächentopographie auf die Zeit, welche zwischen dem Schruppen und Schlichten die vererbungsbedingten Eigenschaften berücksichtigt. Kleine Stufenhöhen sind die Voraussetzung für eine höhere Formgenauigkeit beim Schlichten und damit einer geringeren Hauptzeit selbiger, was aber der Minimierung der Hauptzeit beim Schruppen entgegensteht.

Das Finden eines Kompromisswertes bei gegebener Stufenhöhe, charakterisiert durch M, bildet daher die Aufgabe für die Optimierung, deren Lösung einen zeitminimalen Wert als Gesamtoptimum nach Gl. (7.29) erfüllt. Der Kompromisswert der bezogenen Stufenhöhe M kann nach der Optimierungsregel [JACO02] berechnet werden

$$\sum_{i=1}^{n} \frac{\partial t_i}{\partial M} = 0 \tag{7.51}$$

Setzt man die Ableitungen der Gl. (7.30) und (7.50) in (7.51) ein, erhält man

$$\frac{0{,}18 \cdot V_{schl} \cdot l_{schl}^3 \cdot \kappa_c \cdot K_\Sigma}{3 \cdot E_{schl} \cdot I_{schl} \cdot a_{eschl} \cdot a_{pschl} \cdot y_{zul} \cdot n_{schl} \cdot z_{schl}} - \frac{V_{schr}}{f_{zschr} \cdot a_{eschr} \cdot n_{schr} \cdot z_{schr} \cdot H_s^2} = 0 \tag{7.52}$$

und damit nach H_s aufgelöst

$$H_s = \sqrt{\frac{16{,}66 \cdot V_{schr} \cdot E_{schl} \cdot I_{schl} \cdot a_{eschl} \cdot a_{pschl} \cdot y_{zul} \cdot n_{schl} \cdot z_{schl}}{V_{schl} \cdot l_{schl}^3 \cdot \kappa_c K_\Sigma \cdot f_{zschr} \cdot a_{eschr} \cdot n_{schr} \cdot z_{schr}}} \tag{7.53}$$

Die Gl. (7.53) stellt einen mathematischen Zusammenhang zwischen den beiden Prozessstufen Schruppen und Schlichten her. In dieser Beziehung sind die Einflussparameter auf die optimale Prozessführung sichtbar. Der im Laufe des Rückwärtsentwurfes bestimmte Werkzeugdurchmesser des Schlichtens zeigt hier seine Wirkung. Die Schnittparameter für das Schlichten in der Gl. (7.53) beziehen sich auf dieses Werkzeug. Andererseits fließen in die Gleichung die Schnittparameter des Schruppens ein, wie der Arbeitseingriff (a_{eschr}) und der Zahnvorschub (f_{zschr}). Diese Tatsache verlangt, dass schon vor der Durchführung der Prozessoptimierung eine grobe Auslegung des Schruppens notwendig ist, die dann während der Optimierung an das Optimum angenähert wird. Für das Schruppen nimmt man das maximale Schnittregime (minimale Hauptzeit) an, das mit dem ausgewählten Werkzeug eine günstige Prozessführung gewährleistet.

Als ein weiterer Faktor zeigt sich in der Beziehung das Verhältnis der Zerspanvolumina V_{schr} zu V_{schl}. Bei den Formgeometrien mit tiefen Konturen dominiert das Zerspanvolumen des Schruppens. Die Teile mit flachen Konturen führen dagegen zu mehr Hauptzeit beim Schlichten, wobei durch kleinere Stufenhöhen eine vertretbare Bearbeitungszeit erreicht wird. Bei so vielen Einflussfaktoren bietet die Gl. (7.53) lediglich die Möglichkeit einen Kompromisswert für die Stufenhöhe zu finden, der die verlangte Formgenauigkeit beim Schlichten in kürzester Zeit erreichen lässt. Nach der Festlegung der Stufenhöhe sollten die Fräsparameter für das Schruppen ausgelegt werden. Das Erreichen der optimalen Stufenhöhe nach dem Schruppen kann unterschiedlich erfolgen. Je nach dem Zeitspanvolumen besteht die Möglichkeit für diesen Zweck verschiedene Werkzeuge einzusetzen, die nacheinander zum Einsatz kommen. Die Aufteilung des gesamten abzuspanenden Volumens in einzelne Arbeitsstufen und Schnitte ist ein Optimierungsproblem, das mit einem vertretbaren Aufwand und mit einem maximalen fertigungstechnischen Nutzen gelöst werden kann. Das gesamte abzutragende Volumen kann mit einer maximal zulässigen Schnitttiefe in kürzester Zeit geschruppt werden. Die sich daraus ergebende Stufenhöhe liegt jedoch bezüglich der technologischen Vererbung nicht im zulässigen Bereich. Das Aufmaß mit der zulässigen Stufigkeit (Aufmaßschwankung) kann nur mit einem dementsprechenden Werkzeug erreicht werden. Das Optimierungsvorgehen in diesem Fall entspricht der vorab beschriebenen Vorgehensweise. Das Aufmaß bestimmende Werkzeug ist ja bereits bestimmt ($j = 1$).

7.4.5 Gesamtbetrachtung des Arbeitsganges

Nachdem nun alle Arbeitswerte der für den Arbeitsgang einzusetzenden Werkzeuge für die Operationen der Arbeitsstufen entsprechend der Vorgaben (Fixwerte) oder der Optimierung nach der kürzesten Bearbeitungszeit oder den minimalen Kosten bestimmt wurden, kann die Gesamtgrundzeit bestimmt werden. Die kürzeste mögliche Bearbeitungszeit ergibt sich aus der Summe aller Grundzeiten mit zeitminimalen Arbeitswerten entsprechend Gl. (7.1). Dabei sind die Nebenzeiten durch die Festlegung der Operationen und deren Folgen, der Arbeitsstufen und deren Folgen und sonstiger Teilverrichtungen organisatorisch-technisch bestimmt, d. h. fixiert. Die kostenminimale Grundzeit der Bearbeitung ergibt sich nun aus der Summe der Nebenzeiten und der Summe der Hauptzeiten mit kosten- oder zeitminimalen Arbeitswerten. Benötigt man eine kostenoptimierte Grundzeit kleiner der als kostenminimal bestimmten so erhält man diese unter Nutzung der Theorie des lagrangeschen Faktors nach der in [JACO02] benannten Auslastungsoptimierung für die Losfertigung. Dafür ergibt sich jedoch eine Modifikation der Kostenzielfunktion, da die Belegungszeit vorgegeben ist. Steht zur Fertigung des Auftrages mehr Zeit zur Verfügung als für die kostenminimale notwendig so ist die gleiche kostenoptimierende Betrachtung angezeigt, da sich die Zielfunktion Kosten durch die Veränderung der Platz- und Werkzeugkosten ändert, d. h. die Arbeitswerte werden niedriger und damit die kostenoptimalen Hauptzeiten länger.

7.4.6 Monokriterialer Variantenvergleich bei der Arbeitsganggestaltung

Der Arbeitsgangentwurf ergibt auch bei Anwendung von Gestaltungsregeln Variationsmöglichkeiten. Solche sind die Spannlage, die Wahl der Werkzeuge, die Bildung von Bearbeitungsbereichen eines Werkzeuges und zugeordneter Modi, die Arbeitsstufenfolge, die Grenze (Stufenhöhe) von Schrupp- zu Schlichtbearbeitung, die Grenze Schlicht- zu Restmaterialbearbeitung, die Schnittaufteilung beim Schruppen, beim Schlichten und der Restmaterialbearbeitung. In der Regel versucht man den Arbeitsgang so zu gestalten, dass er den geringsten Gesamtzeitverbrauch aufweist.

Beim Rüsten bedeutet das

- sicheres und schnelles Spannen und Ausrichten des Werkstückes mit möglichst vorhandenen Mitteln,
- geringe Kollisionsmöglichkeiten mit den Werkzeugen schaffen,
- gutes Säubern und Einsichtnahme (auch Messen) ermöglichen,
- notwendige aber geringe Werkzeugzahl von Standard- und formgebundenen Werkzeugen verwenden.

Beim Bearbeiten bedeutet das

- möglichst große Annäherung an die Fertigform je Arbeitsstufe anstreben → Werkzeugzahl minimieren heißt Werkzeugwechselzeiten minimieren,
- Bearbeitungsbereiche in der Arbeitsstufe räumlich dicht (kürzeste Wege) bearbeiten,
- technologisch bedingte Zwangs- und Vorzugsfolgen des Werkzeugeinsatzes beachten,
- Zeitminimum der Bearbeitungsverteilung Schruppen/Schlichten und Schlichten/Restmaterialbearbeitung anstreben.

Wenn unter diesen Gesichtspunkten Arbeitsgangvarianten gestaltet wurden, sind diese nach Kosten- und/oder Zeitzielkriterien oder weiteren zu vergleichen. Liegt eine drängende Auftragslage vor so ist die kürzeste Zeitvariante zu wählen und im anderen Fall die mit den geringsten Kosten. Bei drei und mehr Varianten ergeben sich durchaus Möglichkeiten beiden oder weiteren Zielkriterien zu genügen. Das führt aber auf eine polykriteriale Betrachtung der Problemlösung (vgl. Abschn. 7.4.7).

Die hier dargelegte Vorgehensweise bildet die Grundlagen der Prozessoptimierung beim Fräsen von komplex gestalteten Formgeometrien aus stäubenden Materialien. An der ersten Stelle verfolgt dieser Ansatz das Ziel die mit der NC-Planung betrauten Fachkräfte strukturiert durch den Optimierungsprozess zu führen. Die vorgeschlagenen Zusammenhänge sollen die Planer bei der Beantwortung zentraler Entscheidungsfragen für eine minimale Bearbeitungszeit unterstützen. Dies ermöglicht eine effiziente Entscheidungsfindung auch unabhängig von den NC-Programmen, die erst aufwendig erstellt werden müssen. Weiterhin lassen sich so parametrisierte Zusammenhänge zahlreicher Sonderfälle bestehend aus unterschiedlichen Werkzeuggeometrien berücksichtigen. Die Besonderheit dieser Vorgehensweise besteht für die Praxis darin, dass sich die NC-Prozesskette mit komplexen Reihenfolgebedingungen und Bearbeitungselementen durch Nutzung von einigen wenigen Maschinen-, Werkzeug- und Werkstückdaten, die zur Verfügung stehen, in ihrer Grundzeit optimieren lässt.

Eine vollständige Automatisierung dieser algorithmischen Schritte kann anwendungsbezogen in der Praxis umgesetzt werden.

7.4.7 Prozessoptimierung/-Polyoptimierung

Die Arbeitsgangoptimierung mittels Variantenvergleich wird häufig monokriterial (vgl. Abschn. 7.4.6.) nach den geringsten Fertigungskosten oder der geringsten Fertigungszeit ausgeführt. Neuerdings stellen sich auch Fragestellungen nach geringstem Energieverbrauch oder Verbrauch sonstiger Ressourcen. Man stellt außerdem fest, dass die Ziele nicht gleichzeitig erfüllt werden können. Es ergibt sich ein Parameterbereich in dem die Ziele nur unterschiedlich erreicht werden können (Kompromißgebiet). Somit stellt sich die Frage ob man das Problem formalisieren und entsprechende Kompromißlösungen ermitteln kann, die jede für sich ein Optimum darstellt. Die einfachste Aufgabe ist den Vergleich von Lösungen anhand von zwei Zielkriterien vorzunehmen. Das Vorgehen soll anhand des Beispiels in Abb. 7.18 gezeigt werden. Man hat also mehrere Varianten erarbeitet und erhält für diese die Zielfunktionswerte. In der Abb. 7.18 sind es fünf Varianten von denen eine als Bezugsvariante B erklärt wurde. Grundsätzlich ist es egal welche es ist, aber aus Übersichtsgründen sollte es eine „mittige" Variante sein. Durch das Beziehen auf die Variante B ergibt sich eine Einheitsdarstellung. Die Zielfunktionen lauten

$$E_K \rightarrow 0 \,\text{und}\, E_t \rightarrow 0 \tag{7.54}$$

Die Bewertung der Varianten erfolgt nun bzgl. jedes Kriteriums gegeneinander. Es bleiben die Varianten Mitglieder der Kompromißmenge (Optimalvarianten) die in einem Kriterium besser als die jeweilige Vergleichsvariante sind. Bei K → Min sind es die Varianten 2, 4 und 3 und bei t → Min sind es die Varianten 3, 4 und 2. Die Varianten 1 und B werden

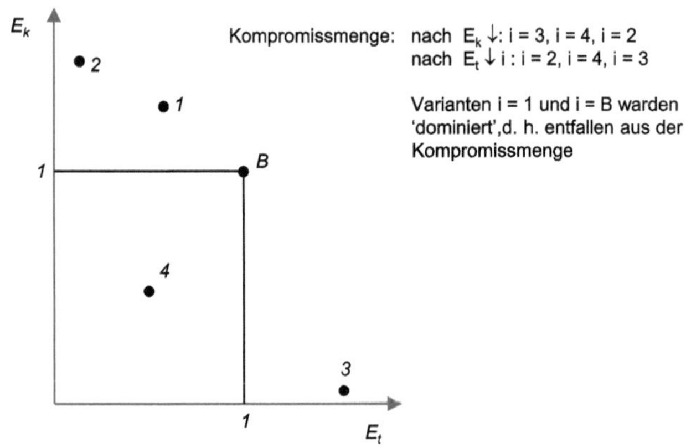

Abb. 7.18 Variantenvergleich mittels diskreter Polyoptimierung [JACO02]

in beiden Zielkriterien durch die Variante 4 verbessert, d. h. „dominiert". Die wählbaren Optima sind also die Varianten 2, 3 und 4. Weitere, nicht dargestellte, Kriterien bestimmen die Wahl der Variante. Das Entscheidungskriterium ist ein s. g. „starkes", d. h. > vs. = oder <. Das Entscheidungskriterium kann auch ein s. g. „schwaches", d. h. > oder = vs. <, sein.

Häufig sind die Zielfunktionswerte mit Wahrscheinlichkeiten belegt, so dass es einen Wertebereich gibt in dem die Lösung existiert, der nicht so einfach unterscheidbar von einer anderen Lösung ist. Der Auswahl und Bewertung von Kompromißlösungen widmet sich die Entscheidungstheorie.

Die Polyoptimierung spielt auch bei der Optimierung stetiger oder pseudostetiger Probleme eine Rolle. Unter pseudostetigen Problemen sollen diejenigen verstanden werden, bei denen ein Zielfunktionszusammenhang modelliert aber nur spezielle Werte (z. B. ganzzahlige) realisierbar sind.

Die hier betrachtete Rückwärtsgestaltung stellt den Zusammenhang mehrerer Prozessschritte her. Zum Finden der Optimalwerte wird gleichzeitig mit mehreren Zielen hantiert. Dieses Vorgehen basiert darauf die Optimalwerte gleichzeitig zu optimierender Zielfunktionen, z. B. $Q_1 = F_1(X_1, X_2)$ und $Q_2 = F_2(X_1, X_2)$, vgl. Abb. 7.19, so zu finden, dass die Zielfunktionsforderungen erfüllt werden [SIFF89]. Das Durchführen so einer Optimierung ist nur dann möglich, wenn zwischen diesen Zielfunktionen mittels zu optimierender Parameter, z. B. X_1 und X_2, eine mathematisch beschreibbare Abhängigkeit vorhanden ist. Dieser Zusammenhang zwischen den beiden Funktionen ermöglicht den Extremwert im Kompromissbereich zu bestimmen. Abb. 7.19 stellt die Polyopmierung am Beispiel von zwei Funktionen exemplarisch und idealisiert dar.

In diesem Fall sollen beide Ziele minimiert werden wobei zwischen A und B sich dieses nur im Kompromiss realisieren lässt und die erreichbaren Zielwerte eine s. g. „effiziente Steuerkurve" oder Kompromissgebiet bilden. Der Anstieg zwischen A und B ist in diesem Fall negativ. Die Kopplung des Schruppens mit dem Schlichten und des Schlichtens mit dem Restmaterialbearbeiten sind über das Ziel der gemeinsamen minimalen

Abb. 7.19 Polyoptimierung nach [SIFF89]

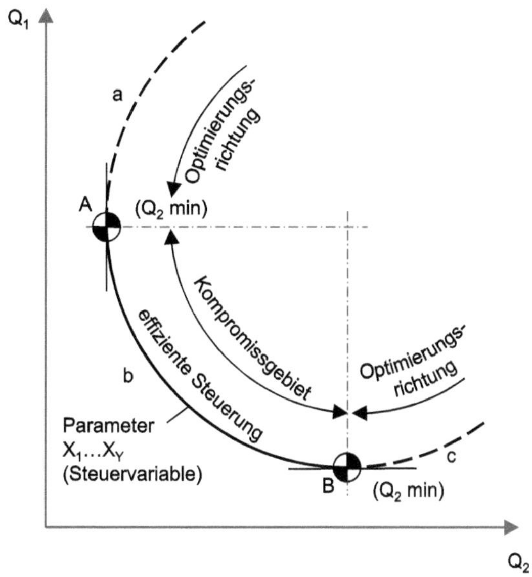

Grundzeit über die jeweilige Grundzeit $Q_1 = t_{Gschr}$ und $Q_2 = t_{Gschl}$ bzw. $Q_1 = t_{Gschl}$ und $Q_2 = t_{Grm}$ so verkoppelt. Auch wenn die Lösungen nur diskret existieren ist deren Zusammenhang nach dem vorgestellten Modell gegeben.

Literatur

[ALIJ01] Alijew R (2001) Prozessoptimierung des dreifunktionalachsigen HSC-Fräsens zur Sicherung der Formgenauigkeit am Beispiel der Bearbeitung von Graphit. Dissertation, TU Bergakademie Freiberg

[BECK18] Becker T (2018) Prozesse in Produktion und Supply Chain optimieren. Springer Vieweg. DOI https://doi.org/10.1007/978-3-662-49075-4

[BIEK91] Bieker R (1991) NC Fräsen von Stahlhohlformen. CAM-gerechte Technologie für die Fräsbearbeitung. Dissertation, RWTH Aachen

[BOSC16] Bosch T (2016) Methode zur Reduktion technischer Nebenzeiten in der spanenden Fertigung. Stuttgart. Dissertation, Universität Stuttgart

[BREC11] Brecher C (2011) Integrative Produktionstechnik für Hochlohnländer. Springer, Berlin Heidelberg. DOI https://doi.org/10.1007/978-3-642-20693-1

[BREC17] Brecher C, Weck M (2017) Werkzeugmaschinen Fertigungssysteme Konstruktion, Berechnung und messtechnische Beurteilung, Band 2. Springer Vieweg. DOI: https://doi.org/10.1007/978-3-662-46567-7

[DEGN15] Degner W, Lutze H, Smejkal E (2015) Spanende Formung. Carl Hanser, München

[DENK13] Denkena B (2013) Entwicklung eines Softwaremoduls zur automatisierten NC-Code Optimierung für mehrachsige Werkzeugmaschinen: Schlussbericht des Forschungsprojekts: E!4678 NC Code Optimizer. Doi: https://doi.org/10.2314/GBV:770724396

[EVER95] Eversheim W (1995) Prozessorientierte Unternehmensorganisation. Konzepte und Methoden zur Gestaltung „schlanker" Organisation. Springer, Berlin, Heidelberg, New York

[FINZ01] Finzer T (2001) Verschleißvorhersage bei der Hochgeschwindigkeitsbearbeitung mit Kugelkopffräswerkzeugen. Dissertation, Technische Hochschule Darmstadt

[HIRZ08] Hirzel M, Kühn F, Gaida H (2008) Prozessmanagement in der Praxis: Wertschöpfungsketten planen, optimieren und erfolgreich steuern. Gabler Verlag

[HOCK96] Hock S (1996) Hochgeschwindigkeitsbearbeitung im Werkzeug- und Formenbau-Eingriffsverhältnisse und Technologie. Dissertation, TH Darmstadt

[JACO77] Jacobs H, Jacob E, Kochan D (1977) Spanungsoptimierung. VEB Verlag Technik, Berlin

[JACO02] Jacobs H, Dürr H (2002) Entwurf und Gestaltung von Fertigungsprozessen: Planung und Steuerung der spanenden Teilefertigung. Fachbuchverlag, Leipzig

[JANO95] Janovsky D (1995) Einfluss der Technologie auf Maßgenauigkeit und Prozesssicherheit beim Hochgeschwindigkeitsfräsen im Werkzeug- und Formenbau. Dissertation, Technische Hochschule

[KIM01] Kim T (2001) Time-optimal CNC tool paths: A mathematical model of machining. Dissertation, Cambridge, Massachusetts Institute of Technology

[KLOC18] Klocke, F. Fertigungsverfahren 1: Zerspanung mit geometrisch bestimmter Schneide. Springer Vieweg 2018

[KRUM12] Krumke So, Noltemeier H (2012) Graphentheoretische Konzepte und Algorithmen. Springer Fachmedien Wiesbaden

[LAUR07] Laurent T, Mawussi KB, Anselmetti B (2007) Machining Strategy Choice: Performance Viewer. In: Advances in Integrated Design and Manufacturing in Mechanical Engineering II. 2007 DOI https://doi.org/10.1007/978-1-4020-6761-7_23

[NGUY07] Nguyen Th (2007) Modellierung des Hochgeschwindigkeitsfräsens mit Kugelkopffräsern unter besonderer Berücksichtigung der Oberflächengüte. Dissertation, TU Magdeburg

[NIEB17] Niebuhr C. FE-CutS – Finite Elemente Modell für makroskopische Zerspanprozesse: Modellierung, Analyse und Simulation. Dissertation, Universtät Bremen

[SEFF97] Scheffler E (1997). Statistische Versuchsplanung und Versuchsauswertung. Deutscher Verlag für Grundstoffindustrie Stuttgart

[SIFF89] Schiffer F, Tempelhof, KH (1989) Fertigungsprozessgestaltung im Maschinen- und Gerätebau. VEB Verlag Technik, Berlin

[WEST16] Westkämper E, Löffler, C (2016) Strategien der Produktion. Technologien, Konzepte und Wege in die Praxis. DOI https://doi.org/10.1007/978-3-662-48914-7

[WELL19] Wellman F (2019) Datengetriebene, kontextadaptive Produktivitätssteigerung von NC-Zerspanprozessen. Dissertation, RWTH Aachen

8 Erfinderische Wege zum Lösen technischer Probleme bei der Werkzeugentwicklung

8.1 Methode der erfinderischen Lösungswege – TRIZ

Zur Lösung technischer Probleme wurden zahlreiche Kreativitätsmethoden entwickelt und in verschiedenen Bereichen der Industrie eingesetzt. Auf den intuitiven Fähigkeiten der Ingenieure basierende Methoden dienen mittels systematischen Vorgehens schrittweise technische Aufgaben zu lösen, wobei durch die gezielte Anregung des Denkens die kognitiven Fähigkeiten gesteigert werden neue Ideen, Konzepten, Kombinationen oder neue Produkte mit völlig neuen Eigenschaften zu erfinden (Abb. 8.1).

Kreative Suchmethoden führen zu optimalen technischen Lösungen. Das Feld der technischen Lösungen beinhaltet in der Regel viele uneffektive Lösungen, deren Menge in vielen Fällen die Suche enorm erschwert. Durch kreative Methoden ist es möglich aus dieser Menge eine der Zielfunktion entsprechende Lösung erfolgreich zu finden. Die Voraussetzung dafür ist eine klar formulierte Aufgabenstellung. Die neuen Lösungen können sowohl aus komplett neuerfundenen als auch aus der verbesserten Variante der vorhandenen Technik bestehen. In beiden Fällen beschäftigt sich der Ingenieur mit dem Problem begrenzt anhand seines Wissens und den beherrschen Arbeitsmethoden. Je kreativer und fantasievoller er ist, desto erfolgreicher kann er zu der neuen Lösung kommen. Die Ideen betrachtet man als Produkt eines spontanen oder langwierigen Denkprozesses, die in einem unerwarteten Moment auftreten können. Während des kreativen Denkens verarbeitet das Gehirn eine Vielzahl an Informationen in Form von Bildern, Daten und Zusammenhängen aus verschieden Wissensbereichen und Quellen. Diese Informationen werden unter unterschiedlichen Aspekten betrachtet und in ungewöhnlichen Kombinationen herangezogen. Das setzt eine Abstraktionsfähigkeit des Ingenieurs voraus. Er soll in der Lage

Die Originalversion dieses Kapitels wurde korrigiert. Ein Erratum finden Sie unter https://doi.org/10.1007/978-3-662-63693-0_9

R. Aliyev, B. Hentschel, *HSC-Fräsen von stäubenden Werkstoffen*,
https://doi.org/10.1007/978-3-662-63693-0_8

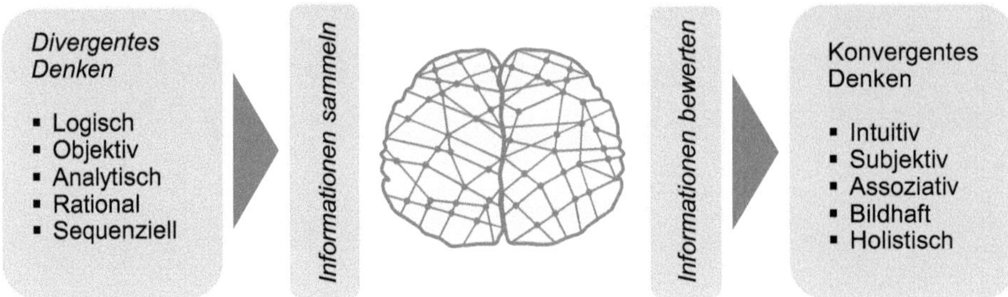

Abb. 8.1 Kreative Denkmuster

sein das zu betrachtende technische System in weitgehend abstrahierter Form darzustellen, da man nur so den Raum der möglichen technischen Lösungen generieren kann [ALTS73]. Ein realitätsnahes Modell kann das Suchfeld verkleinern, weil in einem realen Modell die Beschreibungen und Darstellungen korrekter und detaillierter sind. Eine hierfür häufig verwendete Abstraktionsmethode ist die symbolische Methode. Mit deren Hilfe erfolgt die verbale Beschreibung der Funktionalität des technischen Systems.

Das ermöglicht die Anwendung allgemeingültiger Methoden zur Lösungssynthese [ALTS73]. Ein abstrahiertes Modell dient als Basis der erfinderischen Lösungssuche. Die Ideen existieren immer mit anderen Ideen zusammen. Dieser Zusammenhang wird durch Assoziationen beschrieben. Die Assoziation spielt in der Kreativitätstechnik als flexibles Instrument eine große Rolle. In der Ingenieurtätigkeit verursachen die Konfrontationen mit neuen Konstruktionsmaterialien neue Erkenntnisse in technologischen oder anderen Bereichen und damit neue Assoziationen. Eine erfolgreiche Realisierung der assoziierten Ideen hängt direkt von den Fähigkeiten der Ingenieure ab. Die Abschätzung der technischen Machbarkeit und der Wirtschaftlichkeit gehört auch zu seiner Aufgabe. Erst nach der Prüfung der Innovationsfähigkeit der Idee anhand der vorhandenen Patente und Gebrauchsmuster kann mit ihrer Realisierung begonnen werden. Hier ist zu betonen, dass der kreative Ingenieur nicht mit besonderen Informationsquellen arbeitet. Sie sind einfach mit ihrer Denkweise in der Lage die vorhandenen Informationen anders, d. h. kreativ, zu nutzen. In der Fachsprache wird diese Fähigkeit auch als Assoziationsvermögen bezeichnet [ZOBE09].

In vielen Fällen führt die technische Lösung zu einer neuen Erfindung eines technischen Produktes. Erfinden zählt daher auch zu den Kreativitätsmethoden, welche in der Ingenieurtätigkeit angewendet wird. Diese Methode unterscheidet sich von anderen Methoden darin, dass sie sich direkt mit der Lösung technischer Probleme beschäftigt. Das Erfinden hat eine lange Entwicklung hinter sich und ist heutzutage als Innovationsschlüssel so wichtig, wie nie zuvor. Die Ingenieure, die erfinderisch tätig sind, erledigen vielfältige Aufgaben zur Verbesserung und Steigerung der Qualität und Wirtschaftlichkeit von technischen Produkten und Prozessen, Arbeitsbedingungen usw. Dabei soll das technische Niveau der entwickelten Lösungen deutlich höher liegen als die der Vorhandenen, sonst kann die erfinderische Tätigkeit in Frage gestellt sein.

Lange Zeit haben die Fachleute bei der Lösung technischer Aufgaben nur die empirische Methode „Versuch und Irrtum“ verwendet. Diese Methode liefert optimale Lösungen nach unzähligen Wiederholungen von Versuchen, bei denen auch Fehlschläge in Kauf genommen wurden. Mit steigender Komplexität der technischen Aufgaben erwies sich diese Methode als wenig effektiv, was die Fachleute zur weiteren Entwicklung dieser Methode antrieb. So schlug ein US-amerikanischer Psychologe, A. Osborn, eine andere Vorgehensweise zum Produzieren von neuen Ideen vor [ALTS73]. Mit seiner entwickelten Methode „Brainstorming" versuchte Osborn den Ideengenerierungsprozess zu lenken, so dass ein besonderer Effekt durch Arbeiten in zwei verschieden getrennten Gruppen von Fachleuten erzielt werden sollte. Eine Gruppe schlägt die Ideen vor, die andere Gruppe analysiert diese Ideen. Wie in der Abb. 8.2 zu sehen ist, findet in diesem Fall die Suche nicht zielgerichtet statt. Man versucht im Lösungsfeld einen naheliegenden Punkt zu probieren, wenn es nicht gelingt, dann geht man weiter. Das ist mit viel Aufwand verbunden.

Wie die in [MUEL90] beschrieben, ist an dieser Stelle die Anwendung der systematischen heuristischen Methoden vom Vorteil. Die systematische Heuristik basierend auf dem analytischen Denken anhand begrenzten Wissens ermöglicht den Problemlösungsprozess zielstrebiger, sicherer und effektiver zu gestalten. Sie wird dann eingesetzt, wenn man das Problem nicht mehr anhand vorhandenerer Erfahrungen mit algorithmischer Arbeit lösen kann. Die als Verfahren der geistigen Arbeit genannte heuristische Methode schließt die Anwendung mathematischer Verfahren nicht aus. Für die Lösung technischer Probleme kommen einige heuristischen Methoden zum Einsatz, darunter ist die TRIZ-Theorie [PAHL97] weit verbreitet.

Vor ca. 60 Jahren begann Genrich Altschuller sich in der ehemaligen UdSSR mit der Methode zum systematischen Erfinden zu beschäftigen. Während seiner Tätigkeit als Patentprüfer in einem Patentbüro der russischen Marine in Baku war er täglich mit

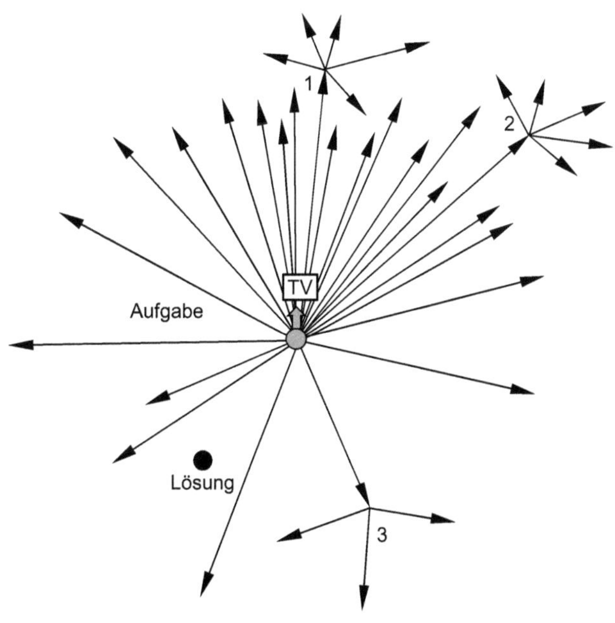

Abb. 8.2 Schematische Darstellung der Lösungssuche bei „Veruch und Irrtum" nach Altschuller [ALTS73]

verschiedenen Patentschriften konfrontiert, was ihm als begeisterter Erfinder auf die Systematik von technischen Lösungen aufmerksam machte. Nach dem Studieren von mehr als 40.000 Patenten begann er die angewendeten Lösungswege zu katalogisieren und allgemeingültige Prinzipien abzuleiten. So entstand im Jahre 1968 seine erste methodologische Arbeit in Form von Sammlungen der Lösungsprinzipien, die er in den folgenden Jahren in einer, heute weltweit bekannte, Theorie TRIZ entwickelte. TRIZ steht für das russische Akronym „Theorie des erfinderischen Problemlösens". Grundgedanke dieser Theorie ist eine Philosophie, die mittels verschiedener methodischer Werkzeuge die Denkblockaden lösen und eine effektive Lösungssuche ermöglichen soll [ALTS73].

Die Anwendung des TRIZ erfordert einige Vorbereitungen. Darunter hat die genaue Beschreibung der Aufgabenstellung höchste Priorität. Der gesuchte Lösungsweg soll eine Brücke zwischen dem Problem und der idealen Lösung (nach Altschuller wird diese auch ideales *Endresultat* genannt) bilden. Der Erfinder soll in seinem Gedanken mit dem idealen Endresultat klar sein, d. h. er soll sich klare Vorstellungen darüber bilden können. Der erfinderische Lösungsweg von der Problemstellung zum idealen Endresultat erfolgt nach TRIZ durch kompromisslose Beseitigungen der Widersprüche, die beim Vergleich der beiden Ausgangspunkte entstehen (Abb. 8.3). Ein Widerspruch liegt immer dann vor, wenn die Verbesserung einer Eigenschaft/Parameter des Systems die Verschlechterung einer oder mehrere anderen Eigenschaften/Parameter verursacht. Um die gegebenen Parameter kompromisslos zu verbessern, d. h. ohne andere zu verschlechtern, soll eine innovative Idee erarbeitet werden. Die dafür zur Verfügung stehenden Methoden sind in der Fachliteratur ausführlich beschrieben [ALTS73, SCHL04, ZOBE09].

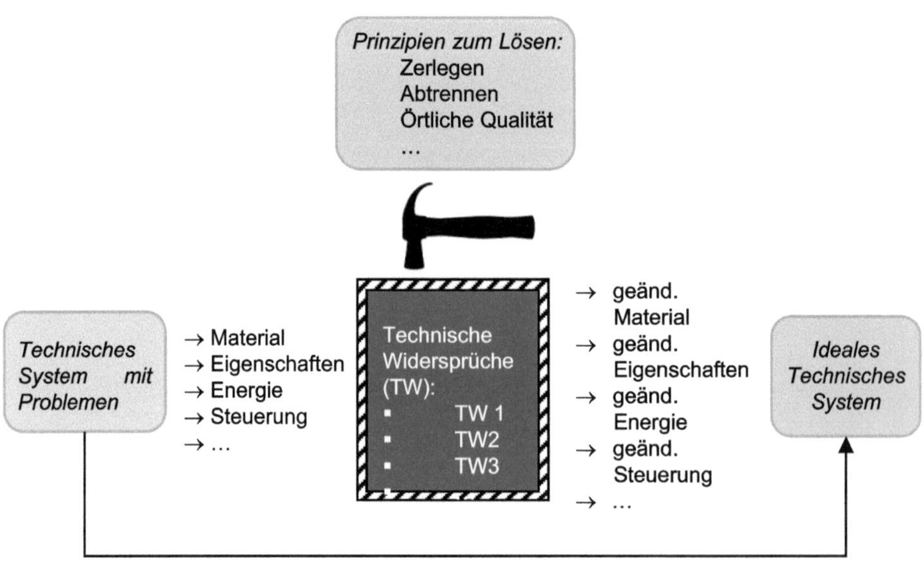

Abb. 8.3 Technische Widersprüche in dem Problemlösungsprozess

Die Beseitigung der technischen Widersprüche durchläuft drei Stadien: analytisches, operatives und synthetisches Stadium. Unter Berücksichtigung der Gesetzmäßigkeiten der Entwicklung technischer Systeme wird in diesen Etappen die Aufgabenstellung analysiert und Widersprüche formuliert. Für die Beseitigung der Widersprüche sollen neue Ideen generiert und zum Schluss die technische und wirtschaftliche Realisierbarkeit geprüft werden. In den folgenden Abschnitten wird auf die Anwendungsmöglichkeit der TRIZ-Methode bei der Entwicklung von Fräswerkzeugen für die HSC-Bearbeitung näher eingegangen.

8.2 Beschreibung des technischen Systems Werkzeugmaschine-Spindel-Fräser

Die Anwendung methodischer Wege zur Lösung technischer Probleme lässt sich gut realisieren, in dem man die Fertigungstechnik für die Bearbeitung von stäubenden Materialien modellhaft als technisches System darstellt. Der Begriff System wird nach DIN 66201 als abgrenzte Anordnung von aufeinander wirkenden Gebilden verstanden. Als Prozess werden die Umformung und/oder der Transport von Material, Energie und/oder Information bezeichnet. Das Fertigungssystem, das aus Maschine-Spindel-Werkzeug-Spannmittel (WSWW) besteht, kann mit Hilfe der Systemtheorie als technisches System, dessen Verhalten aus dem Verhalten einzelner Bestandteile und ihrer Wechselwirkungen mit einander und der Umwelt dynamisch abläuft, beschrieben werden.

Die Komponenten dieses Systems unterscheiden sich in ihren mechanischen Eigenschaften bezüglich des dynamischen Verhaltens der mechanischen Strukturen von den konventionellen Systemen aufgrund der wirkenden hochfrequenten dynamischen Kräfte deutlich. Deshalb ist es sinnvoll hier einige wesentlichen Baugruppen und Komponenten eines HSC-gerechten Fertigungssystems näher zu erläutern.

Das HSC-Fräsen setzt die optimale Kombination aller Komponenten des Systems WSWW voraus. Mit innovativen Lösungen im Bereich des Maschinenaufbaues war es in den letzten Jahren möglich die Fräsmaschinen so zu entwickeln, dass sie den unterschiedlichen Einsatzfällen resultierenden kinematischen und dynamischen Anforderungen gerecht werden. Mit der Anwendung des Mineralgusses für Grundgestelle, den neuen Achskonzepten und der Antriebstechnik ist man heutzutage in der Lage die Bearbeitung verschiedenster Werkstoffgruppen effektiv durchzuführen. Da das HSC-Fräsen mit hohen Drehzahlen und Vorschüben verbunden ist, ist die dynamische Belastung einzelner Komponenten des Fertigungssystems von besonderer Bedeutung. Unter dynamischer Belastung versteht man die auf die Maschine einwirkenden, sich zeitlich verändernden äußeren und inneren Kräfte, die aus Massenbewegungen und Werkzeugeingriffen resultieren.

Beim Fräsen schwingt die Maschine hauptsächlich mit einer oder mehreren dominierenden Eigenfrequenzen. Wenn die Werkzeugeingriffsfrequenz mit einer Eigenfrequenz der Maschine übereinstimmt, treten besonders große Schwingungsausschläge auf. Die Schwingungsuntersuchungen der HSC-Fräsmaschinen, basierend auf der Strukturanalyse, zeigten, dass die Eigenfrequenz einzelner Maschinenkomponenten einen deutlich höheren Wert als 1 kHz aufweist [BREC17]. Die Anregung dieser Strukturelemente durch die Zahneingriffsfrequenz des Fräsers erzeugen mit dem Vielfachen im höheren Frequenzbereich harmonische Schwingungen. Die Amplituden dieser Schwingungen sind aber im Frequenzbereich, in dem das Fräsen stattfindet, so niedrig, dass sie keinen signifikanten Einfluss auf die Prozessführung haben. Außerdem können die Schwingungskomponenten dieser Teile durch die Anwendung von dämpfungswirksamen Maschinenelementen, wie z. B. Verschraubungen, Führungen usw., erfolgreich vermindert werden. Die modernen Gestellkonstruktionen mit Mineralguss liefern bei kleinen und mittelgroßen Fräsmaschinen eine deutlich bessere Dämpfung und Wärmeleitfähigkeit [BREC17].

Die Steifigkeit größerer Maschine dagegen wird durch entsprechende Schweißkonstruktionen gewährleistet (Abb. 8.4). Die Anwendung der Leichtbautechnik beim Konstruieren der bewegten Maschinenteile ermöglicht eine höhere dynamische Steifigkeit und dadurch ein besseres Schwingungsverhalten, das von den hohen Beschleunigungs- und Verzögerungswerten der Achsen bestimmt wird. Eine Massenreduktion beeinflusst die gesamte Strukturdynamik positiv, so dass die Anregung der Struktureigenfrequenzen durch die geringeren Massenkräfte abgeschwächt werden können. Die modernen Fräsmaschinen sind in der Lage die Achsen mit Linearantrieb in kürzeste Zeit auf 160 m/min zu beschleunigen. Die Beschleunigungen betragen dabei bis 30 m/s^2. Bei so einem Bewegungsverhalten werden die Relativschwingungen zwischen Fräswerkzeug und Werkstück wesentlich vom Spindel-Werkzeug-System bestimmt. Das zeigt sich besonders beim werkstückbedingten Einsatz von Fräsern mit sehr großem Schlankheitsgrad (L/D > 20). Wie sich dieses System bei höheren Drehzahlen verhält, hängt von der Konstruktion des jeweiligen Elementes des Systems und den Bearbeitungsbedingungen ab.

Die Fräsmaschinen für die HSC-Bearbeitung werden in der Regel mit wälzgelagerten Motorspindeln aufgrund des besseren Preis-Leistung-Verhältnisses bestückt (Abb. 8.5). Die speziell dafür entwickelte Lager- und Wellenkonstruktion sichern die Laufgenauigkeit und -Stabilität dieser Spindeln. Durch das Aufbringen einer mechanischen oder hy-

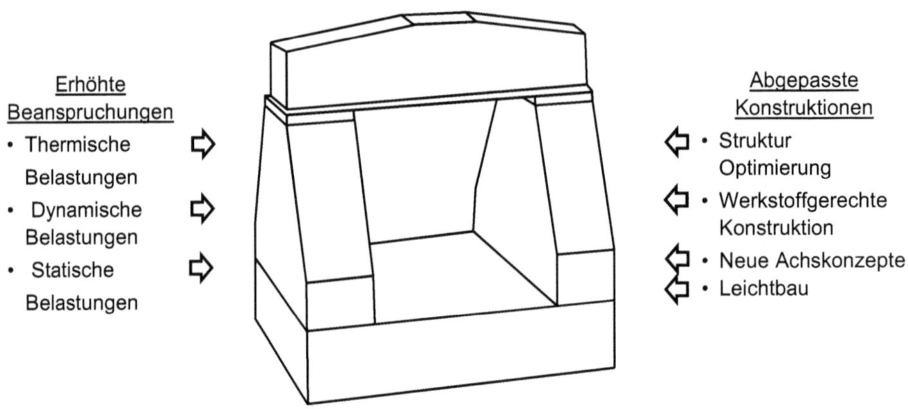

Abb. 8.4 Maschinengestelle für die HSC-Bearbeitung

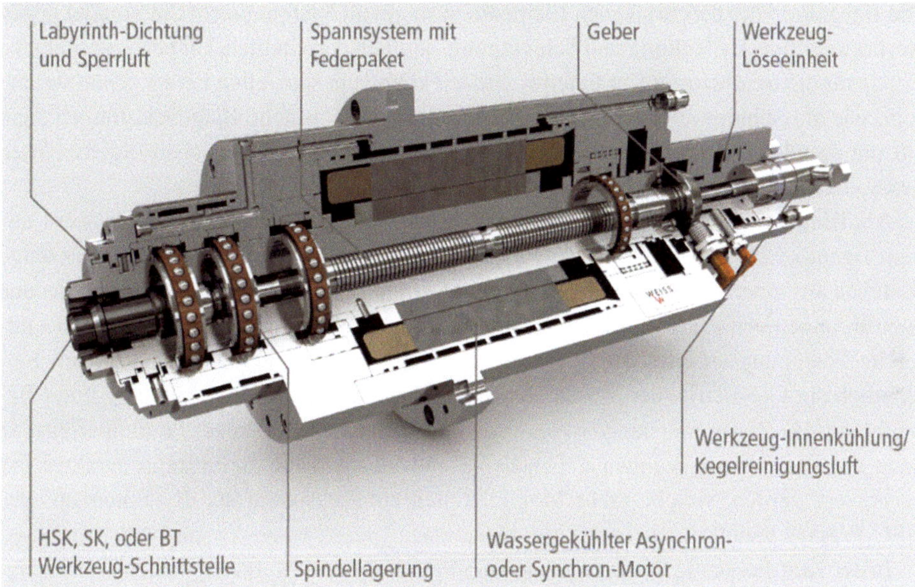

Abb. 8.5 Eine HSC-Frässpindel mit integriertem Spannsystem. *Quelle: Weiss GmbH, Schweinfurt*

draulischen Vorspannkraft auf die Lager versucht man die Stabilität des Systems bei höheren Drehzahlen konstant zu halten [FIED03]. Die Lagerordnung und Ausführungen sind die wichtigsten Kriterien für die Auslenkung der Spindelwelle und somit für die Steifigkeit. Bei den meisten Motorspindeln findet die Werkzeugaufnahme mittels des in die Spindel integrierten Spannsystems statt. Die in diesem System vorhandene Hohlschaftkegelschnittstelle (DIN 69063), die bei der Zerspanung von leichtspanbaren Werkstoffen öfter zum Einsatz kommt, sorgt für die genaue und rutschfeste Verbindung zwischen Spindel und Werkzeugaufnahme. HSK-Aufnahmen bieten aufgrund ihrer hohen Rundlauf- und Wechselgenauigkeit, der hohen statischen und dynamischen Steifigkeit, sowie der fliehkraftbedingten Spannkraftverstärkung bei höheren Drehzahlen entscheidende Vorteile. Die HSK – Werkzeugaufnahme ist mit einer Planaanlage ausgestattet, welche das Einleiten höherer Einzugskräfte ermöglicht. Die HSK-Werkzeuge werden im Regelfall über Zangenspanner gespannt. Fast bei allen Systemen werden Zugkräfte mit Hilfe eines Federpaketes erzeugt. Das Werkzeuglösen erfolgt über eine in dem Gehäuse der Spindel montierte Löseeinheit. Unter hydraulischer, pneumatischer oder elektrischer Wirkung wird der Spannkopf bewegt und nach dem Entriegeln wird das Werkzeug ausgestoßen.

Wie schon erwähnt, kommen bei der Bearbeitung von leicht spanbaren Werkstoffen häufig geometriebedingt schlanke Werkzeuge mit kleineren Durchmessern zum Einsatz. Die Verwirklichung von höheren Schnittgeschwindigkeiten mit kleinen Fräsern verlangt deutlich höhere Drehzahlen. Um die durch die Fliehkraft erzeugte Unwucht gering zu halten, werden die HSC-Spindeln für solche Einsatzfälle klein und kompakt konzipiert.

Die Integration der beschriebenen Elemente in so einem System macht die Spindel gegen werkzeugseitige Auslenkung und Schwingung ziemlich empfindlich. Eingesetzte schlanke Fräser für die Bearbeitung von tiefen Kavitäten können in speziellen Fällen genau so lang sein, wie die Spindelwelle. Man kann sich gut vorstellen, welche Biegebelastungen dann auf die Spindellager und – welle wirken. Deshalb sind die mechanischen Eigenschaften des Spindelsystems für eine schwingungsarme Bearbeitung entscheidend.

Als Bindeglied zwischen Spindel und Werkstück besteht das Werkzeugsystem aus dem eigentlichen Spanungswerkzeug und der Werkzeugaufnahme. Spanungswerkzeuge bestehen aus einem Schaft der den Schneidteil trägt. Je nach Aufgabe sind verschiedene Ausführungen von Fräsern auf dem Markt erhältlich. In den letzten Jahren wurden zahlreiche Forschungsarbeiten zur ganzheitlichen Optimierung von Fräswerkzeugen hinsichtlich der Geometrie, der Masse, des Schneidstoffes und der Beschichtung unter Betrachtung des Zusammenhanges von Umwelt, Maschine und Prozess durchgeführt. Je nach der Zielrichtung können neben der Standzeit auch die Belastungscharakteristik verbessert werden, welche mehr Möglichkeiten zur Ausschöpfung des Potenzials des HSC-Fräsens bietet.

In der Kraftflusskette Werkzeugmaschine-Spindelsystem-Werkzeug hat die Werkzeugaufnahme einen besonderen Platz. Als ein die Steifigkeit bestimmendes Element hat sie einen großen Einfluss auf das Prozessergebnis. Wie oben beschrieben, hat sich beim HSC-Fräsen spindelseitig die HSK-Schnittstelle etabliert. Werkzeugseitig sind im Wesentlichen folgende vier Systeme im industriellen Einsatz (Abb. 8.6):

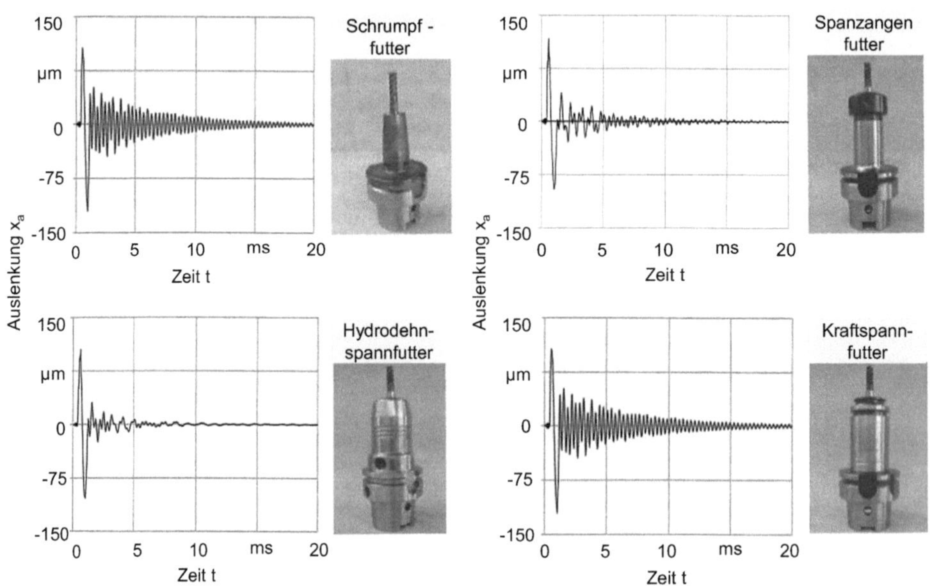

Abb. 8.6 Schwingungsverhalten verschiedener Werkzeugaufnahmen [WACI15]. (hier: N-Nachgiebigkeit, D-Dämpfung)

- Spannzangenfutter,
- Hydrodehnspannfutter,
- thermische Schrumpffutter,
- Kraftschrumpffutter.

Je nach der vorliegenden Bearbeitungsaufgabe werden an Werkzeugaufnahmen unterschiedliche Anforderungen gestellt. Diese Anforderungen widersprechen sich teilweise technisch: hohe Steifigkeit, geringere Masse, kleine Trägheitsmomente, höhere Rundlaufgenauigkeit, hohe Positionier- und Wiederholgenauigkeit beim Fräsen.

In verschiedenen Untersuchungen wurden die Eigenschaften der oben genannten Werkzeugaufnahmen während des Fräsprozesses analysiert und bewertet [LEOP99, WACI15]. Die Schrumpfaufnahme besteht aus einem einzelnen Halter mit geschliffener Bohrung und bietet die Möglichkeit zur Herstellung schlanker Werkzeugaufnahmen mit hoher Rundlaufgenauigkeit und Steifigkeit. Eine geringere Dämpfung und Durchmesserflexibilität und die Notwendigkeit einer speziellen Spannvorrichtung werden als Nachteile dieser Konstruktion angeführt. Hydrodehnspannfutter sind durch höhere Dämpfung, bessere Durchmesserflexibilität, eine leichte Handhabung, sowie geringere Steifigkeit und komplizierten Aufbau charakterisiert. Die Spanzangenfutter weisen hingegen durch die Fliehkraft variierende großer Rundlauffehler und eine wechselnde Spannkraft auf. Spanzangenfutter können jedoch relativ flexibel in einem weiten Durchmesserbereich eingesetzt werden. Sie haben einen guten Dämpfungswert [ABEL08]. Ein speziell für HSC-Fräsen entwickelter Spanzangentyp weist zwar eine hohe Steifigkeit bei guter Dämpfung auf, schränkt aber durch seine große Bauform die effiziente Bearbeitung tiefer Gravuren stark ein. Dieser Nachteil kann mit einer Ausführung des Kraftschrumpffutters in schlanker Form eliminiert werden. Diese Werkzeugaufnahme weist jedoch eine geringere Steifigkeit auf, was sich sogar bei kleinen Fräskräften bemerkbar macht. Thermische Schrumpffutter können mit ihrer hohen Steifigkeit punkten. Die Schwingungsempfindlichkeit dieses Typs ist jedoch als wichtiges Kriterium bei dessen Einsatz in der Praxis zu berücksichtigen [KALV05, WACI15].

Die Untersuchungen an den Werkzeugaufnahmen haben gezeigt, dass die Eigenfrequenzen einzelner Aufnahmen über 2 kHz liegen [FLES16]. Alle beim HSC-Fräsen zum Einsatz kommenden Werkzeugaufnahmen haben eine hohe Wuchtgute (<G2,5 nach ISO1940), um den Einfluss der durch die Fliehkraft angeregten Schwingungen der rotierenden Systemkomponenten auf die Prozesssicherheit und Bearbeitung zu minimieren. Bei der Entstehung der Werkstückkontur spielen die statischen und dynamischen Eigenschaften der oben dargestellten Systemelemente, die in einem Fertigungssystem über Koppelstellen miteinander verbunden sind, eine bedeutende Rolle. Die möglichst steife und genau Kopplungen dieser Elemente sichert die präzise räumliche Positionierung des Werkzeuges.

Während der Bearbeitung ändern sich durch die wirkenden Zerspankräfte die Lage und Richtung der im System wirkenden Kräfte, welche das System zusätzlich belasten und zu abweichenden Bearbeitungsgenauigkeiten führen. Statisch gesehen nehmen an der gesamten Verformung einer Werkzeugmaschine alle seine Baugruppen teil. Im Kraftfluss stehende Maschinenelemente können in einer Analogiebetrachtung als parallel bzw. in reihe geschaltete Federn dargestellt werden. Wenn in der Reihenschaltung zwei oder mehrere Elemente hintereinander (in einer Reihe) miteinander verbunden sind, wirken bei der Parallelschaltung zwei oder mehrere Federn nebeneinander. Die elastischen Verformungen summieren sich in so einem System an der Spindelspitze und werden anhand der Nachgiebigkeit einzelner Elemente mit folgender Formel beschrieben [BREC17]:

$$g_{ges} = \frac{1}{k_{ges}} = \frac{1}{k_1} + \frac{1}{k_2} + \frac{1}{k_3 + k_4} + \tag{8.1}$$

Diese Nachgiebigkeit wird währen des Fräsens zusätzlich durch angeregte Eigenschwingungen der Komponenten des Systems WSWW überlagert (Abb. 8.7). Durch den Zahneigriff und die Unwucht der Werkzeugteile entstehen im System periodisch veränderliche Kräfte, die zu einer Schwingung des gesamten Systems führen. Der Zusammenhang zwischen der Anregungsfrequenz und der Nachgiebigkeit kann man als Nachgiebigkeitsfrequenzgang modelhaft darstellen [CHEN99]:

$$H_j(\omega) = \frac{1}{c_j \sqrt{\left[1 - \left[\frac{\omega}{\omega_n}\right]^2\right]^2 + \left[2D_j \frac{\omega}{\omega_{nj}}\right]^2}} \tag{8.2}$$

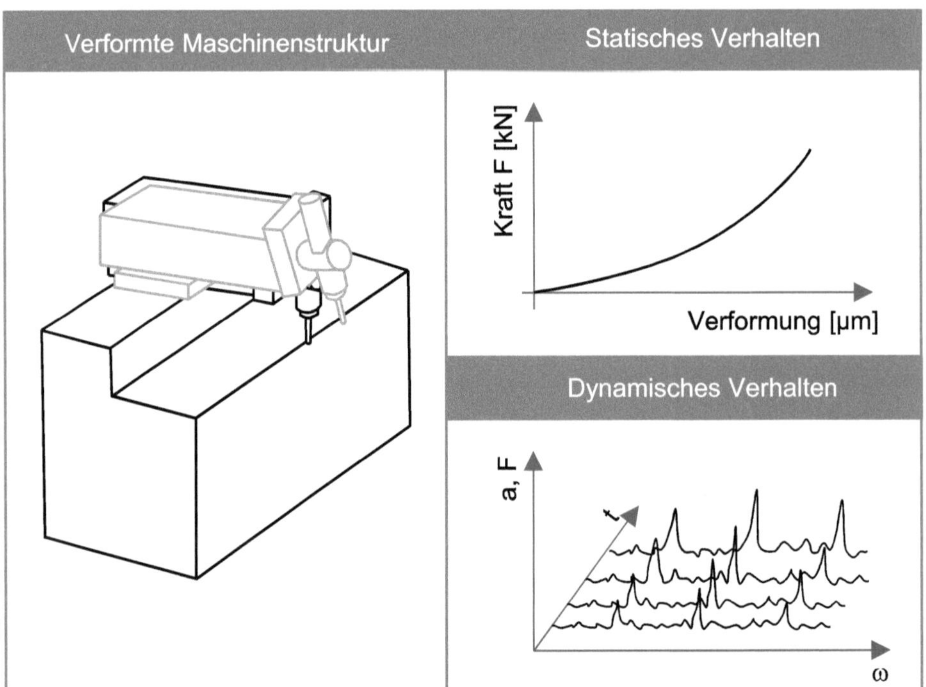

Abb. 8.7 Verformungscharakter einer Fräsmaschine

Zur vollständigen Beschreibung des dynamischen Verhaltes einer Werkzeugmaschine sind die Nachgiebigkeitsfrequenzgänge in alle drei Koordinatenrichtungen und die sechs Kreuznachgiebigkeitsfrequenzgänge erforderlich. Den Nachgiebigkeitsfrequenzgang kann man an der untersuchten Stelle anhand von Messergebnissen berechnen. Die Abb. 8.8 stellt charakteristische Nachgiebigkeitsfrequenzgänge einer HSC-Fräsmaschine dar. Das

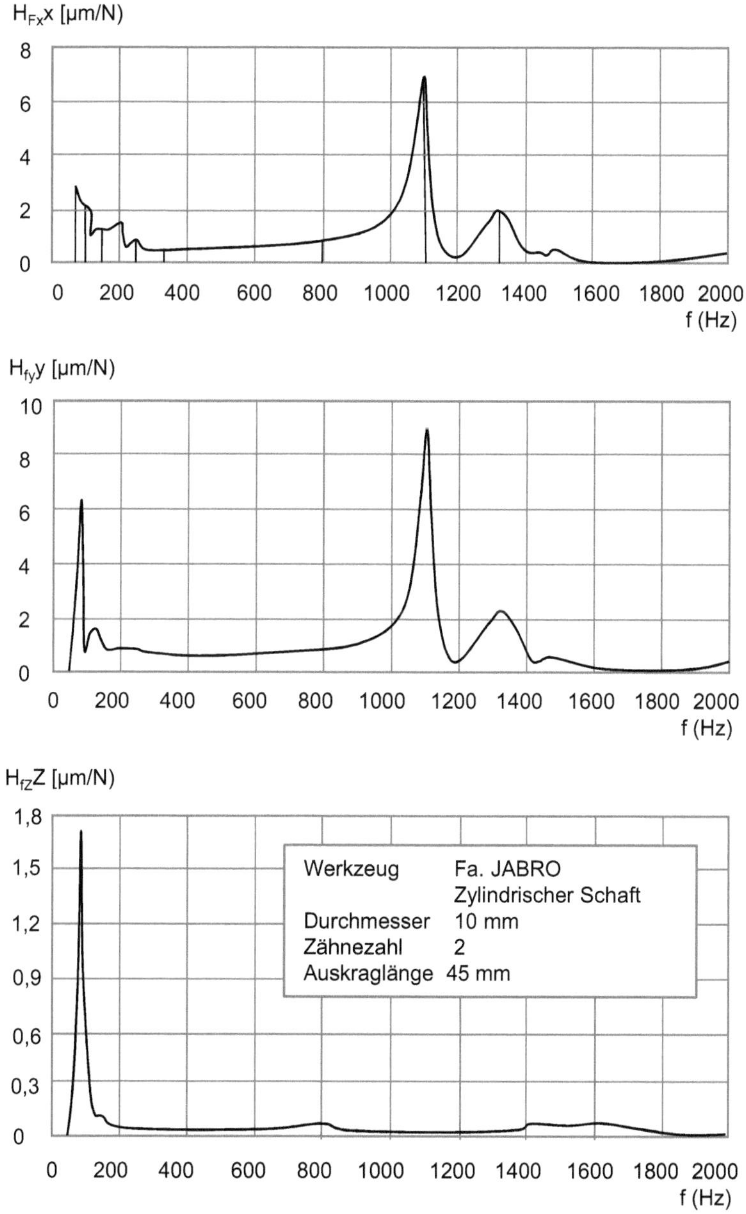

Abb. 8.8 Nachgiebigkeitsfrequenzgänge einer Fräsmaschine

Bild bestätigt die oben gemachte Hypothese zum schwächsten Glied im dynamischen Fertigungssystem. Die Frequenzen der durch den Werkzeugeingriff angeregten Schwingungen im System liegen je nach Schneiden- und Drehzahl unter 1 kHz. Die Analyse der Frequenzgänge, gemessen an der Spindelnase einer Fräsmaschine, machen deutlich, dass die Maschinenkomponente durch ihr Gewicht relativ niedrige Eigenfrequenzwerte (<100 Hz) an den Koppelstellen aufweist. Das empfindlichste Glied im Kraftfluss ist das Werkzeug. Die Eigenschwingungen der Werkzeuge sind durch die Geometrie und werkstoffspezifische Kennwerte bestimmt. Bei Einsatz von schlanken Werkzeugen im HSC-Bereich kommt die 1. Biegeschwingungsfrequenz und Drehfrequenz sehr nah zu einander. Folglich entstehendes Rattern oder gar Resonanzschwingungen führen zu schlechteren Oberflächen und können im extremen Fall mit einem Werkzeugbruch enden.

Während man den Verformungen der Maschine unter statischer Belastung durch eine ausreichend steife Konstruktion entgegenwirken kann, sind bei den dynamischen Belastungen wirkende Kräfte aufgrund ihrer Komplexität schwer zu kompensieren. Daher sollte die Entwicklung eines neuen Werkzeuges unter Berücksichtigung aller Aspekte der HSC-Bearbeitung hinsichtlich der dynamisch kritischen Drehzahlbereiche durchgeführt werden.

8.3 Formulierung der technischen Widersprüche

Die Formulierung von technischen Widersprüchen ist ein fester und wichtiger Bestandteil des Problemlösungsprozesses. Die möglichst präzise Formulierung von Widersprüchen ermöglicht den Kern der Aufgabenstellung auf den Punkt zu bringen. Die gezielte und scharfe Formulierung eines Widerspruches bedeutet, dass man einen Schritt hin zur Problemlösung getan hat. Dafür wird im Folgenden die Problematik beim Einsatz von schlanken überlangen Fräswerkzeugen angegangen.

Die dynamischen Untersuchungen an schlanken Schaftfräsern waren das Thema zahlreicher Forschungen in den letzten Jahren [ABEL10, ABEL14, ENK09, HUER01, JANO96, LEOP99, SCHU99, WECK04, WERN93, WUER99]. Mit der Einführung des HSC-Fräsens in die Praxis hat sich der drehzahlabhängige Einsatzbereich der Fräswerkzeuge wesentlich verschoben. Wenn früher die Hauptaufgabe der Untersuchungen zur Werkzeugdynamik die Vermeidung der Anregungen von Eigenschwingungen der Maschinenstruktur war, ist heutzutage die Berücksichtigung der Eigenschwingungen von Werkzeugen genauso bedeutsam geworden.

Die Bearbeitung der Werkstücke mit ausgeprägten Kavitäten (kleindimensionierte Formelemente) sowohl aus metallischen als auch nichtmetallischen Werkstoffen verlangt den Einsatz von schlanken Werkzeugen. Um das HSC-Fräsen und die damit verbundene Produktivität zu realisieren, benötigt dieses extra schlanke Werkzeug deutlich höhere Drehzahlen. Der Erhöhung der Drehzahl steht die 1. Biegeeigenfrequenz des Werkzeuges entgegen. In der Regel werden die HSC-Fräswerkzeuge bis zu ca. 60 % der Resonanzdrehzahl eingesetzt. Im industriellen Einsatz wird nur ein sicherer Drehzahlbereich mit entsprechenden Werkzeugkonstruktionen realisiert. Das bedeutet, dass die Werkzeughersteller beim Einsatz schlanker Fräser (*L/D* > 10) aus Sicherheitsgründen Drehzahlen empfehlen, die wenig produktiv sind.

Der Schlankheitsgrad der Fräswerkzeuge unterscheidet sich je nach konstruktivem Aufbau. Im Standard EN ISO 15641 wurde die Auskraglänge eines Schaftfräsers parallel zur Drehachse als frei zugängliche Länge definiert [ISO01]. Die Entwicklung spezieller Werkzeugaufnahmen mit verlängertem Hals hat den Definitionsbereich des Begriffes geändert. In vielen Fällen wird die frei zugängliche Länge durch den Einsatz spezieller Aufnahmen vergrößert. In solchen Fällen misst man die Auskraglänge von der Spindelnase bis zur Werkzeugspitze (Abb. 8.9). Die Realisierung lang auskragender Werkzeuge erfolgt in zwei hauptsächlichen Aufbauweisen:

- Vollmetall-Schaftfräswerkzeug oder
- modular aufgebautes Werkzeug bestehend aus Verlängerungen und Schneidteil.

Die schlanken Schaftfräser werden üblicherweise in folgenden Schaftformen hergestellt:

- Zylinderschaftfräswerkzeug und
- kombiniertes Zylinder-Kegelschaftfräswerkzeug.

Diese Werkzeugkonstruktionen weisen je nach Einsatzfall Vor- und Nachteile auf. Vollmetall-Schaftfräser werden in der Regel aus Hartmetall hergestellt. Die Anwendung des Hartmetalls erhöht zwar die Steifigkeit, verschlechtert aber durch seine spezifische.

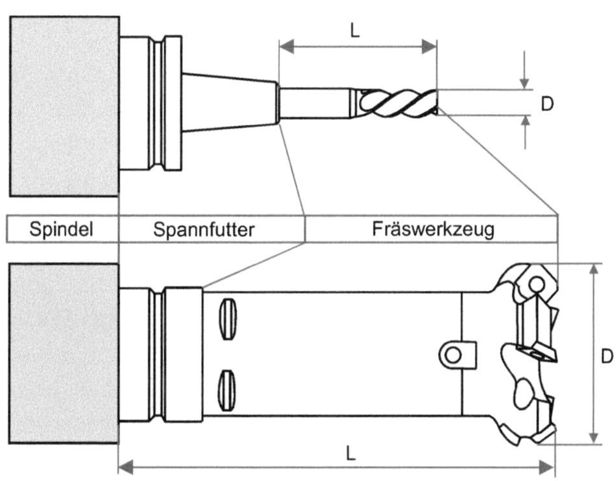

Abb. 8.9 Werkzeugauskraglänge und -durchmesser

Masse die dynamischen Eigenschaften. Jede weitere Vergrößerung der Auskraglänge führt zur Senkung seiner Eigenfrequenz und zur Beschränkung seiner Tauglichkeit zum HSC-Fräsen. Um diese negative Eigenschaft zu minimieren, verwendet man Fräser mit kegelförmigem Schaft. Der Kegelschaft weist schon bei kleinen Kegelwinkeln aufgrund wachsenden Trägheitsmoments eine zur Einspannstelle stark zunehmende Biegefestigkeit auf. Schon ein Kegelwinkel von 1° kann eine Verdoppelung der Steifigkeit gegenüber einem zylindrischen Werkzeug ergeben. In der Werkzeugindustrie versucht man öfter durch die Zylinder-Kegel-Kombination lange Fräswerkzeuge mit großem Schlankheitsgrad aufzubauen. Die Fertigungskosten solcher Werkzeuge steigen durch Schleifbearbeitung erheblich. Die Realisierung schlanker HSC-Werkzeuge mit zylindrischem oder kegelförmigem Schaft stößt ab einer bestimmten Länge auf die sinkende Biegeeigenfrequenz. Um diesen Trend entgegen zu wirken, setzt man Werkzeugaufnahmen mit verlängertem Hals ein. Die Fräser werden in diesen Aufnahmen mittels Schrumpftechnik gespannt. Die Geometrie dieser Spannfutter für die HSK-Schnittstelle ist genormt [DIN01].

Die höhere Rundlaufgenauigkeit dieser Spannfutter ermöglicht einen ruhigen Lauf. Die Drehzahl ist auf 25.000 min^{-1} Umdrehung begrenzt. Hier ist zu betonen, dass solche Spannfutter nur ab der Größe HSK 63 erhältlich sind. Als weitere konstruktive Lösung zur Werkzeugverlängerung sind auf dem Markt modular aufgebaute Werkzeuge mit speziellen Verlängerungen etabliert. Die Kombination der Werkzeuge mit verjüngter Werkzeugaufnahme mit HSK63 ermöglicht Werkzeugsysteme in einer relativ großen Dimension (1÷500 mm) herzustellen. Der Aufbau des Werkzeuges erfolgt mit Hilfe von Schrumpfverbindungen von Verlängerungen mit verschiedenen Durchmessern. Die letzte Schrumpfstelle dient als Spannfutter für das Fräswerkzeug. Diese Konstruktionsausführungen können beim HSC-Fräsen zum Einsatz kommen. Entscheidend dabei sind die Geometrie und mechanische Kennwerte des zu bearbeitenden Werkstoffs. In der DIN 69063 sind die Ausführungsformen der modularen Werkzeuge für die HSK-Schnittstelle in 5 Ausführungsformen eingeteilt (Abb. 8.10).

Die Formen A und B sind wenig für das HSC-Fräsen tauglich (Tab. 8.1). Das liegt an dem größeren Außendurchmesser und ihrem Gewicht. Das Spannfutter besitzt zwar einen langen Hals, ist aber für das Spannen von langen Werkzeugschäften aufgrund niedriger Eigenfrequenz und hoher Nachgiebigkeit nicht geeignet. Daher finden sie nur in der konventionellen Bearbeitung mit kürzeren Fräswerkzeugen Anwendung. Die Untersuchungen an diesem Werkzeugkonstruktionen ergaben, dass die Integration von verschieden Schwingungsdämpfern in die Werkzeugaufnahme die unwuchtbedingten Schwingungen reduzieren, aber die Einsatzfähigkeit nicht richtig erhöhen [KIND04]. Diese Aufnahmen werden für den Einsatz bis zu einer Drehzahl von 15.000 min^{-1} mit einer Wuchtgüte von G 2.5 oder feiner gewuchtet.

Die Form C mit einer deutlich höheren Rundlaufgenauigkeit ist besser für das HSC-Fräsen geeignet als die Form A und B. Durch die Verjüngung können diese Spannfutter mit einer HSK 63 Schnittstelle nur kleinere Fräserdurchmesser (max. bis 6 mm) aufnehmen [DIEB08, HAIM11]. Die maximale Auskraglänge ist bis 160 mm realisierbar. Die optimalen Einsatzdrehzahlen dieser Werkzeuge liegen unter 20.000 min^{-1}, da einem siche-

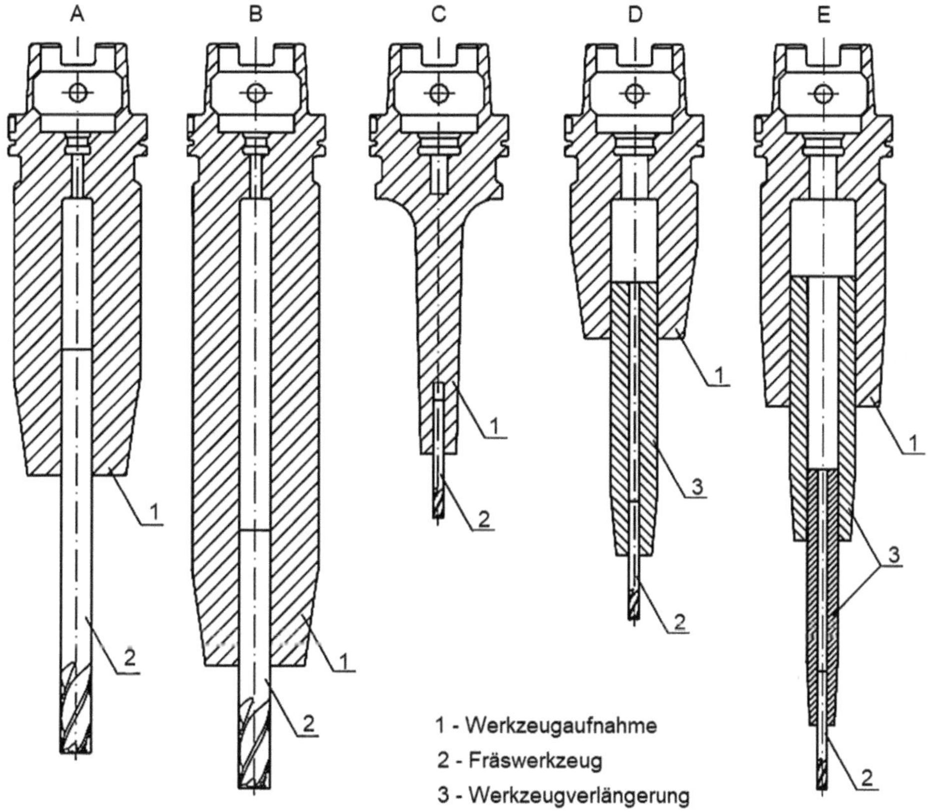

Abb. 8.10 Werkzeugaufbau mit einer HSK-Schnittstelle nach [DIN01]

ren Bearbeitungsprozess oberhalb dieser Drehzahl die Anregung durch die Drehfrequenz entgegensteht [HOUM08].

Die von der Firma SCHUNK entwickelte Aufnahmeform D bietet durch die Kombination verschiedener Spannarten bessere Aufbaumöglichkeiten von schlanken Fräsern. Durch den Einsatz von Hydrodehnspannfutter oder Polygon- und Warmschrumpffutter kann ein maximaler Schlankheitsgrad von 20 realisiert werden [NN11]. Die so aufgebauten HSC-Fräser lassen Kavitäten bis zu einer Tiefe von max. 250 mm bearbeiten [NN09, NN12].

Man kann mittels Warmschrumpftechnik den modularen Werkzeugaufbau deutlich erweitern (Form E). Aber diese Konstruktion weist auch viele Nachteile auf. Einerseits sinkt mit der Verlängerung der Auskraglänge der einsetzbare Werkzeugdurchmesser, andererseits steigt die dynamische Nachgiebigkeit der gesamten Konstruktion so rasant an, dass man sie im HSC-bereich nicht risikofrei einsetzten kann. Um einen Werkzeugschaft mit einer Auskraglänge bis 500 mm aufzubauen, benötigt man eine Schrumpffutteraufnahme mit der Schnittstelle HSK63A und zwei Schrumpfverlängerungen. Eine so aufgebaute Konstruktion kann Fräser bis 6 mm aufnehmen [DIEB12]. Da diese Werkzeugsysteme relativ

Tab. 8.1 Charakteristische Darstellung der HSC-Tauglichkeit von modularen Werkzeugsystemen

	Auskraglänge	Eigenfrequenz	Gewicht	Dämpfung
Form A	◔	◔	◑	◑
Form B	◑	◔	◔	◑
Form C	◔	◕	◕	◔
Form D	◑	◑	◑	◕
Form E	◕	○	○	◕

○ - ungenügend; ◔ -ausreichend; ◑ - befriedigend; ◕ -gut;

schwer sind, werden sie überwiegend beim Ausräumen von tiefen Kavitäten unter Bedingungen der Hochleistungszerspanung (HPC) eingesetzt. HPC-Bearbeitung ist gegenüber der HSC-Bearbeitung durch erheblich höhere Vorschübe und niedrigere Drehzahlen gekennzeichnet.

Die beschrieben Werkzeugsysteme haben eine wesentliche Beschränkung, die mit dem Neigungswinkel der zu bearbeitende Formkontur verbunden ist (Abb. 8.11). Aufgrund der sich verjüngenden Konstruktion verlangen die modular aufgebauten Werkzeuge einen bestimmten Anstellwinkel bei der Bearbeitung von senkrechten Flächen. Dieser variiert je nach Konstellation der Bearbeitungstiefen und der Werkzeugkonstruktion zwischen 5°–15°. Enge Formelemente mit einer Eindringtiefe über 250 mm können mit diesen Fräsern nicht bearbeitet werden.

Die dargelegte Analyse verschiedener Werkzeugaufbausystemen lieferten Erkenntnisse darüber, dass beim Fräsen von tiefen Kavitäten häufig lange schlanke Werkzeug zum Einsatz kommen. Mit handelsüblichen Werkzeugkonstruktionen erreicht man im besten Fall eine Bearbeitungstiefe von max. 250 mm. Die Bearbeitung von Formelementen, die tiefer liegen, verlangt den Aufbau von noch längeren Fräswerkzeugsystemen. Theoretisch könnte man mit Hilfe spezieller Verlängerungen so ein Werkzeug bauen. Mit der Vergrößerung der Auskraglänge sinkt die Eigenfrequenz, die die sicheren Einsatzdrehzahlen nach unten, in Richtung der konventionellen Bearbeitung, drückt.

Die Bearbeitung in der Nähe des kritischen Drehzahlbereiches kann für Werkzeuge und auch für die Umgebung fatale Folge haben. Besonders sind die durch Unwuchtkräfte an-

Abb. 8.11 Werkzeuganstellung beim Fräsen mit extrem langen Werkzeugen

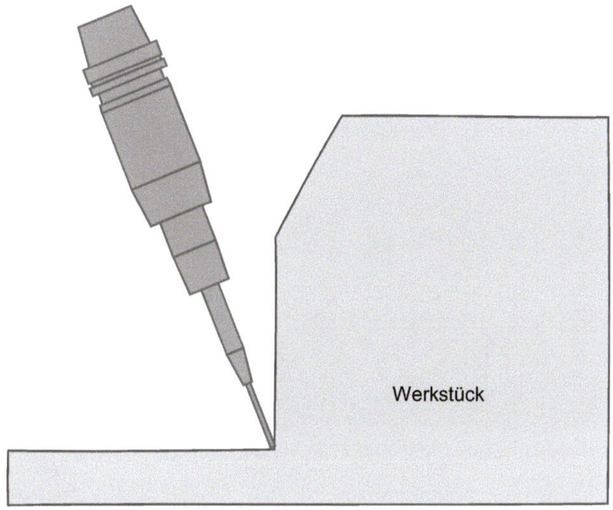

geregten Schwingungen beim Einsatz schwerer Werkzeuge sehr gefährlich. Das dynamische Verhalten des Werkzeug-Aufnahme-Systems ist eine dominierende Störgröße zur Gestaltung von sehr langen Werkzeugen und allein durch eine geeignete Werkstoffwahl ist es nicht möglich den Einsatzbereich von HSC-tauglichen Werkzeugen zu erhöhen [LEOP99]. Die Gestaltung von Werkzeugen mit großer Auskraglänge ($L/D > 20$) verlangt eine neue Vorgehensweise zur Lösung der technischen Probleme, die anhand der durchgeführten Analyse deutlich geworden sind.

Diese Probleme kann man nach TRIZ als technische Widersprüche formulieren. In der Praxis werden solche Situationen durch Kompromisse gelöst, d. h. ein Parameter wird etwas verbessert, so dass der andere sich dafür nicht so sehr verschlechtert. Eine innovative Lösung nach TRIZ verbietet aber dies, in dem die Verbesserung eines Parameters nicht auf Kosten anderer erfolgen soll.

Wenn man die schlanken Schaftfräser modellhaft als einseitig eingespannte, schubstarre Euler-Bernoulli-Balken betrachtet, dann kann der Zusammenhang zwischen der Auskraglänge (l) und der biegekritischen Frequenz (f_{1b}) nach [LEOP99] wie folgt beschrieben werden:

$$f_{1b} = \frac{\mu_1^2 D}{2\pi L^2} \cdot \sqrt{\frac{EI}{\rho A}} \tag{8.3}$$

mit numerisch bestimmten $\mu_1 = 1{,}875$.

Anhand der Formel ist ersichtlich, dass die Eigenfrequenz des Werkzeuges mit zunehmender Auskraglänge quadratisch abnimmt. Daraus kann der technische Widerspruch beim Aufbau sehr schlanker Werkzeuge für die HSC-Bearbeitung wie folgt formuliert werden:

Eine Vergrößerung der Auskraglänge verschlechtert die dynamische Eigenschaft.

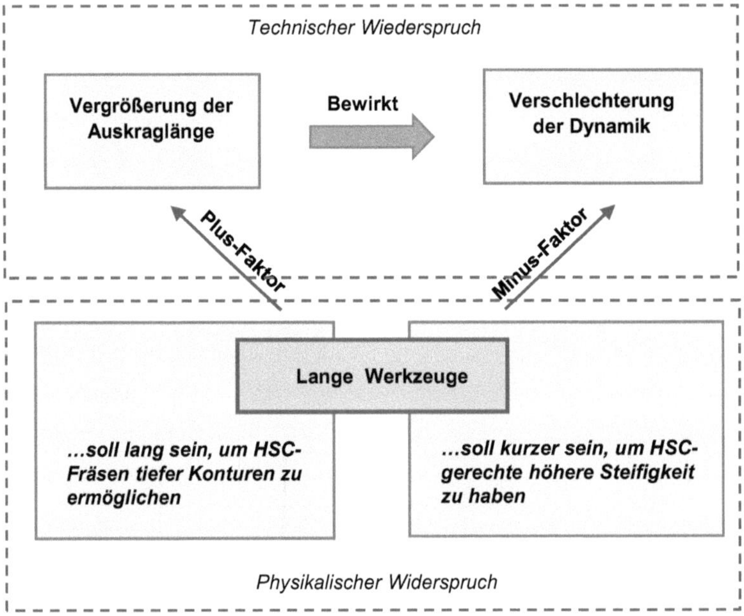

Abb. 8.12 Graphische Darstellung der technischen und physikalischen Widersprüche

Als nützliche Funktion nach TRIZ gilt die Auskraglänge des Werkzeuges. Die Dynamik ist dagegen als schädliche Funktion zu betrachten. Die Abb. 8.12 stellt den Zusammenhang beider Funktionen dar. Wenn die Auskraglänge des Werkzeugs den Zustand des Systems beschreibt, ist die Verschlechterung der Eigenfrequenz eine Funktions-Wirkung.

Dieser Widerspruch stellt eine Barriere zwischen den beiden Eigenschaften des Werkzeugs dar. Wenn man die Problematik näher betrachtet ist festzustellen, dass diese Barriere ebenso mit einem physikalischen Widerspruch verbunden ist. Dadurch dass die Werkzeuge überlang und extrem steif sein sollen, um eine tief liegende Kontur am Bauteil durch HSC-Fräsen zu bearbeiten, ist diese Forderung in sich widersprüchlich. Die Analyse hat verdeutlicht, dass die Werkzeuge mit einem Schlankheitsgrad L/D > 20 aufgrund ihrer mechanischen Eigenschaften keine HSC gerechte Eigenfrequenz um 500 Hz besitzen können. Um eine vollständigen Lösungssuche zu ermöglichen, sollen beide Widersprüche zusammen betrachtet werden. Nur nach der Beseitigung der technischen Widersprüche kann man ein entsprechendes Fräswerkzeug bauen. Für die Lösung solcher Problemfälle stellt die TRIZ-Theorie einige methodischen Werkzeuge zur Verfügung.

8.4 Ideales Werkzeug

Die Lösungssuche nach der TRIZ Methode orientiert sich auf ein ideales Endresultat (IER). Der Begriff „IER“ bezeichnet eine abstrahierte Lösung, die nicht immer realisiert werden kann. Trotzdem ist das ein wichtiges Werkzeug der TRIZ-Methode, die die Suchrichtung im Lösungsfeld gibt und die Anzahl unnötiger Versuche begrenzt. Mit der Einführung dieser Hilfskonstruktion hat *Altschuller* ein Ziel, die Verfolgung uneffektiver Lösungsrichtung zu vermeiden, realisiert. Nach der Formulierung des IER kann die Frage beantwortet werden was die Verwirklichung verhindert. Das Vermögen der Idealdarstellung der gesuchten Lösung hängt vom Abstraktionsgrad ab. Die Abstraktion der Problemstellung dient zur Überwindung der Denkbarrieren mit Hilfe der TRIZ Werkzeuge, mit denen man sich vom konkreten Problem löst und die Sachlage idealisiert darstellt.

In unserem Fall wird das IER anhand der Anforderungen des Werkzeugsystems abgeleitet. Es wird angestrebt tief liegende Konturen mit hohen Schnitt- und Vorschubgeschwindigkeiten zu bearbeiten. Daraus folgend kann das IER als effektive HSC-Bearbeitung unendlich tief liegender enger Konturen formuliert werden. Das IER soll nach VDI-Richtlinie 4521 das Problem ohne Verschlechterung der Eigenschaften des technischen Systems vollständig lösen lassen. Diese idealisierte Ergebnisbeschreibung ist eine Hypothese die im Problemlösungsprozess behandelt wird. Durch die Vorstellung eines idealen Endresultats wird der Lösungssuchraum entscheidend auf die primäre Funktion des technischen Systems reduziert. Um dieses Endresultat zu erreichen, benötigt man ein ideales technisches System. Es ist ein Denkmodell eines ideal gedachten Systems. Das ideale System bestehend aus Werkzeug und Aufnahme existiert nur theoretisch. Das ideale Werkzeug soll so extrem wie möglich und von den technischen Gegebenheiten entkoppelt formuliert werden, um den Diskurs im Suchfeld besser organisieren zu können (Abb. 8.13). Die Nähe des verwendeten Werkzeugmodells an der Realität kann das Suchfeld verkleinern.

Das ideale Werkzeug hilft auch die Entwicklungsrichtung des Systems vorzugeben. Technische Systeme sollen sich in Richtung der Erhöhung ihrer Idealität entwickeln [KOLT11]. Mit der Annäherung an das IER steigt die Güte der Lösungen der technischen Systeme. Im Suchprozess können in der Nähe der IER mehrere Lösungen mit unterschiedlichem Annäherungsgrad erzielt werden. Sie sind dann in physikalischer Sicht hochwertige Lösungen. Dabei soll die Güte der Lösungen nach einem problemorientierten Kriterium bewertet werden. Das ideale Werkzeug ist das Fernziel des Entwicklungsprozesses. In diesem Prozess setzt man sich mit dem idealen System auseinander und leitet konkrete

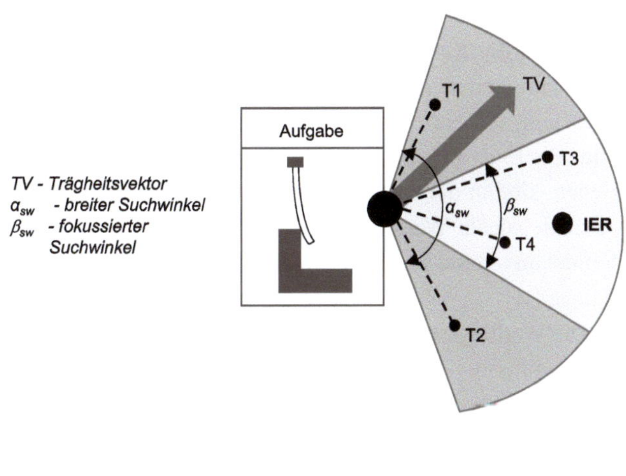

Abb. 8.13. TRIZ gelenkte Suchwinkel zu technischen Lösungen (T1 … 4) in Richtung auf das IER

und zielgerichtete Schritte zur Lösung ab. Es ist hilft dabei die Sackgassen in der Entwicklung zu erkennen und zu eliminieren, welches den Entwicklungsaufwand deutlich minimieren lässt.

Die Betrachtung des Werkzeugs als ideales System erfordert die Formulierung einiger Anforderungen. Ein ideales Werkzeug soll

- einfach und kostengünstig sein (Bauelemente so viele wie nötig, so wenig wie möglich; vom Kunden bezahlbar sein),
- seine Funktion zuverlässig erfüllen (statisch und dynamisch bestimmt, physikalisch beschreibbar usw.),
- seine Funktion sicher durchführen lassen (Haltbarkeit, Unfallfreiheit, Umweltschutz).

Diese aus der Konstruktionslehre bekannten Grundregeln können die Hauptidee des erfinderischen Problemlösens bei der Entwicklung von neuen Werkzeugen bilden. Um das Idealbild vom Werkzeug zu erhöhen, sollten noch weitere Annahmen getroffen werden.

Ein Werkzeug, betrachtet als technisches System, kann nach funktionalen Gesichtspunkten in Haupt- und Nebenfunktionen aufgeteilt werden. Die Hauptfunktion eines Fräswerkzeuges besteht darin die Schneidteile mit vorgegebener Geschwindigkeit zu drehen und das erforderliche Drehmoment zu leisten. Als Nebenfunktion kann die Maßhaltigkeit des Schneidteiles in Betracht gezogen werden, dass es beim Fräsen eine bestimmte Maßgenauigkeit sicherstellen lässt. Das ideale Werkzeug soll bei unendlich hohen Drehzahlen funktionieren. Das zusammengebaute Werkzeug besteht aus den Teilen: Schaft, Schneidelemente und Schrauben. Eine nähere Betrachtung dieser Elemente zeigt, dass die Dynamik eines überlangen schlanken Werkzeuges hauptsächlich vom Schaft, der als dynamisch instabil gilt, bestimmt wird. Daher kann ein ideales Werkzeug unter Vernachlässigung anderer Teile als zylindrischer Körper, der bei unendlich höheren Drehzahlen schwingungsfrei arbeitet, angenommen werden. Zur Erfüllung seiner Funktion braucht das Werkzeug eine stabile Konstruktion, die durch Materialeigenschaften und Geometrie bestimmt wird. Um bei unendlich hohen Drehzahlen seine Funktionalität ausfüllen zu können, soll das ideale Werkzeug eine unendliche Steifigkeit besitzen. Das Werkzeug soll selber bei unendlich langen Werkzeugen eine unendlich hohe Steifigkeit sicherstellen. Ein weiterer Faktor ist die Rundlaufgenauigkeit, die aus fertigungsbedingten und einspannbedingten Ungenauigkeiten resultiert. Das ideale Werkzeug hat keine Rundlauffehler. Das ideale Werkzeug soll ohne irgendeine Änderung im Obersystem Spindel- Maschine, realisierbar sein. Die Entwicklung spezieller Werkzeuge, die die Änderung des Obersystems nach sich ziehen, sind in der Regel sehr kostenintensiv und nicht die „beste" Lösungsvariante. Die gesuchte ideale Werkzeugkonstruktion soll den Bedingungen der Werkzeugmaschinenspindel angepasst sein und folgende Kriterien erfüllen

- Die Werkzeugkonstruktion löst das Problem vollständig mit Erreichen von 100 % des Ergebnisses;
- Das Werkzeug verlangt keine zusätzliche Ressource im Obersystem;

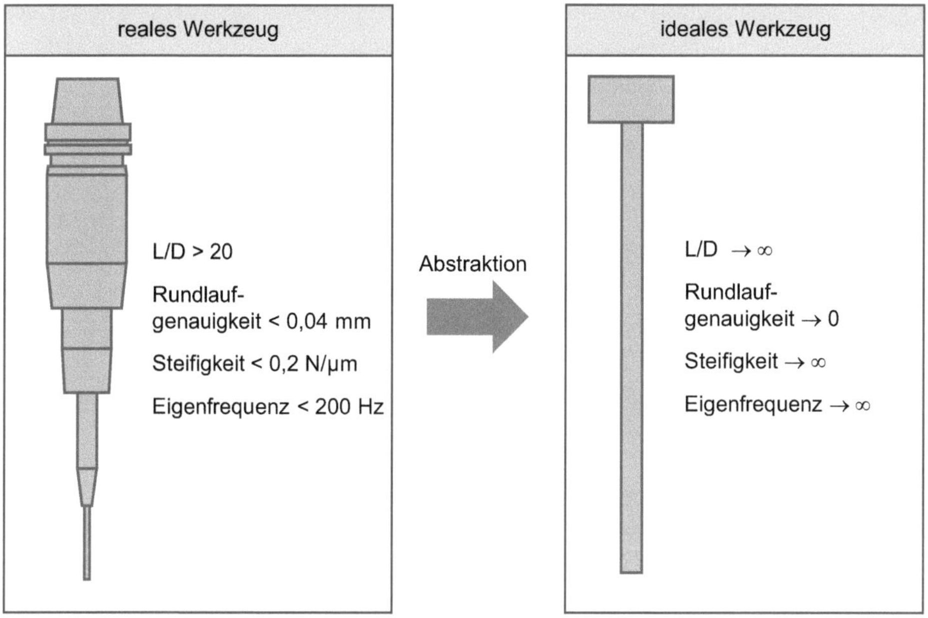

Abb. 8.14. Darstellung eines idealen überlangen Fräswerkzeuges

- Das Werkzeug erfüllt die Hauptfunktion mit höchster Effizienz;
- Die Werkzeugkonstruktion bietet zusätzliche Vorteile.

Zusammenfassend kann das ideale Werkzeug in abstrahierter Form wie in der Abb. 8.14 dargestellt werden. Man kennt aus der Praxis, dass die Formkonturen mit Hilfe von funktionell beschränkten Maschinen und Werkzeugen bearbeitet werden. Im Problemlösungsprozess werden deshalb neu entwickelte technische Werkzeugsysteme immer durch ihren Annährungsgrad an das IER verglichen und bewertet. Die Kriterien dafür bilden die Anforderungen an die Anwendung der HSC-Technologie aus Markterfordernissen und technischer Sicht.

8.5 Lösung der technischen Widersprüche

8.5.1 Präzisierung der Aufgabenbedingungen

Wie bereits dargestellt, ist die Vorhandensein von schlanken Schaftfräswerkzeugen mit einem Schlankheitsgrad $L/D > 20$ für die Bearbeitung tief liegender Formen von Bedeutung. Die Herstellung solcher Formen mit Werkzeugen konventioneller Technik erfüllt die Anforderungen industrieller Bedürfnisse nicht. Die Entwicklung eines schlanken überlangen Werkzeugschaftes mit ausreichender Steifigkeit war und ist der Gegenstand einer

Reihe von Forschungsarbeiten. Die Entwickler neuer Fräswerkzeuge sollen in erster Linie die wichtigen Einflussgrößen in Betracht ziehen, die die sicherheitstechnische Gestaltung leistungsfähiger Werkzeuge in den Vordergrund stellen. Die Aspekte der Arbeitssicherheit beim Einsatz von schnelldrehenden Werkzeugen sind in vielen Standards genau beschrieben und die Anforderungen definiert. Besonders wurde auf die Beurteilung des Gefährdungspotenzials nach einigen Normen große Aufmerksamkeit geschenkt. IN DIN 15641:2001 sind Hinweise für Konstrukteure und Hersteller als Anforderungen zur Gestaltung und Prüfung von HSC-Fräswerkzeugen bereitgestellt. Die Verpflichtung für den Hersteller liegt darin, dass die Werkzeuge bei der HSC-Bearbeitung den quadratisch mit der Drehzahl ansteigenden Fliehkräften standhalten müssen. Vorausgesetzt ist dabei, dass die Sicherheit anderer Teile des Fertigungssystems, wie z. B. die der Maschine, die Aufnahme usw., die zutreffenden Sicherheitsnormen erfüllen. Diese Norm gibt Hinweise zur Minimierung oder Beseitigung der Gefährdungen, die beim Betreiben von Fräswerkzeugen im HSC-Bereich auftreten. Das Gefährdungspotenzial wird durch die auf das Werkzeug wirkende Kräfte in unterschiedlicher Weise beeinflusst. Da die Hauptenergie beim Bruch des Werkzeuges durch die Fliehkraft freigesetzt wird, sollte diese fliehkraftabhängige Eigenschaft als Hauptfaktor für die Gestaltung des langen Werkzeuges berücksichtigt werden. Hauptversagensart der lang auskragenden Werkzeuge ist das Versagen des Grundkörpers, das aufgrund von Schnittkräften, Fliehkräften oder durch eine Unwucht auftreten kann. Eine weitere Einflussgröße ist das Einspannen solcher Werkzeuge in die Spindel, weil die dadurch entstehende Exzentrizität genauso zur Erhöhung der Unwucht führt. Die Bearbeitung bei hohen Drehzahlen ist noch dadurch gekennzeichnet, dass die Fliehkraftbelastungen die Schnittkraft deutlich überschreiten. Daher sollte die Auslegung der Werkzeugkonstruktion unter Beachtung nicht nur prozessspezifischer Belastungen, sondern auch fliehkraftbedingter Belastungen im Werkzeugsystem erfolgen. Letztere entsteht beim Erreichen der programmierten Drehzahl unabhängig vom Werkzeugeingriff.

Die bisherigen Arbeiten haben sich auf Standardfräser konzentriert, die mit ihrer kurzen Länge die erforderliche Arbeitssicherheit sicher erfüllt haben. Die Unwucht an solchen Werkzeugen ist mit genormten Methoden gut zu reduzieren. Die verlangte Wuchtgüte nach ISO 1940 ist eigentlich nur bei kurzen Werkzeugen, die als relativ starrer Rotor betrachtet werden können, realisierbar. Mittlerweile ist man in der Lage Werkzeugsysteme mit kurzen Längen, die die Anforderungen an Prüfung und Einsatz einteiliger und zusammengesetzter HSC-Fräswerkzeuge erfüllen, problemlos herzustellen und einzusetzen (Abb. 8.15). Nach DIN 15641 sollen die einteilige Werkzeugkonstruktion bei zweifacher und die zusammengesetzten Werkzeuge bei 1,6-facher Nenndrehzahl den Sicherheitsnachweis erfüllen. Das führt zu zwangsläufiger Reduzierung der Betriebsdrehzahl der überlangen Werkzeuge, die schon schwingungsbedingt sehr niedrig liegt.

Es existiert bis jetzt keine einheitliche Prüfvorschrift für lange HSC-Fräswerkzeuge. Es sollte trotzdem bei der Entwicklung und dem Einsatz der Werkzeuge die Anforderungen der Fliehkraftprüfungen beachtet werden. Dabei sollten die wichtigsten Werkzeugeigenschaften, die auf die Arbeitsqualität und -sicherheit Einfluss haben, berücksichtigt werden (Abb. 8.16). Die frequenzabhängigen Einflüsse auf die Werkzeugeigenschaften sind hier

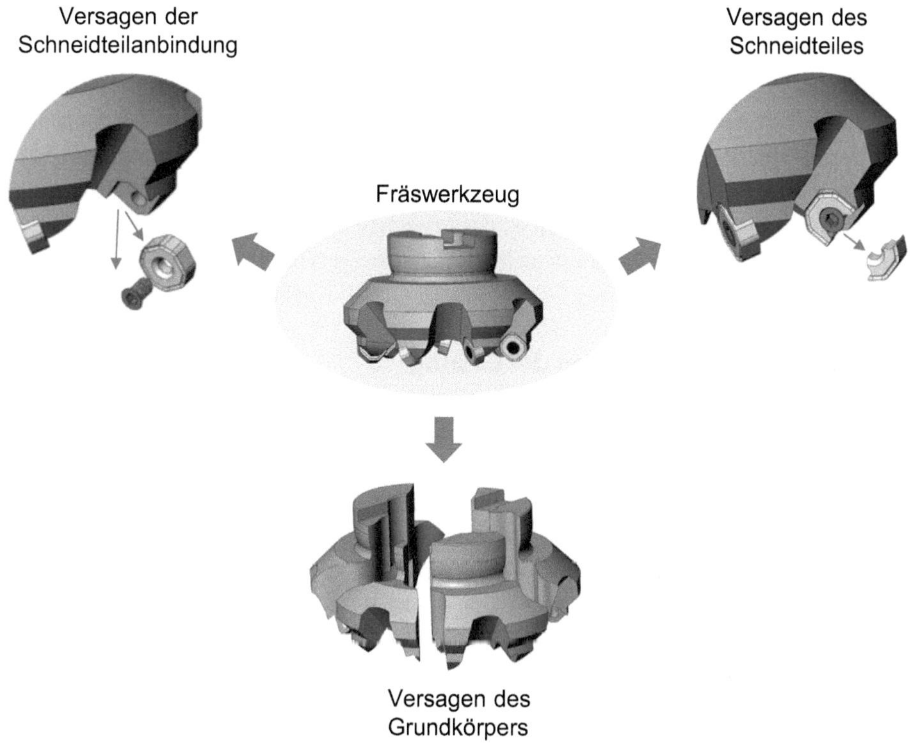

Abb. 8.15 Versagensarten nach DIN ISO 15641

Abb. 8.16. Einflussgrößen auf die Arbeitssicherheit und -qualität beim Einsatz von HSC-Fräswerkzeugen

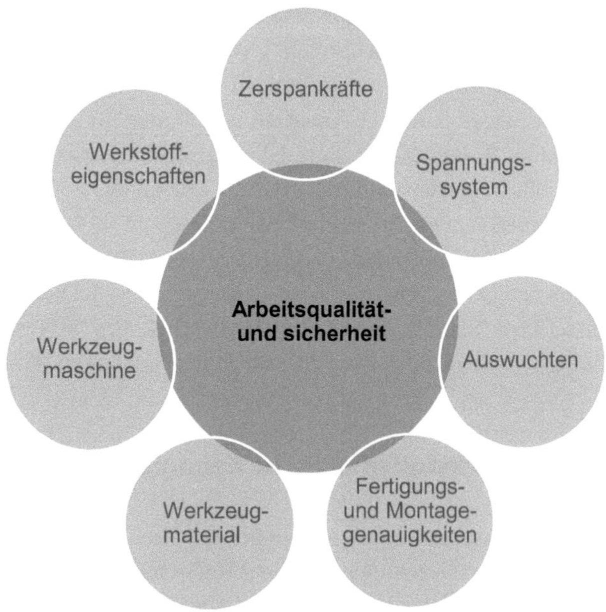

von größter Bedeutung. Bei den zusammengesetzten Werkzeugen sind die hohe Fertigungs- und Montagegenauigkeit sowie sichere Verbindungsarten für deren Funktionalität bei höheren Drehzahlen besonders relevant. Der Schneidteil des Werkzeuges soll konstruktiv möglichst als selbstzentrierend gestaltet werden. Die heute verwendeten HSK-Schnittstellen ermöglichen eine Wechselgenauigkeit von 0,1 bis 0,2 µm. Für die üblichen kurzen Fräswerkzeuge werden eine Plan- und Rundlaufgenauigkeit von weniger als 3 µm garantiert. Bei modular aufgebauten Werkzeugen ist das Erreichen dieser Werte mit großen Prüf- und Einstellarbeiten verbunden und kann nicht immer sichergestellt werden.

8.5.2 Vorgehen zum Finden der Lösung

Die Ziele der Entwicklung bestehen in der konstruktiven Verbesserung sowie der Erweiterung technologischer Einsatzgrenzen. Dabei werden die Werkzeuge, die eine dynamische Beanspruchung ertragen und daraus resultierende hohe Grenzdrehzahlen ermöglichen, gestaltet. Das Problem kann in erster Linie durch die Erhöhung der dynamischen Eigenschaften, wie z. B. des Eigenfrequenzwertes, gelöst werden. Diese Aufgabe umfasst eine Reihe von Themenbereichen. Besonders sind die Methoden der Konstruktionstechnik zur Gestaltung schnell drehender Maschinenteile zu beachten.

Im Rahmen der konstruktiven Gestaltung der Werkzeuggeometrie sollen die Einflussgrößen auf die Werkzeugdynamik – Masse, Steifigkeit und Dämpfung – an die Parameter des idealen Werkzeuges angenähert werden. Es ist notwendig in erster Linie Wege zum konstruktiven Beeinflussen dieser Kenngrößen zu finden, um die Eigenfrequenzen des Werkzeugsystems zu höheren Frequenzen hin zu verschieben. Das kann über die Steifigkeit, eine kleinere Masse, sowie durch die Reduzierung dynamischer Belastungen durch Massen- und Fräskräfte erreicht werden.

Aus der Konstruktionstechnik ist bekannt, dass man das Schwingungsverhalten eines runden Stabes durch die Variation von Werkstoffeigenschaften und Geometrie beeinflussen kann. Basierend auf diese Überlegungen existiert eine Formel für die Eigenfrequenz eines auskragenden Balkens (Gl. 8.3). Die Gl. 8.3 zeigt die Möglichkeiten zur Steigerung der Eigenfrequenz durch steife Materialien mit höherem Elastizitätsmodul. Neben dieser Kenngröße existiert noch ein biegerelevanter Parameter, das Flächenträgheitsmoment, der durch den Querschnitt des Körpers bestimmt wird. Die nähere Betrachtung dieser Verhältnisse lässt Schlussfolgerungen hinsichtlich des Verbesserungspotenzials des Schwingungsverhaltens eines lang auskragenden Balkens zu (Abb. 8.17).

8.5.3 Werkstoffspezifische Kenngrößen

Die Erfüllung der Funktion eines Fräswerkzeuges ist unvermeidlich an die Auswahl geeigneter Werkstoffe gekoppelt. Bei der Herstellung von HSC-Fräswerkzeugen kommen überwiegend Materialien wie Stahl und Hartmetall zum Einsatz. Diese Werkstoffe mit ihren

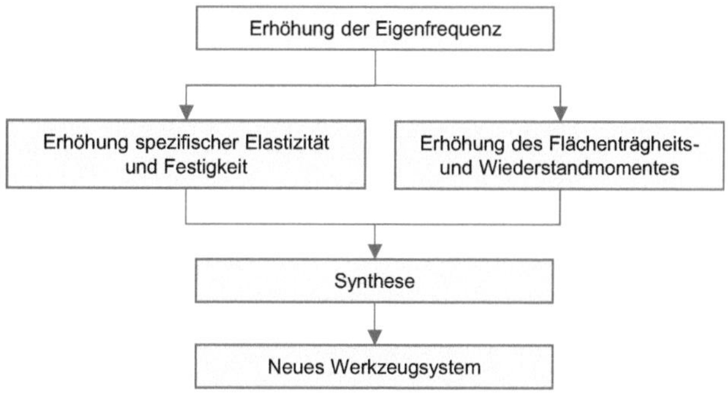

Abb. 8.17 Verbesserungswege des Schwingungsverhaltens eines Werkzeuges

hohen Festigkeitsparametern erfüllen die technischen und wirtschaftlichen Anforderungen der HSC-Bearbeitung am besten, da heutzutage auf dem Markt noch keine Anwendungsfälle von anderen günstigeren Materialien bekannt sind.

Die Gl. (8.3) zeigt werkstoffspezifische Einflussgrößen auf die Eigenfrequenz des langen Schaftes. Hier erregen zwei Faktoren das Interesse: die Steifigkeit und die Masse. Bei optimalen Konstellationen verbessern diese beiden Parameter das dynamische Verhalten des Werkzeuges deutlich. Die Steifigkeit bei vorgegebener Geometrie des Schaftes hängt nur noch vom eingesetzten Werkstoff ab. Je höher die Festigkeitskennwerte (Streck- und Dehnungsgrenze) sind desto steifer ist er. Diese Werte bestimmen unter Einbeziehen der Form und der anliegenden äußeren Kräfte im Wesentlichen die Dimensionierung der Schaftgröße.

Eine weitere Kenngröße ist der Elastizitätsmodul mit dem Gedanken der Konstruktionstechnik, dass der Elastizitätsmodul, als „Federrate" des Bauteiles, für die Größe Abbiegung verantwortlich ist. Das gilt auch für die lang auskragenden Schaftfräser. Der Elastizitätsmodul bestimmt die Verformung des Werkzeuges sowohl unter statischen als auch unter dynamischen Belastungen. Hier ist zu beachten, dass die Materialien mit vergleichbarem Elastizitätsmodul bei höherer Festigkeit auf eine äußere Last unterschiedlich reagieren. Zum Beispiel, werden bei festeren Materialien (höhere Streckgrenze) kleinere Querschnitte gewählt, so wird die zulässige Verformungsgrenze dann schon bei kleineren Belastungen erreicht. Hohe Festigkeitswerte und Elastizitätsmodule sind für die dynamikgerechte Gestaltung von Fräswerkzeugen wichtige Eigenschaften. Durch die Auswahl eines geeigneten Werkstoffes mit höherem Elastizitätsmodul, kann die Grenze des stabilen Arbeitsbereiches der Fräswerkzeuge noch durch Massenminimierung weiter nach oben, zu höheren Frequenzen, verschoben werden. Zur Gestaltung eines langen und leichten Werkzeugschaftes sollen laut Konstruktionsgrundlagen die Materialien mit höheren spezifischen Festigkeiten (σ/ρ) und Elastizitätsmodul (E/ρ)eingesetzt werden. Diese gewichtsbezogenen Größen bestimmen mittlerweile die Entscheidungskriterien für die Herstellung von leichten Konstruktionen. Aus der Werkstofftechnik sind einige praktikable Werkstoffschaubilder für spezifische Kennwerte bekannt [REUT14, SKOL18], WEIS18].

In so einem Schaubild sind der Elastizitätsmodul und die Dichte gegenübergestellt (Abb. 8.18). In dieser Abb. ist zu sehen, dass nur wenige Werkstoffgruppen die Anforde-

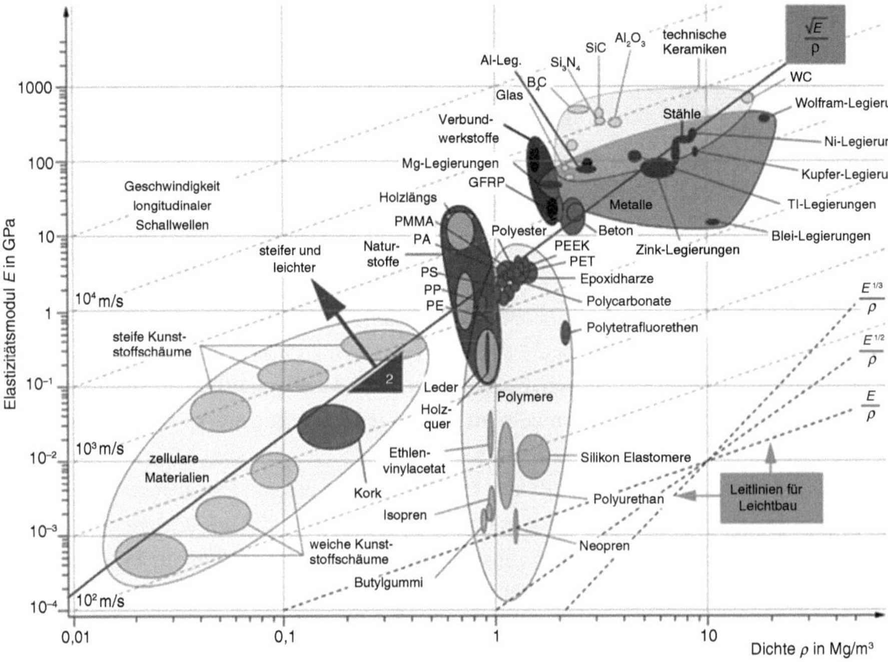

Abb. 8.18 Werkstoffschaubild – die Grenzen der leichten und steifen Bauteile [SKOL18]

rungen „*fest*“, „*leicht*“ und „*steif*“ erfüllen. Als neuere Werkstoffe geltende technische Keramiken können zwar mit ihren Kennwerten mit den typischen Konstruktionswerkstoffen – den Stählen – konkurrieren, scheitern aber an der Bruchempfindlichkeit, die für die Realisierung hochdynamischer Fräsprozesse besonders wichtig ist. Generell sind die spezifischen Werkstoffwerte mit Vorsicht anzuwenden. Obwohl einige Metalle durch ihre geringere Dichte höhere spezifische Elastizitätsmodule als Stahl aufweisen, können sie die Festigkeitsanforderungen hochbelastbarer Bauteile nicht erfüllen. Es besteht die Möglichkeit durch einen Verfestigungsmechanismus die Verformungseigenschaften der Werkstoffe zu beeinflussen. Dabei wird die Elastizitätsgrenze um ein Vielfaches erhöht. Zum Beispiel, kann die spezifische Steifigkeit von Aluminium und Stahl durch Gefügeänderung mehr als verzehnfacht werden. Aluminiumlegierungen ermöglichen dabei sogar eine Festigkeitsgrenze bis zu 700 N/mm². Diese positive Eigenschaft kann aber das Schwingungsverhalten nicht verbessern [DEGI09], da der Elastizitätsmodul unverändert bleibt. Deshalb sollte bei der Werkstoffauswahl die beiden spezifischen Werkstoffkennwerte zusammen betrachtet werden, um die dynamische Belastungsgrenze aufrecht zu erhalten. Die aus der Praxis bekannten hochfesten metallischen Leichtbauwerkstoffe beinhalten hauptsächlich Mg-, AL- und Ti-Legierungen. Darüber hinaus sind Verbundwerkstoffe mit deutlich besseren spezifischen Festigkeitswerten bekannt. Bei der Auswahl der Verbundwerkstoffe spielt die Eigenschaft der Rissbildung eine wichtige Rolle [REUT14]. Den neusten Entwicklungen aus dem Bereich der faserverstärkten Kunststoffverbünde

(Kohlenfasern- CFK) bieten jedoch bessere Werte der Bruchzähigkeit. Ihre Faserstruktur hemmt die Rissausbreitung besser. Die Steifigkeit und das Sicherheitsbedürfnis der unter hoher dynamischer Last arbeitenden Bauteile verlangt viel Wert auf den Ausbreitungsmechanismus der Risse zu legen. Unter diesem Aspekt betrachtet haben die Verbundwerkstoffe die Metalle bei der Werkzeugherstellung noch nicht verdrängen können. Außerdem lassen die Formgebungsverfahren der Verbundwerkstoffe die komplexe Geometrie der Werkzeuggrundkörper noch nicht effizient und genau realisieren.

In der Tab. 8.2 sind exemplarisch einige Werkstoffe für den Leichtbau dargestellt. Der Vergleich der festigkeits- und steifigkeitsrelevanten Kennwerte zeigt das Einsatzpotenzial dieser Werkstoffe zur Gewichtsreduzierung. Wie man sieht, steht der Vorteil leichter Metalle dem niedrigen E-Modul entgegen. Man konnte aus leichtem Werkstoff, Mg- oder Ti-Legierungen, leichteste bzw. steife Biegebalken herstellen, wobei der Kostenfaktor eine wichtige Rolle spielt. Das Anwendungsgebiet von leichten Metalllegierungen mit höheren Festigkeiten beschränkt sich deswegen bis jetzt nur auf die Luft- und Raumfahrt.

Die spezifische Festigkeit aller Werkstoffe fällt mit steigender Temperatur aufgrund abnehmender Bindekraft zwischen den Atomen. Folglich nimmt der Elastizitätsmodul ab und der thermische Ausdehnungskoeffizient steigt [DEGI09]. Aluminium behält seine Festigkeit noch bis max. 250 °C. Titanlegierungen dagegen können noch bei höheren Temperaturen eingesetzt werden. Deren Grenze liegt bei ca. 600 °C. Über dieser Temperatur kann man nur mit Stahllegierungen oder Nickel-Superlegierungen arbeiten. Die dargestellten Erkenntnisse zur Werkstoffauswahl zeigen, dass Stahl aufgrund seiner günstigeren Herstellkosten als Konstruktionswerkstoff für die Herstellung von Werkzeugschäften eingesetzt wird.

Tab. 8.2 Beispiele spezifischer Werkstoffkenngrößen anhand [DEGI09, ILSC10, GOBR09, REUT14]

Werkstoff	*Preis-index**	*Dichte ρ [kg/cm3]*	*Zug-festigkeit [MPa]*	*Spez. Zugfestig. [MPa/g/cm³]*	*E-Modul [GPa]*	*Spez. E-Modul [GPa/g/cm³]*	*Einsatztemperatur, °C*
Mg-Legierung	10	1,8	310	172	45	25	250
Al-Legierung	6	2,7	530	196	70	26	250
Stahl-legierung	1	7,9	1200	151	205	26	900
Titan-legierung	60	4,5	1200	266	115	26	600
CFK-DU 60f(längs)	40	1,7	2100	1235	140	80	400

**ungefährer Preisfaktor bezogen auf 1 kg Baustahl*

8.5.4 Geometrische Kenngrößen

Den Anforderungen an stabile Drehzahlbereiche kann neben den Werkstoffeigenschaften auch mittels der Werkzeuggeometrie entsprochen werden. Die geometriebezogenen Parameter der auskragenden Werkzeuge sind ebenfalls der Gl. 8.3 zu entnehmen. Die Balkenlänge L ist die einflussreichste Größe dieser Gleichung, die eher negativ die Dynamik des Systems beeinflusst. Da das Ziel die Entwicklung eines langen Fräswerkzeuges ist, soll dieser negative Einfluss durch die Optimierung anderen Parametern kompensiert, wenn möglich, sogar eliminiert werden. Es ist bekannt, dass man durch die gezielte Änderung der Materialkonzentrationen am Körper bessere dynamische Eigenschaften erreichen kann. Die Materialanhäufungen am runden Balken hängen überwiegend von der Querschnittsstruktur und der Dichte des eingesetzten Werkstoffes ab. Abb. 8.19 stellt die Einflüsse dieser beiden Parameter auf die Eigenfrequenz des Balkens in einem dimensionslosen Diagramm dar. Als konstruktionsrelevante Parameter wurden die Masse und der Außendurchmesser des Balkens gewählt. Die Graphen zeigen die Änderung der Quotienten $\frac{D}{\sqrt{\rho}}$ bei der Steigerung einzelner dieser Parameter bis zum Faktor 5. Für erste numerische Betrachtungen wurden ein voller Schaftquerschnitt und die spezifische Werkstoffdichte herangezogen. Die Vergrößerung des Querschnittes führt zum stärkeren Anstieg der Eigenfrequenz, als die Reduzierung der Dichte des Werkstoffes. Das hängt damit zusammen, dass der Durchmesser D einen linearen Zusammenhang mit der Eigenfrequenz hat und die Dichte in der Wurzel steht und damit eine schwächere Wirkung zeigt [LEOP99]. Ein weiteres Verbesserungspotenzial zur Erhöhung der Eigenfrequenz bietet eine Änderung der Querschnittform des Balkens. Mit der Anwendung verschiedener Querschnittsformen kann ein höheres Flächenträgheitsmoment erzielt werden. Bei den Fräswerkzeugen bietet sich aufgrund der runden Außengeometrie ein Hohlschaft an. Wie in Abb. 8.19 dargestellt, erbringt die Anwendung eines rohrförmigen Querschnittes mit einer Wanddicke von 2 mm eine deutlich erhöhende Wirkung auf die Eigenfrequenz. Die Anwendung rohrförmiger

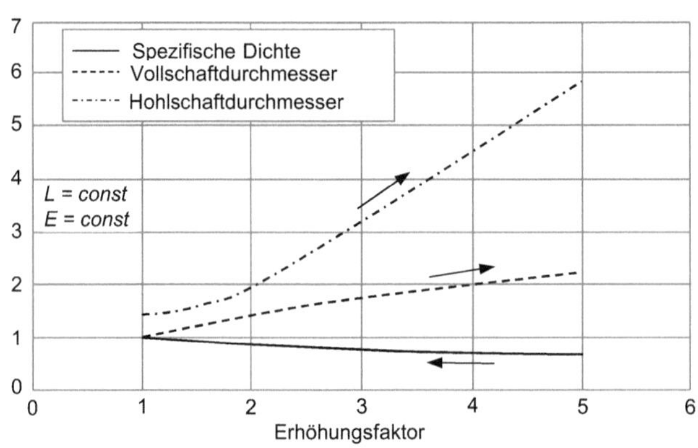

Abb. 8.19 Einflüsse auf die Eigenfrequenz eines einseitig gespannten Balkens

Querschnitte bringt zweierlei Effekte mit sich. Einerseits führen sie durch ihre höheren Flächenträgheitsmomente zu geringeren Verformungswerten bei Biegebelastungen, andererseits geben sie die Möglichkeit mit ihren kleinen Querschnitten die Masse deutlich zu reduzieren. Diese beiden Effekte erhöhen die Eigenfrequenz. Um die Einflüsse von geometrischen Systemverhältnissen auf die Werkzeugdynamik qualitativ und quantitativ zu bewerten, verwendet man einen Formfaktor. Der Formfaktor (K_f) ist eine dimensionslose Zahl, die den Widerstand einer Querschnittgeometrie gegen Verformung bei bestimmten Biegebelastungen charakterisiert. Mit diesem Faktor kann man das Verhältnis verschiedener Querschnitte zueinander beurteilen.

Der Formfaktor wird aus Gl. 8.3 unter Berücksichtigung des Flächenträgheitsmoments für den Hohlschaft abgeleitet

$$f_{1b} = \frac{\mu_1^2 D}{32\pi L^2} \cdot K_f \cdot \sqrt{\frac{E}{\rho}} \tag{8.4}$$

mit

$$K_f = \sqrt{\left(1 + \frac{d^2}{D^2}\right)} \tag{8.5}$$

In der Tab. 8.3 ist der Einfluss des Formfaktors auf die Eigenfrequenz für einige d/D-Verhältnisse angegeben. Daneben ist der zugehörige Massenverkleinerungsfaktor

Tab. 8.3 Einfluss des Formfaktors auf die Massenverteilung

d/D	*Formfaktor zur Eigenfrequenz-vergrößerung K_f*	*Kreis-querschnitte*	*Massen-Verkleinerungs-faktor K_m*
0	1	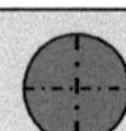	1
0,5	1,11	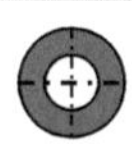	0,75
0,6	1,16	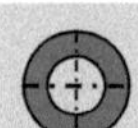	0,64
0,7	1,22	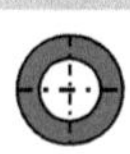	0,51
0,8	1,28	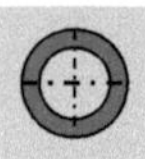	0,36
0,9	1,34		0,2

$K_m = m_{hohl}/m_{voll}$ bestimmt. Es ist ersichtlich, dass schon eine geringere Vergrößerung des Innendurchmessers eine deutliche Erhöhung der Eigenfrequenz und Reduzierung der Masse zur Folge hat. Bei einem Durchmesserverhältnis von *d/D* = 0,7 wird bei gleicher Tragfähigkeit gegenüber dem Vollschaft fast 50 % Gewicht eingespart. Die Überschlagsrechnungen für unterschiedliche Schaftparameter in den Tab. 8.4 und 8.5 stellen die Verbesserung der 1. Eigenfrequenzwerte dar. Man kann theoretisch durch die Verringerung der Wanddicke des Hohlschaftes noch eine zusätzliche Steigerung dieser Werte erzielen. Die Wanddicke des Schaftes sollte anhand der Biegebelastungen, die beim Fräsen entstehen, unter den Bedingungen der Gestaltfestigkeit ermittelt werden.

Die Analyse der Werte für unterschiedliche *L/D* – Verhältnisse in den Tabellen lässt erkennen, dass das große *L/D*-Verhältnis nicht immer als ein Maß für die Grenzleistung eines langen HSC-Fräswerkzeuges angewendet werden kann. Beispielsweise hat ein Schlankheitsgrad *L/D* = 10 für einen Schaft mit *D* = 10 mm eine ganz andere Bedeutung als bei einem Schaft mit D = 20 mm. Hier ist die Eigenfrequenz des kleinen Schaftes im Vergleich zum großen Schaft fast doppelt so hoch (s. Tab. 8.4 und 8.5). Das ist damit zu erklären, dass bei kleinen Werkzeugen die Wechselwirkung zwischen Länge, Durchmesser und Masse eine größere Rolle spielt, wobei die abnehmende Länge noch stärker zu Steigerung der Eigenfrequenz beiträgt (s. Gl. 8.3).

Die geringere Masse und die höhere Fertigungsgenauigkeit kleinerer Fräswerkzeuge begünstigen die Prozessstabilität. Die Unwucht bleibt deutlich unter dem biegekritischen Wert, was eine Bearbeitung bei deutlich höheren Drehzahlen möglich macht.

Um diese Effekte anschaulich zu machen, sind in Abb. 8.20 die berechneten Unwuchten U anhand der Gl. 8.3 für verschiedene Schlankheitsgrade dargestellt.

Tab. 8.4 Eigenfrequenzen eines runden Hohlschaftes mit einer Wanddicke von 2 mm

	Schaftaußendurchmesser D/mm/						
Auskraglänge L/mm/		10	12	14	16	18	20
	100	**843,67**	1043,36	1244,65	1446,88	1649,70	1852,91
	120	585,88	**724,55**	864,34	1004,78	1145,62	1286,74
	140	430,44	532,33	**635,03**	738,20	841,68	945,36
	160	329,56	407,56	486,19	**565,19**	644,41	723,79
	180	260,39	322,02	384,15	446,57	**509,17**	571,89
	200	210,92	260,84	311,16	361,72	412,42	**463,23**
	220	174,31	215,57	257,16	298,94	340,85	382,83
	240	146,47	181,14	216,09	251,19	286,41	321,69
	260	124,80	154,34	184,12	214,04	244,04	274,10
	280	107,61	133,08	158,76	184,55	210,42	236,34
	300	93,74	115,93	138,29	160,76	183,30	205,88
	320	82,39	101,89	121,55	141,30	161,10	180,95
	340	72,98	90,26	107,67	125,16	142,71	160,29
	360	65,10	80,51	96,04	111,64	127,29	142,97
	380	58,43	72,25	86,19	100,20	114,24	128,32
	400	52,73	65,21	77,79	90,43	103,11	115,81

Tab. 8.5 Eigenfrequenzwerte eines vollen runden Schaftes

	Schaftdurchmesser D/mm/						
		10	12	14	16	18	20
Auskragläng e L/mm/	100	**723,44**	868,13	1012,81	1157,50	1302,19	1446,88
	120	502,39	**602,87**	703,34	803,82	904,30	1004,78
	140	369,10	442,92	**516,74**	590,56	664,38	738,20
	160	282,59	339,11	395,63	**452,15**	508,67	565,19
	180	223,28	267,94	312,60	357,25	**401,91**	446,57
	200	180,86	217,03	253,20	289,38	325,55	**361,72**
	220	149,47	179,37	209,26	239,15	269,05	298,94
	240	125,60	150,72	175,84	200,96	226,07	251,19
	260	107,02	128,42	149,82	171,23	192,63	214,04
	280	92,28	110,73	129,19	147,64	166,10	184,55
	300	80,38	96,46	112,53	128,61	144,69	160,76
	320	70,65	84,78	98,91	113,04	127,17	141,30
	340	62,58	75,10	87,61	100,13	112,65	125,16
	360	55,82	66,99	78,15	89,31	100,48	111,64
	380	50,10	60,12	70,14	80,16	90,18	100,20
	400	45,21	54,26	63,30	72,34	81,39	90,43

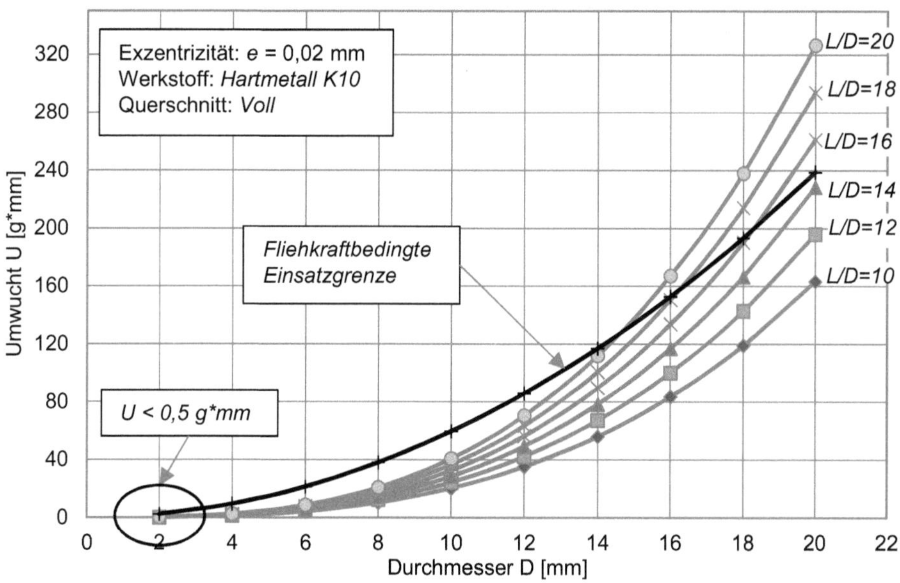

Abb. 8.20 Einfluss des Schlankheitsgrades eines runden Balkens auf die Unwucht

$$U = e \cdot m \tag{8.6}$$

Der quantitative Vergleich der Unwucht erfordert die Bestimmung der zulässigen Unwuchtwerte, die von der zulässigen Fliehkraft abhängig ist. Die kritischen Fliehkräfte ($F_{fl.}$) kann man aus der Festigkeitsberechnung nach der Gl. 8.4 bestimmen.

$$\sigma_b = \frac{M}{W} \rightarrow \sigma_b = \frac{F \cdot L}{W} \rightarrow F_{fl.} = \frac{\sigma_b \cdot W}{L} \tag{8.7}$$

Anhand der kritischen Fliehkraft lässt sich die zulässige Unwucht ($U_{zul.}$) für jede Werkzeuggeometrie berechnen.

$$U_{zul.} = \frac{F_{fl}}{\omega^2} \tag{8.8}$$

Die berechnete Unwuchtgrenze für $L/D = 20$ und $\sigma = 1200$ MPa wurde im Diagramm Abb. 8.20 eingetragen. Es ist zu erkennen, dass die zulässigen Unwuchtwerte deutlich über den berechneten Werten liegen. Das bedeutet, dass die entstehenden unwuchtbedingten Fliehkräfte bei den Resonanzdrehzahlen nicht unbedingt zum Bruch des kleinen Werkzeuges führen.

Die praktischen Erfahrungen belegen, dass man durch den Einsatz kleiner Fräser die Kavitäten an Sandformen erfolgreich bearbeiten kann. Da die fertigungs- und einspannbedingte Unwucht niedrig ist, durchfährt der Fräser den kritischen (Resonanz) Drehzahlbereich problemlos und schafft so die Bedingung zur Bearbeitung im überkritischen Drehzahlbereich. Der relativ kleine Spanungsquerschnitt ermöglicht die Hohlkehlen an Formsegmenten mit diesen Werkzeugen im überkritischen Drehzahlbereich effektiv auszuräumen (Abb. 8.21).

8.5.5 Grenze der Optimierungsmöglichkeiten

Für die Dimensionierungsrechnungen eines überlangen Werkzeugs bildet die Ermittlung der auf den Schaft wirkende Kräfte und Momente eine wichtige Grundlage. Diese während der Zerspanung auftretende Belastung lässt die Festigkeitsanforderungen an die Werkzeuge definieren und quantitativ abschätzen. Wie vorher dargestellt, entstehen beim Fräsen von stäubenden Werkstoffen relativ geringere Spanungskräfte. Die Werkstoffe, wie gebundener Sand, grüne Keramik und Grafit liefern vergleichbare spezifische Schnittkräfte. Daher kann bei der Auslegung eines Werkzeuges überschlägig von einer spezifischen Schnittkraft von 100 N/mm^2 ausgegangen werden. Die maximale Schnittkraft lässt die zulässige Biegefestigkeit für den ausgewählten Werkstoff und Querschnittgeometrie statisch berechnen. Da beim Fräsen der dynamische Anteil der auf das Werkzeug wirkenden Kräfte eine besondere Rolle spielt, ist die statische Belastungsbestimmung nur für das Betreiben des Werkzeuges in schwingungsarmen Drehzahlbereichen gültig. Die Schaftwerkstoffauswahl ist eng mit den auf das Werkzeug wirkenden dynamischen Kräften verbunden. Voran steht der wirtschaftliche Grundsatz, dass der Werkstoff nicht hochwertiger und teurer sein darf, als für den praktischen Zweck erforderlich ist. Obwohl die Gewichtsbeschränkungen zu kleineren Abmessungen und damit höherer Beanspruchung zwingen, sollte man versuchen ohne Verwendung von Sonderwerkstoffen, wie Ti-Legierungen, aus-

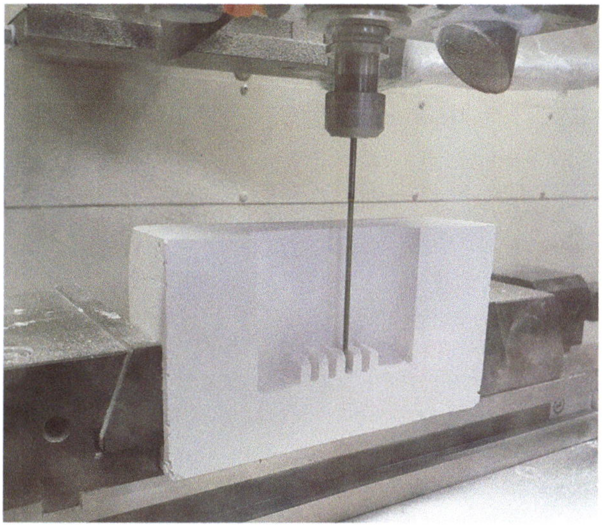

Schneidstoff: Hartmetall K10
Durchmesser: D=3mm
Schlankheitsgrad: L/D=37
Drehzahl: 15000 U/min
1.Eigenfrequenz: 205 Hz
Werkstoff: Modellgips

Abb. 8.21 Fräsen mit extrem schmalem Fräswerkzeug

zukommen. Schließlich soll das Werkzeug kostengünstig sein. Daher sind die Versuche mit Stahlwerkstoff aufgrund seiner mechanischen Eigenschaften und niedrigen Kosten sinnvoll.

Die durchgeführte Analyse von Einflussgrößen auf die Prozessstabilität zeigt die Bedeutung der Geometrie und der damit zusammenhängende Masse für die Unwucht, die mit wachsender Schlankheit des Werkzeuges zunimmt. Durch eine günstige Gestaltung des Werkzeugschaftes kann die Einsatzgrenze von lang auskragenden Werkzeugen hinsichtlich der dynamischen Belastungen erhöht werden. Eine Geometrieoptimierung bietet die Möglichkeit den Eigenfrequenzwert signifikant zu beeinflussen. Für die Fräsaufgabe bei der Herstellung einer komplexen Bauteilgeometrie aus stäubenden Materialien eignet sich ein Schaftfräser mir verlängertem Halter. Aufgrund des höheren Trägheitsmoments ist es sinnvoll den Querschnitt des Schaftes hohl zu bauen. Die Parameter eines Werkzeugschaftes werden mittels Berechnung bestimmt. Nachdem der Schaft unter Zugrundelegung des ausgesuchten Querschnittes entworfen ist, können die zulässigen Parameter des Werkzeuges (D, d, L) und der Nachweis der Sicherheit auf Dauerfestigkeit geführt werden. Alle hierfür benötigten Angaben sind bekannt bzw. können bestimmt werden. Neben den Festigkeitsanforderungen ist für die Dimensionierung des Schaftes die kritische Drehzahl, bedingt durch die 1. Eigenfrequenz, ausschlaggebend. Unter Berücksichtigung der beiden Faktoren existiert folgender Zusammenhang für den Hohlschaft:

$$\sigma_{bzul} = \frac{F \cdot L \cdot 32 \cdot D}{\pi \cdot \left(D^4 - d^4\right)} \tag{8.9}$$

Die Gl. 8.9 zeigt die mindernde Wirkung der Wanddicke auf die entstehende Biegespannung. Mit zunehmender Wanddicke steigt das Widerstandsmoment des Schaftquerschnittes, welches für die Übertragung großer Kräfte und Momente verantwortlich ist. Hier sieht man, dass der hohle Querschnitt zwar bessere dynamische Eigenschaft aufweist, er aber keine große Kraft aufnehmen kann.

Löst man Gl. 8.7 nach d auf, so ergibt sich

$$d = \sqrt[4]{D^4 - \frac{32 \cdot F \cdot L \cdot D}{\pi \cdot \sigma_{bzul}}} \tag{8.10}$$

Für eine technische Restriktion, die die Werkstoffkennwerte und die gewünschte Werkzeuglänge umfasst, erhält man eine direkte Abhängigkeit der beiden Durchmesser. Eine ausreichende Wanddicke ist erforderlich, um eine unzulässige Verformung des Schaftes beim Fräsen zu vermeiden. Damit setzt die schwingungsgerechte Gestaltung des Hohlschaftes eine entsprechende Beziehung voraus. Unter Berücksichtigung der Gl. 8.6 ergibt sich für den Formfaktor K_f der Eigenfrequenz

$$K_f = \sqrt{1 + \sqrt{1 - \frac{32FL}{\pi\sigma_{bzul} D^3}}} \tag{8.11}$$

Die berechnete 1. Biegeeigenfrequenz eines Hohlschaftes aus Stahl mit einer Auskraglänge von 200 mm liegt bei 260 Hz. Das bestätigt auch die durchgeführte Messung an einem realen Werkzeug (Abb. 8.22). Die berechnete Eigenfrequenz eines vollen Schaftes mit diesen Parametern beträgt 217 Hz.

Eine andere Optimierungsmöglichkeit beinhaltet eine weitere Reduzierung der Masse durch Verjüngung des Schaftquerschnittes entlang der Drehachse. Aus der Festigkeitslehre ist bekannt, dass man durch die Anpassung der Kontur eines einseitig festgespannten Balkens entlang seiner Längsachse eine konstante Biegespannung gewährleisten kann. Im Rahmen einer Forschungsarbeit [HENT01] wurden zu diesem Zweck ein Hohlschaft mit

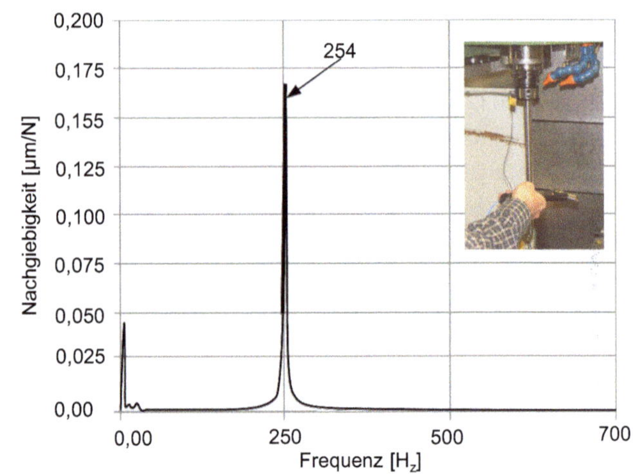

Abb. 8.22 Dynamische Parameter des Fräswerkzeuges mit einem Stahlschaft

einem Außendurchmesser $D = 12$ mm und einer Auskraglänge $L = 284$ mm aus Stahl erprobt. Der kegelige Innendurchmesser verjüngte sich nach Durchführung der Festigkeitsberechnungen von 11 auf 8 mm. Die Verjüngung führte zu einer Materialeinsparung von 50 %. Die dynamische Eigenschaft des innen bearbeiteten Schafts hat sich im Vergleich zum zylindrischen Schaft deutlich verbessert, d. h. es führte zur Erhöhung der Eigenfrequenz um 30 % (Tab. 8.6).

In den bisherigen Darlegungen wurden die wichtigsten Schritte zur Konzeption der Werkzeugsysteme und Auslegungsverfahren für die Bearbeitung von stäubenden Werkstoffen dargestellt. Als wesentliches Hemmnis zu Realisierung eines an die Aufgabe angepassten Werkzeugkonzeptes erwiesen sich nach einer Analyse der Anforderungen im Bereich Werkzeuggestaltung die unwuchtbedingten Belastungen. Im Rahmen der geometrischen Modellierung zeigte sich sehr frühzeitig die Notwendigkeit der Schaffung einer sicheren mathematischen Grundlage zur Behandlung der Geometrieveränderungen.

Die Verwirklichung einiger Konzepte zur Auslegung der Geometrie und in gewissen Grenzen auch der dynamischen Parameter nach vorgegebener Aufgabe zeigte deutlich die Grenzen einer Verbesserung der Werkzeugkenngrößen. Die Verbesserung ermöglicht die Eigenfrequenz des schlanken Werkzeuges um ca. 50 % zu erhöhen. Da diese Werte relativ niedrig sind (um 200 Hz), bewegt man sich trotz der eingeleiteten Maßnahmen in einem sehr niedrigen Drehzahlbereich (ca. bis 8000 min^{-1}), was das volle Ausschöpfen des Potenzials der HSC-Bearbeitung verhindert. Ein optimales Werkzeugsystem sollte die Bearbeitung um 400 Hz zu lassen. Es ist deutlich, dass man durch Verbessern nur die Grenze der technischen Restriktion nach oben verschoben hat (Abb. 8.23). Das Überwinden die-

Tab. 8.6 Erhöhung der 1. Eigenfrequenz durch Optimierung der Geometrie des Werkzeugschaftes ($D = 12$ mm, $d = 8$ mm, $L = 284$ mm, Werkstoff: Hochfester Stahl)

	Vollschaft	Zylindrischer Hohlschaft	Kegeliger Hohlschaft
1. Eigenfrequenz in [Hz]	98	118	156

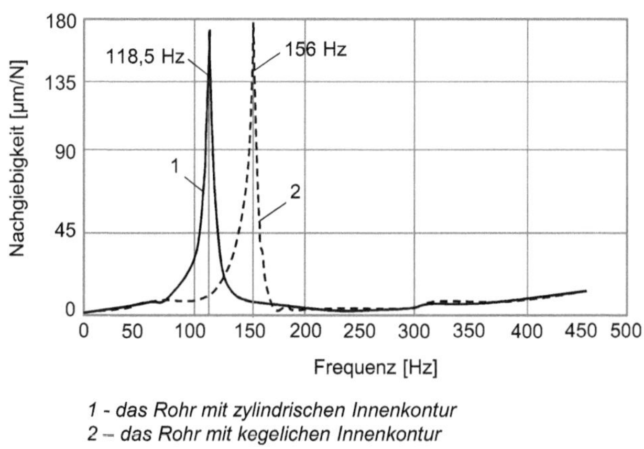

Abb. 8.23 Ermittelte Eigenfrequenzen der optimierten Hohlschäfte

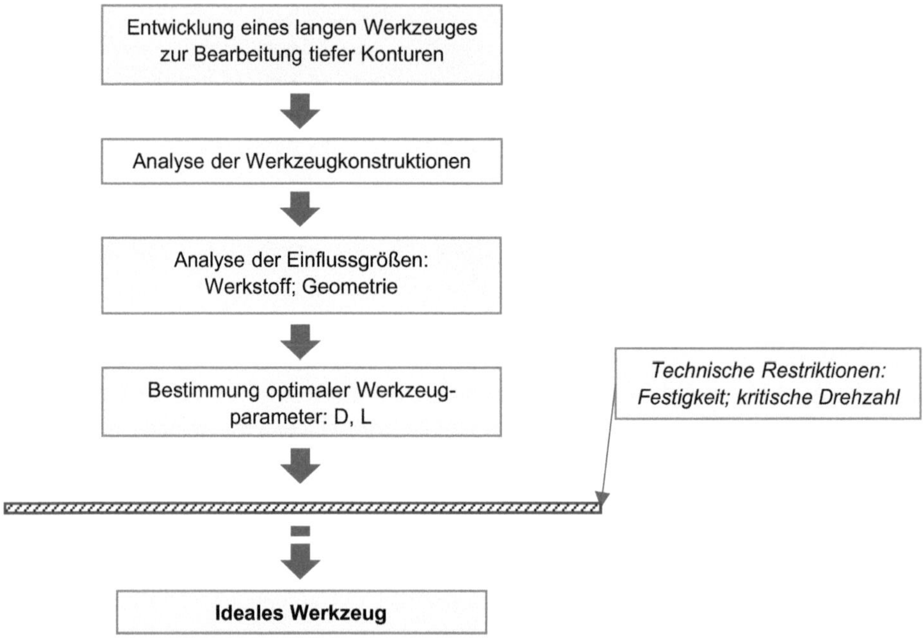

Abb. 8.24 Optimierungswege in Richtung des idealen Werkzeuges

ser Restriktion verlangt die Behandlung der Aufgabe mittels kreativer Lösungsmethoden, die neue unkonventionelle Wege anbieten (Abb. 8.24).

Zur Lösung technischer Widersprüche existieren einige Prinzipien, die in tabellarischer Form vorliegen [ALTS73]. Neben dieser können hier verschiedene nichtalgorithmische Methoden, die von Altschuller entwickelt wurden, angewendet werden.

8.5.6 TRIZ Werkzeuge zur Beseitigung von technischen Widersprüchen

Kehren wir zurück zur Aufgabenstellung der Entwicklung eines überlangen Fräswerkzeuges. Die Bearbeitung tiefer Konturen verlangt ein Werkzeugsystem, das mindestens bei einer Drehfrequenz von 500 Hz sicher eingesetzt werden kann. Dieser Frequenzbereich deckt alle in der Praxis eingesetzten Frässpindeln ab. Da die Gestaltung so eines Werkzeuges den physikalischen Gesetzmäßigkeiten unterworfen ist, liegt die Eigenfrequenz von überlangen Werkzeugen im Außendurchmesserbereich D von 8–12 mm und einer Auskraglänge L von ca. 250 mm um 200 Hz. Dieser Wert kann zwar durch Optimieren erhöht werden aber es wird damit keine Grundlage zum Auslegen der Werkzeuge, die bei höheren Drehzahlen eingesetzt werden können, geschaffen. Durch die Verbesserung werden die technischen Restriktionen hinsichtlich des Resonanzbereichs der Drehzahlen vor sich hergeschoben (Abb. 8.25). Damit ist der technische Widerspruch, der in Abschn. 8.3 formuliert wurde, nicht beseitigt.

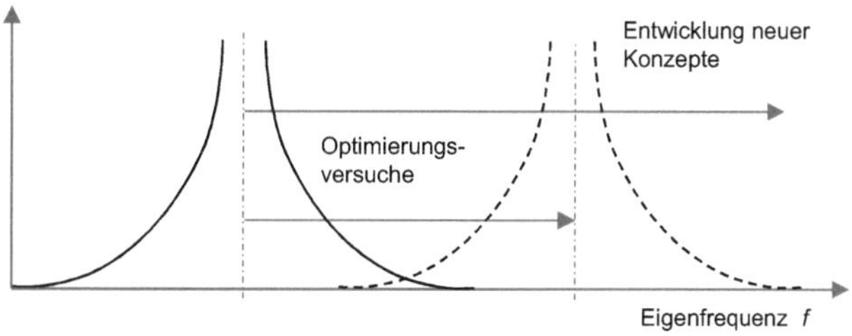

Abb. 8.25 Verschiebung der Grenze des kritischen Drehzahlbereiches

Was ist nun zu tun? In der TRIZ-Methode ist ein spezieller Operator, MZK (Maß; Zeit; Kosten), vorhanden, der es ermöglicht bei Variation der Rahmenbedingungen der Aufgabenstellung durch extreme Veränderung von drei vorgegebenen Parametern zu einer Lösungsidee zu gelangen [ZOBE09]. Nach Altschuller sollte man zuerst das Verhalten des technischen Systems bei seinen Grenzwerten gedanklich untersuchen. Konkret wird empfohlen sich das technische System zunächst sehr groß, danach verschwindend klein vorzustellen.

Was wäre, wenn die Werkzeugdimensionen sehr klein oder sehr groß wären? Man nennt in der Fachliteratur immer den Schlankheitsgrad als Indikator für dynamische Eigenschaften des Werkzeuges. Ob diese Kenngröße bei sehr kleinen oder bei sehr großen Durchmessern zutreffend ist, hat eine hohe Bedeutung für die Konstruktionshinweise. Wenn man den Werkzeugdurchmesser (*D*) auf 3 mm reduziert, verhält sich das Fräswerkzeug ganz anderes, als es bei mittelgroßen Werkzeugen der Fall ist. Wie schon dargestellt, wird das kleine Werkzeug aufgrund geringer Unwucht die kritische Drehzahl problemlos durchfahren. Die Durchfahrt kritischer Bereiche eröffnet neue stabile Drehzahlbereiche zur HSC-Bearbeitung.

Bei Vergrößerung des Durchmessers erkennt man einen anderen Effekt. Mit großen Durchmessern erreicht man die hohen Schnittgeschwindigkeitswerte schon bei relativ kleinen Drehzahlen. Ein Werkzeug mit einem Durchmesser von 30 mm ermöglicht schon bei einer Drehzahl von 10.000 min^{-1} eine Umfanggeschwindigkeit von 940 m/min, was bei kleinen Fräsern die doppelte oder dreifachen Umdrehungszahl verlangt. Daraus ist ersichtlich, dass die mit der Zunahme des Durchmessers stark steigende Schnittgeschwindigkeit die HSC-Bearbeitung noch im konventionellen Drehzahlbereich ermöglicht. Ausgehend von dieser Überlegung kommt man auf die Idee die überlangen Werkzeuge im überkritischen Drehzahlbereich zu betreiben. Vorteile der Bearbeitung im überkritischen Drehzahlbereich sind aus der Rotortechnik bekannt. Im überkritischen Bereich schwingt die Welle mit einer konstanten Amplitude unabhängig von der Drehzahl. Das ist auf das Gleichgewicht zwischen der Massenkraft der Welle und der durch Unwucht bedingten Fliehkraft zurückzuführen. Mit steigender Drehfrequenz steigt in diesem Bereich die dynamische Steifigkeit mit der Winkeldrehfrequenz quadratisch an [SNEI13].

Wie gelangt man in den überkritischen Bereich? Genau hier konfrontiert man sich mit den technischen Widersprüchen, die uns daran hindern ein ideales Werkzeug zubauen. Es ist bekannt, dass die Frässpindel eine gewisse Zeit zum Hochlauf benötigt. Obwohl diese Zeit sehr kurz ist (i. R. $<$ 4 Sek.) reicht es zur Erregung der durch Unwucht bedingten

Schwingungen aus, besonders im Resonanzbereich. Wenn man die Beschleunigung der Spindel nach dem MZK-Operator theoretisch extrem erhöhte, dann könnte man rasch den kritischen Drehzahlbereich durchfahren, so dass das System nicht dazu kommt sich zu anzuregen. Dieser Effekt ist durch das Verhältnis der Drehwinkelbeschleunigung (α) zur Kreisfrequenz (ω) bestimmt (Abb. 8.26). Bei einem großen Verhältnis tritt die Maximalamplitude nicht beim Übereinstimmen von Erreger- und Eigenfrequenz, sondern etwas später auf. Die Amplitude verringert sich je schneller der Resonanzdurchlauf erfolgt [DRE16]. Die technische Realisierung dieser Idee ist aufgrund des Nichtvorhandenseins entsprechender Motortechnik nicht möglich.

Eine Möglichkeit zum Überwinden kritischer Drehzahlbereiche bietet das Auswuchten des Werkzeuges auf „Null"-Restunwucht. Das Ziel der praktizierten Auswuchtverfahren liegt darin die unsymmetrische Massenverteilung eines rotierenden Körpers bezüglich seiner Drehachse oder der zentralen Hauptträgheitsachse zu minimieren. Hier sind die

- statische Unwucht,
- Momentunwucht und
- dynamische Unwucht

zu unterscheiden. Wenn die Hauptträgheitsachse des Körpers zu seiner Drehachse parallel verschoben ist, dann entsteht eine Verschiebung des Massenmittelpunkts. Die dadurch resultierende Massenmittelpunktexzentrizität beschreibt die statische Unwucht. Die Schieflage der Drehachse des Körpers zur Hauptträgheitsachse verursacht eine Momentenunwucht, die bei der Drehung des Körpers zu einem Biegemoment führt. Die Kombination oder Überlagerung beider Unwuchten ist die dynamische Unwucht. Die dynamische Unwucht spielt beim Einsatz von überlangen Werkzeugen die wesentliche Rolle [FEDE11, KELL87, LEVI86, SNEI13]. Um diese Unwucht an den Fräswerkzeugen mittels eines Ausgleichstoffes zu minimieren, wird das Werkzeug auf einer Auswuchtmaschine in mehreren Ebenen gewuchtet. Ein automatisches Auswuchten der Fräswerkzeuge

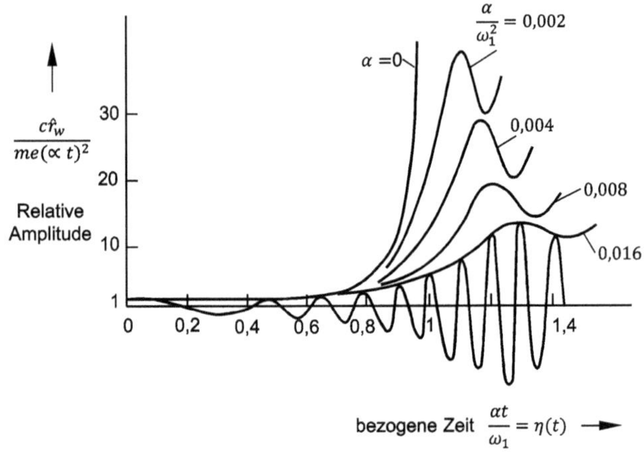

Abb. 8.26 Abhängigkeit der Amplitude von der Drehwinkelbeschleunigung bei Resonanzdurch-fahrt [DRE16]

ist nicht möglich, da das Einbringen der Auswuchtvorrichtung direkt an der Spitze des Werkzeugschaftes seine technologische Einsatzmöglichkeit zu stark einschränkt. Fräswerkzeuge mit einem Auswuchtring zeigen die Probleme solcher Realisierungen deutlich [DEIS04, KAUF04]. Aus den dargestellten Erkenntnissen ist ersichtlich, dass man durch statisches Auswuchten die Unwucht nicht auf ein Niveau senken kann, dass diese im kritischen Drehzahlbereich unwirksam bliebe.

Auf der Suche nach einer Lösung nutzt man wieder TRIZ-Werkzeuge. Man beschreibt das Problem mit Hilfe der Methode der „kleinen Zwerge“. Die Zwerge-Modellierung beruht auf der „Empathie“ des Entwicklers. Beim Denken versetzt er sich körperlich in die Lage des zu verbessernden technischen Systems und überlegt was er tun würde um das Problem zu lösen. Altschuller hat für die Modellierung der Problemstellung so genannte kleine Zwerge, die enorme Eigenschaften und Fähigkeiten zur Ausführung aller möglichen Bewegungen haben, eingeführt.

Theoretisch betrachtet könnte ein überlanges Werkzeugsystem ohne Unwucht bedenkenlos den kritischen Drehzahlbereich durchfahren. Das ist aber wegen der immer auftretenden Unwucht nicht möglich. Die ins System eingeführten Zwerge sollen dem Werkzeug beim Durchfahren kritischer Bereiche helfen.

Die in der Abb. 8.27 dargestellte Konstruktion zeigt die Arbeit der Zwerge modellhaft. Die kleinen Zwerge stützen den Schaft an der Spitze bei der Drehbewegung und dadurch stabilisieren sie seine Bewegung gegen die Schwingungen. Wie kann man die Arbeit der Zwerge technisch umsetzten? Aus der Rotortechnik ist bekannt, dass man zur Begrenzung der Rotorausbiegungen Fanglager einsetzt. Ein Fanglager umfasst ein zu-

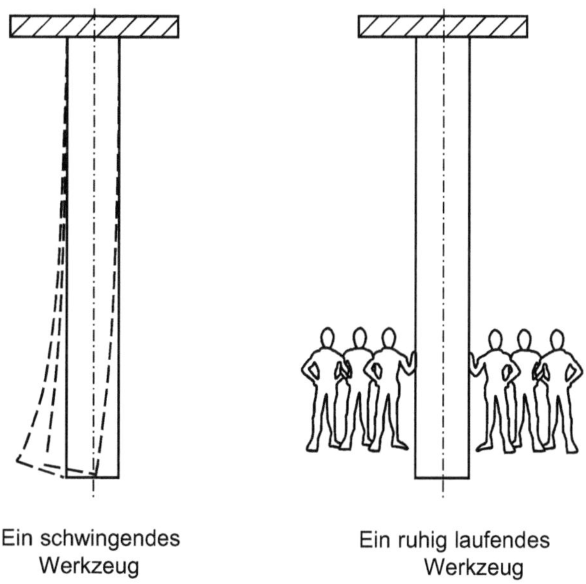

Abb. 8.27 Zwerge als Stütze des Werkzeugschaftes

sätzliches Lager, das im normalen Betriebszustand durch einen Spalt vom Rotor getrennt ist und damit wirkungslos ist. Beim Überschreiten der Rotorausbiegung mit durch den Spalt vorgegebener Ausbiegung legt sich der Rotor an das Fanglager an. Mit diesem Hilfslager wird das Betreiben der Rotoren bei überkritischen Drehzahlen ermöglicht. Bei der Fahrt durch die biegekritischen Drehzahlen werden auftretende Schwingungen vom Fanglager abgefangen und so eine problemlose Durchfahrt ermöglicht. Das Fanglager kann entweder in der ganzen Betriebszeit um den Rotor vorhanden sein oder trennt sich nach der Durchfahrt kritischer Bereiche wieder vom Rotor und lässt ihn mit geringeren Amplituden weiterlaufen. Mittlerweile gibt es Fanglager, die mechatronisch gesteuert und an die verändernden Zustände angepasst werden [SIM02, WIEL13]. Die Fanglager müssen beim Hochlaufen der Werkzeuge eingesetzt werden und danach vom Werkzeug getrennt werden, um ein störungsfreies Bearbeiten der Teilkonturen zu gewährleisten. Für jedes Hoch- und Runterfahren muss das Werkzeug zur Fanglagerstation gefahren werden. Da das Werkzeug während der Bearbeitung ohne „Stützen" laufen soll, bedeutet das einen risikobehafteten Betriebszustand. Bei einem unerwarteten Abbruch der Bearbeitung kann das Versagen des Werkzeuges einen großen Schaden (Bruch) anrichten. Daher ist klar, dass die kleinen Zwerge den Schaft dauerhaft stützten sollten und zwar nicht außen, sondern innen. Die Unterbringung der Zwerge im Innenbereich wird das Werkzeug nicht nur bei Resonanzfahrten stützen, sondern auch während des ganzen Betriebsverlaufs zur Stabilisierung bei sporadisch auftretenden Schwingungen beitragen. Welche Eigenschaften sollen die Zwerge besitzen? Da die Zwerge innen arbeiten sollen, stehen Sie unter Zwang mit dem Schaft mitzudrehen und können folglich keine feste Halterung bilden. Die Zwerge sollen geometrisch flexibel sein, um sich an veränderte Zustände anzupassen. Andererseits sollen sie dämpfende Eigenschaften zur Aufnahme der Stoßbelastungen aufweisen. Diese Vorstellung führt zu einem fließfähigen Werkstoff, der im Schafthohlraum platziert werden kann und die Aufgabe der Zwerge übernehmen soll.

Die Wirkung des fließfähigen Werkstoffes im sich drehenden Werkzeugschaft beruht auf dem Mechanismus der Auswuchttechnik mit Ausgleichsmasse. Die Ausgleichsmasse in der Auswuchttechnik dient zur Korrektur der ungleichmäßigen Massenverteilung eines Rotors mit dem Ziel die Unwucht auf einen zulässigen Wert zu reduzieren. Diese Masse kann nach der Vermessung der Unwucht an bestimmte Stellen des Rotors angebracht oder weggenommen werden. Außerdem soll der fließfähige Werkstoff die Arbeit der Zwerge ohne externe Energiezufuhr erledigen. Wie kann ein fließfähiger Stoff diese Aufgabe erfüllen, wenn die Unwucht nicht bekannt ist? In der Rotortechnik existieren zahlreihe Entwicklungen zum Wuchten mit beweglichen Wuchtmassen [FRAN09, GUSA02, DRAC08]. Als s. g. passives Auswuchten ermöglichen diese ohne komplexe Steuer- und Messsysteme einen Ausgleich der Unwucht während des Betriebes zu realisieren. Unter der Wirkung der kinetischen Energie des Rotors verteilt sich die Wuchtmasse um den Rotor und im überkritischen Drehzahlbereich wird eine Position auf der „leichteren" Seite eingenommen. Diesen Effekt nennt man „Selbstwuchten" [GUSA02, DRAC08]. Die Selbstwuchteinrichtungen sind in [KELL87] ausführlich dargestellt. Unter den beschriebenen

Einrichtungen sind die Konzepte mit fließfähigem Werkstoff zwecks Stabilisierung des Schwingungsverhaltens des Rotors für die Problemlösung besonders relevant.

Das Selbstauswuchten setzt die elastische Abbiegung der Rotorwelle voraus. Es werden verschiedene flüssige oder feste Stoffe oder eine Kombination beider verwendet. In Abb. 8.28 sind einige Konzepte zum Selbstwuchten dargestellt. Die Selbstwuchteinrichtungen mit Ausgleichselementen aus festem Werkstoff, wie z. B. Scheiben, Metallkugeln oder andere größere Elemente brauchen mehr Bauraum, was die Realisierung dieser Konzepte beim schlanken Schaftfräser unmöglich macht [KELL87]. Wie schon erwähnt kommt von diesen Konzepten nur die Variante *d* in Frage. Aufgrund ihres Wirkprinzips und der Ausführung eignet sie sich gut, um die Arbeit der Zwerge zu übernehmen. Die Anwendung des fließfähigen Stoffs verringert die Reibung zwischen dem Wuchtstoff und dem Rotor und ermöglicht damit eine bessere dynamische Wirkung. Die Grundidee dieser Wuchteinrichtung basiert auf dem Patent des französischen Erfinders *Leblanc* [LEBL16]. Er hat im Jahr 1916 vorgeschlagen, an den schnelldrehenden vertikalen Motoren einige Gefäße zu montieren und sie mit Quecksilber zu befüllen. Während des Drehens in der überkritischen Drehzahl verteilt sich das Quecksilber unter der Fliehkraftwirkung an der Gefäßwand entsprechend der Exzentrizität des Rotors und damit soll die Initialunwucht kompensiert werden. Da die Verteilung des Ausgleichstoffes erst im überkritischen Dreh-

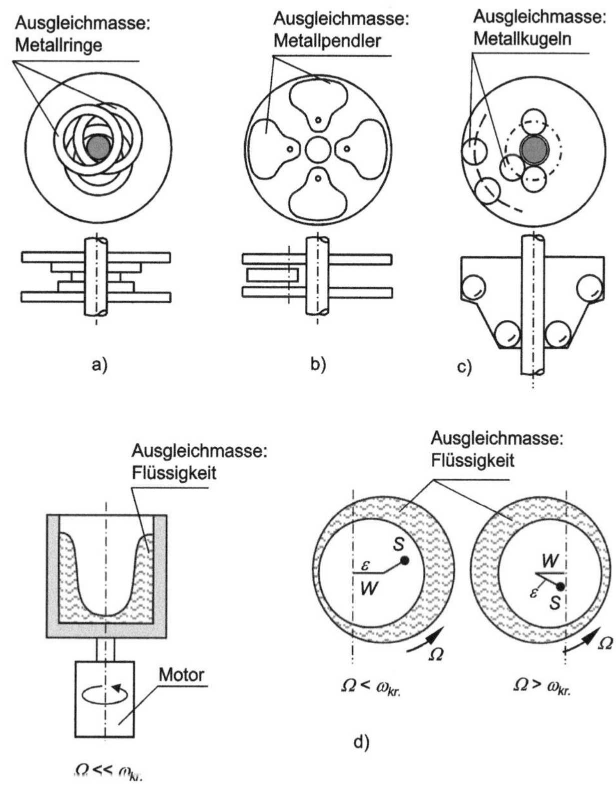

Abb. 8.28 Konventionelle passive, selbsttätige Wuchteinrichtungen [KELL87]

zahlbereich wirkt, verstärkt es im unterkritischen Bereich dagegen die Betriebsunwucht [KELL87]. Die Studie zeigt, dass trotz des dargestellten Nachteiles diese Idee als Grundlage für viele Entwicklungen zu schnell laufenden Rotoren diente. Die zum größten Teil für beidseitig gelagerte Rotoren entwickelten Einrichtungen haben eine aufwändige und großbauende Bauweise. Diese Selbstwuchteinrichtungen können sowohl im äußeren, als auch im inneren Bereich von schnell drehenden Rotoren eingesetzt werden [HOHE05, HOFM05, KOZI05–01, KOZI05–02, KOZI05–03, ROGO89, SCHM95, SEIT12, VOLK39, WEHR84].

Die Wirkungsweisen der Selbstwuchteinrichtungen sind in Abb. 8.29 zusammengestellt. *Leblanc* hat bei der Entwicklung seiner Erfindung zur Selbstwuchteinrichtung die theoretischen Grundlagen der rotierenden Flüssigkeit aus der Fluidmechanik verwendet. Anhand der „idealen Flüssigkeiten" bei denen innere Reibungs- und Wärmeleitungseffekte vernachlässigt werden, beschreibt diese Theorie das Verhalten des Wassers beim Rotieren mit einer Drehfrequenz. Die in einer oben offenen Hohlkammer ruhenden Flüssigkeitsteilchen kommen je nach Abstand zur Drehachse mit unterschiedlichen Winkelgeschwindigkeiten in Bewegung.

$$z_S = h_0 - \frac{\omega^2 R^2}{4g} \tag{8.12}$$

$$z_R = h_0 + \frac{\omega^2 R^2}{4g} \tag{8.13}$$

$$z_P = \frac{\omega^2 R^2}{2g} \tag{8.14}$$

Zunächst werden die an den Wänden haftenden Teilchen in Bewegung gesetzt. Mit der Zeit wird die kinetische Energie infolge der Viskosität allmählich auf das ganze Flüssigkeitsvolumen übertragen. Da die Flüssigkeitsteilchen keine „feste" Verbindung haben, werden sie unter Fliehkraftwirkung in radialer Richtung bewegt und unter hydrostatischem Druck andere Teilchen nach außen verdrängen. Demzufolge fängt die Flüssigkeit nach oben zu fließen an, da in dieser Richtung kein Hindernis vorhanden ist. Die Form der

Abb. 8.29 Ausgleichstoffarten für Selbstwuchteinrichtungen

Abb. 8.30 Zustand der rotierenden Flüssigkeit in einem oben offenen, unwuchtfreien Rotor und die Gleichungen für deren Bestimmung [SIGL14]

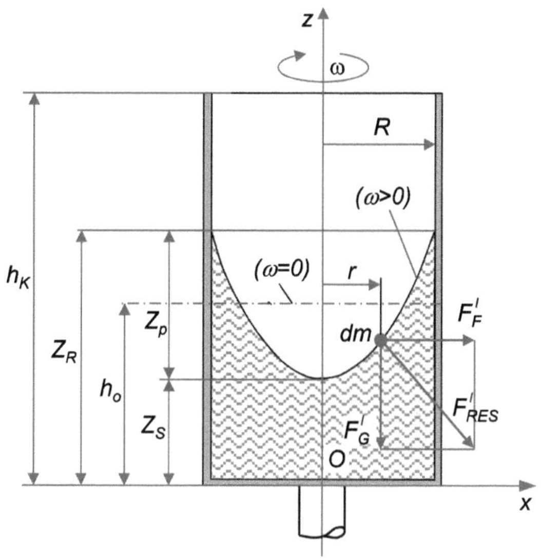

rotierenden Flüssigkeit kann berechnet werden (Abb. 8.30). Im Idealfall zeichnet sich die obere Oberfläche als Rotationsparaboloid zweiten Grades ab.

Die Gl. (8.12, 8.13, und 8.14) zeigen, dass die Steighöhe (z_p) von der Drehzahl abhängig ist. Zur Nutzung dieses Effektes sind neben der Drehzahl auch die Durchmessergröße und die Höhe der Kammer maßgebend.

Aufgrund des relativ einfachen Aufbaues und der verwendeten Stoffe werden diese Selbstwuchteinrichtungen auch innerhalb der Rotoren angewendet. Die Funktionsfähigkeit der Selbstwuchteinrichtung ist von der konstruktiven Gestaltung der Wuchtkammer an der Rotorwelle und den Eigenschaften des verwendeten Ausgleichstoffes abhängig. Weist die Rotorwelle eine Verschiebung der Drehachse *Z* auf, so verteilt sich beim Rotieren der fließfähige Werkstoff in der Wuchtkammer ungleichmäßig (Abb. 8.31a). Die Flüssigkeit liegt auf der Innenwand der Wuchtkammer, die um die Drehachse schlagend läuft. Die innen liegende Oberfläche nimmt dagegen eine rotationssymmetrische Gestalt um die Drehachse an. Der durch die Differenz zwischen der Außen- und Innenfläche entstehende Volumenunterschied bestimmt die Wirkung des Ausgleichwerkstoffes hinsichtlich des Auswuchtens. Dieses Differenzvolumina erzeugt eine zusätzliche Fliehkraft gegen die Unwucht und führt damit zur Verlagerung des Schwerpunktes des Rotors in Richtung der Drehachse (Abb. 8.31b) [DRAC08].

(1 – Wuchtkammer; 2 – eine ausreichende Menge des Ausgleichstoffes; 3 – die auf Wuchtprozess nicht wirksame Menge des Ausgleichstoffes)

Aus der Bild 8.31b kann die Masse des nützlichen Ausgleichstoffes (m_F) mit der Beziehung

$$m_F = \pi \rho_F h_K \left(2R_i a - a^2\right) \tag{8.15}$$

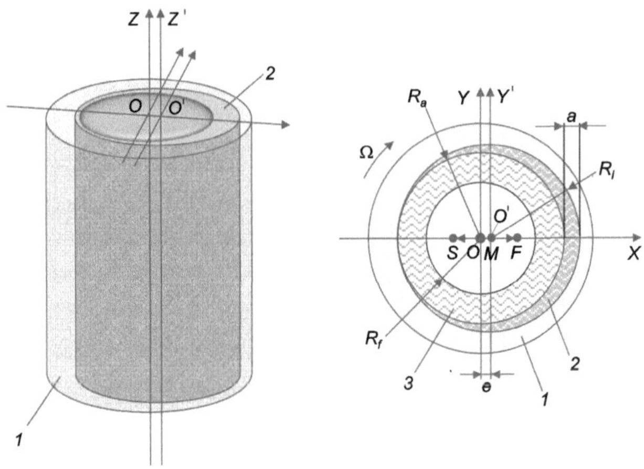

Abb. 8.31 Verteilung der Flüssigkeit in einer geschlossenen Wuchtkammer

ermittelt werden, wobei a- die Dicke der Mediumschicht, ρ_F – die Dichte des Wuchtmediums und h_k – die Höhe der Wuchtkammer, R_i – der innere Radius der Wuchtkammer und R_f – der Radius der freien Oberfläche des Ausgleichsstoffes ist [HUSE15]. Die Dicke der Mediumschicht (a) ist von den räumlichen Verlagerungen des Drehpunktes abhängig und darf laut Forschungsergebnissen den doppelten Wert der Rotordurchbiegung nicht überschreiten: $a=2x_W$. Bei nur paralleler Verschiebung der Drehachse ist diese Schichtdicke der Exzentrizität der Kammerinnenfläche (e) gleich. Der Einfluss der gesamten Menge des Ausgleichstoffes auf den nützlichen Anteil ist zweitrangig. Hier sollte beachtet werden, dass in der Wuchtkammer eine ausreichende Menge des Ausgleichstoffes vorhanden ist, um die Unwucht wirksam zu kompensieren. Der Mindestanteil des Ausgleichstoffes in der Wuchtkammer wird anhand der Abb. 8.31b durch die folgende Bedingung bestimmt: $R_i - R_f \geq a$.

Mit steigender Menge sinkt der Radius der freien Flüssigkeitsoberfläche (R_f), welche mit der Rotorabbiegung in keinem Zusammenhang steht. Die Flüssigkeitsmenge, die sich außerhalb der Exzentrizität befindet, dreht sich um die Rotationsachse und gleicht sich selbst aus. Die Steigerung der Menge dieses Anteiles kann einen negativen Effekt hervorrufen, da dieser unnütze Anteil zur Erhöhung der gesamten Masse des Rotors beiträgt.

Zur Steigerung der Effizienz der Selbstwuchteinrichtung wurden verschiedene Konstruktionen vorgeschlagen. Weit verbreitete Ausführungen sind eine Mehrkammergestaltung der Einrichtung sowohl in radialer, als auch in vertikaler Richtung [PASC06, ROYZ09,]. Der Ausgleichstoff kommt bei den Mehrkammerlösungen mehrmals mit der Innenfläche der Rotorwelle in Kontakt. Dadurch treten das Ausgleichen der Unwucht und das Dämpfen der Schwingungen an mehreren Stellen auf.

8.5.7 Auslegung einer neuen Werkzeugkonstruktion

Die dargestellten Lösungen der Selbstauswuchteinrichtungen eröffnen neue Möglichkeiten zur Gestaltung von überlangen Werkzeugschäften. Mit der Integration einer Einrichtung in den Werkzeugschaft überwindet man den in Abschn. 8.3 formulierten technischen Widerspruch. Die niedrige Eigenfrequenz des überlangen schlanken Schaftes kann dem Realisieren der höheren Betriebsdrehzahlen nicht mehr im Wege stehen. Die Hohlschaftwerkzeuge mit der Selbstauswuchteinrichtung sind in der Lage die Resonanzbereiche problemlos zu durchfahren.

Die technische Realisierung des Konzeptes verlangt die Lösung weiterer spezieller Aufgaben. Die Lösung dieser Aufgaben führte zur Konzipierung eines neuen Werkzugschaftes, der es ermöglicht die HSC-Bearbeitung im überkritischen Drehzahlbereich zu verwirklichen. Die Aufgabe wurde konstruktiv so gelöst, dass die Wuchtkammer an der Schneidenseite des Schaftes eingebracht wurde, da hier die maximale Stelle der Anregung am Werkzeug ist [HENT15]. Damit kann man den erzwungenen und den Eigenschwingungen am Werkzeug am effektivsten entgegenwirken.

Im nächsten Schritt erfolgte die Bestimmung des Ausgleichstoffes. Der Ausgleichstoff in der Wuchtkammer hat zweierlei Aufgaben. Einerseits soll dieser Stoff in der Lage sein durch seine stoffspezifischen Eigenschaften auftretende Schwingungen in den unterkritischen und kritischen Bereichen zu dämpfen und andererseits soll er im Betriebszustand mit seinem Gewicht die Restunwucht wirksam reduzieren. Der Einsatz von niedrigviskosen Flüssigkeiten in den bekannten Entwicklungen hat sich als gut geeignetes Mittel erwiesen. Sie können sich beim Hochlauf sehr schnell der Form der Innenwand anschmiegen und somit zur Reduzierung der Restunwucht beitragen [HENT16]. Jedoch sind ihre Dämpfungswerte nicht so hoch, um die Schwingungen zu absorbieren. Werkstoffe mit höherer Viskosität (z. B. Öl, Gel, Glyzerin u. a.) entsprechen den Anforderungen nicht vollständig, da sie aufgrund ihrer Viskosität schlecht fließfähig sind.

Die Restriktionen zur Gestaltung der Wuchtkammer in kleinen Schaftdurchmessern stellen besondere Anforderung an die Eigenschaften des Ausgleichwerkstoffes: hohe Dämpfungseigenschaft und Fließfähigkeit. Die Untersuchungen in [HUSE15] zeigten, dass man diese Aufgabe durch die Anwendung von pulverförmigen Materialien gut lösen kann. Diese Materialien besitzen die Eigenschaft der Dissipation von kinetischer Energie. Die Vielzahl von kleinen Teilchen ist in der Lage äußere Anregungen aufzunehmen und sie in Wärme umzuwandeln. Nach dem Unterbrechen äußerer Kraftanleitung stellen die Teilchen in kurzer Zeit ihren Gleichgewichtzustand wieder her [BAUM97, HAAC09, SUL09]. Die Moleküle von Gasen und Flüssigkeiten haben diese Eigenschaft nicht. Die Fließfähigkeit des Ausgleichsstoffes ist von der Partikelgröße des Pulvers und dessen mechanischen Eigenschaften abhängig. Die optimale Kombination dieser Parameter ermöglicht die Teilchen beim Hochlauf unter Fliehkraftwirkung in kürzester Zeit in der Wuchtkammer zu verteilen und die erforderliche Form anzunehmen. Die Untersuchungen [LUNG02, KOLL02, PASC06] belegen, dass sich die pulverförmigen Materialien beim Rotieren ähnlich wie eine Flüssigkeit verhalten. Laut [HAAC09] sind die Pulver mit einer Partikelgröße zwischen 10 µm und 100 µm wenig adhäsiv und neigen zu besserem Fließen. Für die Realisierung einer höheren Dichte sind Metallpulver aus physikalischen Gründen am besten geeignet. Im Rahmen der Untersuchungen mit verschiedenen Pulvern aus Glas, Sand und Metall wurde in [HUSE15] die höchste Effektivität bei Eisenpulver mit einer Körnung von 100 µm erreicht.

Wie viel Pulver sollte in eine Wuchtkammer eingebracht werden? Die Menge des Ausgleichstoffes richtet sich nach der Restunwucht (U) am Werkzeug. Für eine geschlossene Wuchtkammer gilt folgende Beziehung [HUSE15]:

$$m_F = \frac{U\left(1+\sqrt{1-\frac{h_0}{h_K}}\right)}{R_i}\cdot s \qquad (8.16)$$

hier: R_i – Innenradius der Wuchtkammer;
h_0 – Höhe des Ausgleichsstoffes im Ruhestand des Systems
h_k – Höhe der Wuchtkammer

Diese Gl. 8.16 zeigt die erforderliche Mindestmenge zum Ausgleichen der Unwucht. Mehr Material in der Wuchtkammer ist nicht notwendig und erwünscht, da die Gesamtmasse unnötigerweise steigt.

Bei der praktischen Umsetzung der neuen Konstruktion stand die Auswahl der Herstellungsverfahren des Hohlschaftes im Vordergrund. Je schlanker der Schaft ist, desto höher werden der Herstellungsaufwand und dadurch die Kosten. Daher zeigte sich die Nutzung von marktüblichen Präzisionsrohren als vorteilhaft. Diese Rohre können im Durchmesserbereich zwischen 3 mm und 20 mm und mit Wanddicken von 0,2 mm bis 2 mm mittels verschiedenen Fertigungsverfahren ausreichend genau genug hergestellt werden. Die Grundidee des Konstruktionsprinzips wird anschaulich an einem lang auskragenden Werkzeug, wie in Abb. 8.32 dargestellt, erläutert. Ein im Rahmen der Forschungsarbeiten [HENT16] entwickelter Werkzeugschaft aus Präzisionsrohr besitzt eine Wuchtkammer an der Schaftspitze.

Die Funktionsfähigkeit dieses Werkzeugprototyps wurde beim Hochlauf auf einer HSC-Fräsmaschine bis zu einer Drehzahl von 18.000 1/min mit und ohne Ausgleichsstoff getestet. Für eine zusätzliche Sicherheit sorgten Fanglager mit einem etwas größeren

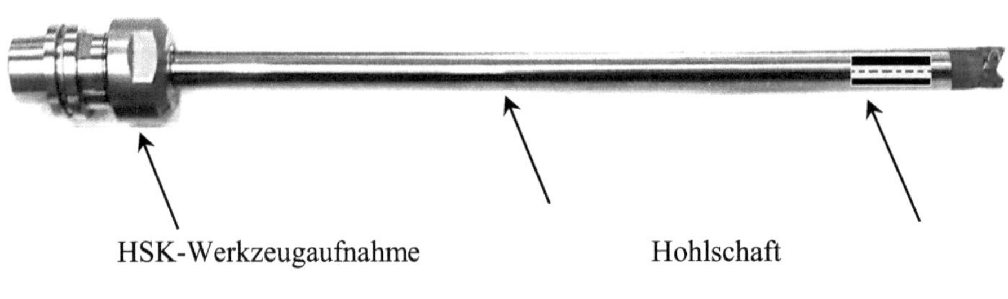

Abb. 8.32 Ein überlanger Hohlschaft mit Wuchtkammer (Stahl; $L/D = 27$, $D = 10$ mm)

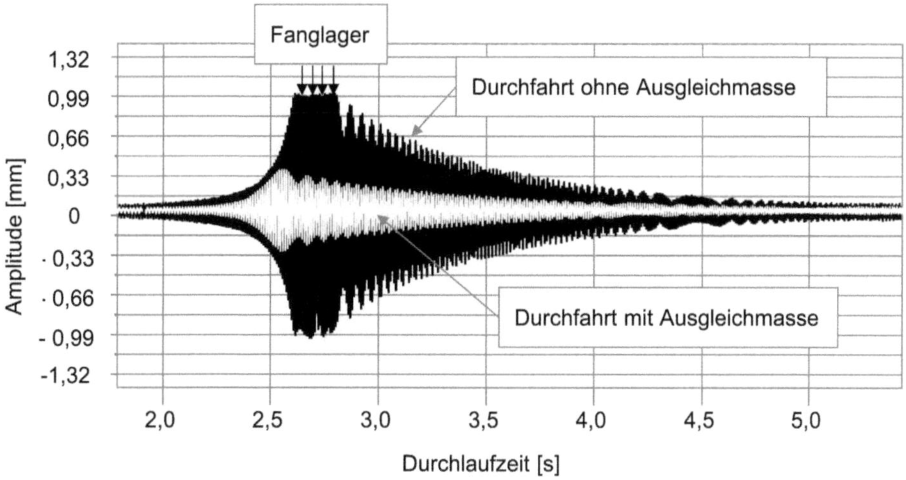

Abb. 8.33 Einfluss der Ausgleichmasse auf das Schwingungsverhalten bei der Resonanzdurchfahrt

Durchmesser als dem Werkzeugdurchmesser. Der radiale Luftspalt zwischen Schaft und Fanglager betrug ca. 1 mm. Größere dynamische Schaftauslenkungen wurden so durch das Fanglager begrenzt, um mögliche Resonanzkatastrophen zu vermeiden. Abb. 8.33 zeigt die Ergebnisse des Schwingungsverlaufes während des Betriebes, die mit einem Lasermessgerät aufgenommen wurden. Nach der Analyse des Schwingungsverhaltens war festzustellen, dass der Ausgleichstoff in der Wuchtkammer eine eindeutige Wirkung zeigte, in dem er die Resonanzdurchfahrt ermöglichte. Kurz nach dem Start verteilte sich die Wuchtmasse in der Kammer so, dass die Anregungen stark adsorbiert und die Amplitude so deutlich reduziert wurde. Damit war für die Resonanzstellendurchfahrt die notwendige Bedingung geschaffen.

Hier tritt noch der zweite Effekt, die „Selbstzentrierung", auf. Dieser Effekt ist wie beschrieben aus der Rotortechnik bekannt. In der Abb. 8.33 ist ersichtlich, dass der Schaft nach der Resonanzdurchfahrt auch ohne Ausgleichsstoff anhand der Selbstzentrierung relativ ruhig läuft. Der Selbstzentrierungseffekt ist ein Phänomen, das mit der Änderung der auf das System wirkenden Kräftebilanz bei höheren Drehzahlen verbunden ist. Bei unterkritischen Drehzahlen herrscht im System ein Gleichgewicht zwischen der Rückstellkraft des Schafts und der nach außen wirkenden Fliehkraft, verursacht durch den Ausschlag der Werkzeugspitze (*a*) und der Exzentrizität des Schwerpunktes (*e*) (Abb. 8.34). In diesem Zustand kann das Verhalten aus Unwucht- und Radialschlagerregung bezogen auf die Kreisbahn des Mittel- und Schwerpunktes des Schaftes und wie folgt beschrieben werden [HUSE15]:

$$r_w(\mathrm{t}) = \underbrace{a}_{\substack{\text{Bahn des Radialschlags} \\ \text{bei}(\Omega \ll \omega_{kr.})}} + \underbrace{(a+\varepsilon)\frac{\eta^2}{1-\eta^2}}_{\substack{\text{Dynamik aus} \\ \text{Unwucht und Radialschlag}}} \qquad 8.17)$$

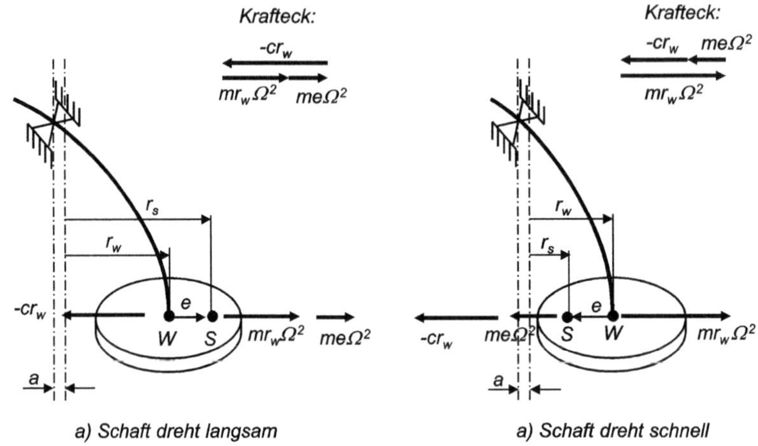

Abb. 8.34 Abbiegung des Werkzeugschaftes als Einmassenschwinger

$$r_s(t) = (a+\varepsilon)\frac{1}{1-\eta^2}. \tag{8.18}$$

Aus den Gleichungen ist ersichtlich, dass die Anteile der Gesamtverschiebung des Systems aus dem Radialschlag und der Exzentrizität mit zunehmender Drehzahl, d. h. bei $(\omega/\omega_k) > 1$ stark sinken. Das führt zur Annäherung des Schwerpunktes an den Drehpunkt des Schaftes. Die physikalische Erklärung dieses Phänomens liegt in der Änderung der Richtung der durch die Unwucht bedingenden Kräfte. Die im unterkritischen Drehzahlbereich nach außen wirkende Unwuchtkraft richtet sich im überkritischen Bereich nach innen, d. h. in Richtung des Drehpunktes und verstärkt die Rückstellkraft des Schaftes. Dadurch reduziert sich die Abbiegung der Werkzeugspitze und es kommt ein ruhiger Lauf zu Stande. Der Vergleich der Kurven mit und ohne Ausgleichsstoff (Abb. 8.33) zeigt deutlich die Verstärkung des Selbstzentrierungseffektes durch das Selbstwuchten. Diese Wechselwirkung ist auf die Verringerung der Exzentrizität (ε) durch den Ausgleichstoff zurückzuführen. Bei kleiner Unwucht und daraus resultierenden niedriger Auslenkung läuft der Schaft auch im unterkritischen Bereich ruhiger als der Schaft ohne Ausgleichsstoff.

Die oben genannten Effekte sind wesentlich vom Schaftwerkstoff beeinflusst. Mit zunehmender Festigkeit des Werkstoffes sinkt einerseits die Nachgiebigkeit des Werkzeugs und andererseits erfolgt eine entscheidende Erhöhung der Schwingungsdämpfung, welche eine ruhige Durchfahrt des Resonanzbereiches und ruhigen Lauf im überkritischen Drehzahlbereich gewährleistet.

Die Verifizierung des entwickelten Werkzeuges unter praktischen Bedingungen erfolgte durch Fräsen eines Testwerkstückes aus Ureol auf einer HSC-Fräsmaschine der Fa. Klink (Abb. 8.35). Für die komplette Bearbeitung von doppeltgekrümmten Flächen wurden die neuen Schäfte mit Fräsköpfen bestückt. Die Werkstückgeometrie wurde aus dem Vollen gefräst. Nach dem Schruppen des Teiles mit mehrschneidigem Schaftfräser erfolgte das Schlichten mit einem Kugelkopffräser. Während des Prozesses zeigten die Fräs-

Abb. 8.35 Fräsversuch mit dem überlangen Fräswerkzeug

werkzeuge bei der Schnittgeschwindigkeit von v_c = 600 m/min und einem Vorschub von v_f = 6 m/min einen ruhigen Lauf. Die Auswertung der Oberfläche des gefrästen Werkstückes zeigte, dass diese von Rattermarken frei, glatt und stetige war.

Weitere Ergebnisse hinsichtlich der Eigenschaften des Werkzeuges beim Spanen offenbarten das Potenzial des neu entwickelten Konzeptes. Die vorgestellte Werkzeugkonstruktion zeigte, dass es prinzipiell möglich ist, die Bearbeitung bei sicherer Durchfahrt der Resonanzstelle im überkritischen Drehzahlbereich durchzuführen. Der dadurch gewonnene breite Drehzahlbereich eröffnet für die Realisierung der effizienten HSC-Bearbeitung neue Möglichkeiten.

8.6 Technische Evolution in der Werkzeugentwicklung

Die systematische Untersuchung von technischen Systemen lieferte Erkenntnisse darüber, dass die Entwicklung dieser Systeme, genauso wie das Leben auf der Erde, einer permanenten Veränderung unterliegt. Die Gesetzmäßigkeiten dieser Entwicklung werden durch verschiedene TRIZ-Prinzipien unterstützt. Basierend auf diesen Gesetzmäßigkeiten gibt TRIZ die Denkrichtung bei der Suche nach einer optimalen Lösung vor.

Betrachtet man die Entwicklung sehr langer Fräswerkzeuge für die Bearbeitung von komplexen Konturen, erkennt man eine evolutionäre Entwicklung hinsichtlich der Konstruktion und des Werkstoffes. Das Erkennen und die Formulierung der Entwicklung sehr langer Fräswerkzeuge schafft die Basis für die Vorhersage des Entwicklungstrends. Für die Darstellung der Evolutionskurve werden die Entwicklungsschritte in einer Kette angeordnet (Abb. 8.36). Man beginnt mit der neuesten Konstruktion entsprechend dem Stand der Technik und geht rückwärts im Entwicklungsgang. Jedes Entwicklungsstadium wird hier mit einem Prototyp, dass eine wesentliche Stufe der Entwicklung des Funktionsprinzips darstellt, beschrieben.

Die sehr langen HSC-Fräswerkzeuge haben die Funktion tiefe Konturen an komplexen Teilen mit hoher Qualität in kürzester Zeit zu bearbeiten. Das Werkzeug-Spindel-System durchläuft mit diesem Funktionsprinzip einen Lebenszyklus, das anhand seiner funktionalen Leistung sich in der Regel in Form einer S-Kurve ausbildet [KOLT11]. Am Anfang der HSC-Verfahren stand nicht die Frage ein überlanges Fräswerkzeug zu entwickeln. Zunächst konzentrierte man sich darauf, überhaupt ein HSC-gerechtes Werkzeug zu haben. Das System wurde erstmals in die Lage versetzt, eine fehlerfreie Durchführung des Prozesses bei höheren Drehzahlen zu gewährleisten. Mit der Entwicklung neuer Spindel-Werkzeugsysteme wurde die nützliche Funktion der Fräswerkzeuge weiter erhöht. Erst dann hat man sich Gedanken über sehr lange HSC-Fräswerkzeuge gemacht, um den Ein-

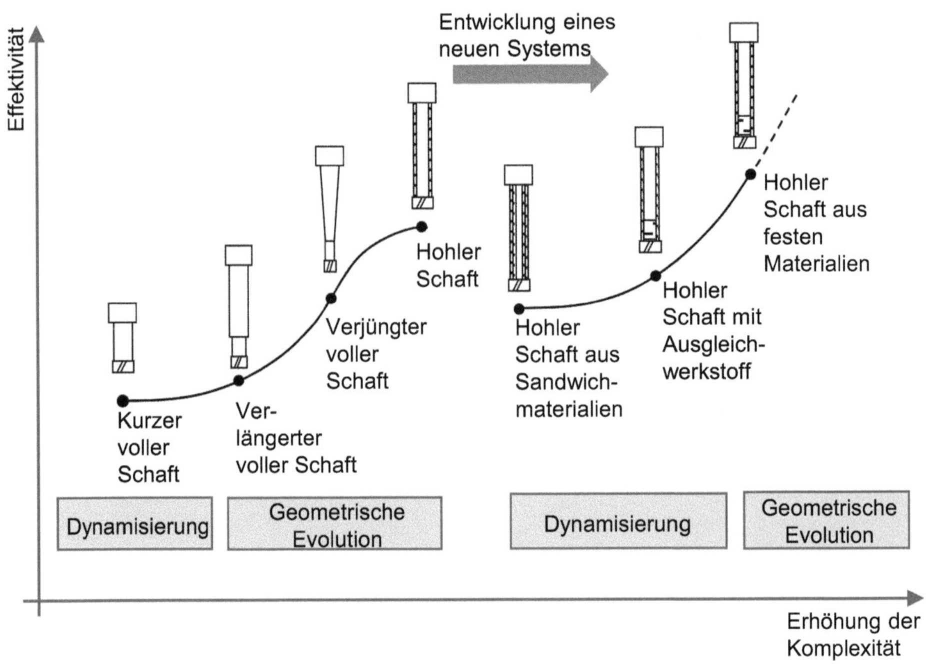

Abb. 8.36 Entwicklungsschritte eines überlangen HSC-Fräswerkzeuges

satzbereich des HSC-Fräsens zu erweitern. In diesem Schritt erfolgte die geometrische Evolution der Fräswerkzeuge. Im ersten Schritt wurden die Werkzeuge einfach mit verlängertem Schaft ausgestattet. Danach erfolgte das Verjüngen des Schaftes um die Verbesserung der dynamischen Eigenschaften durch Massereduzieren zu erreichen. Sobald das Potenzial ausgeschöpft war, hat sich der Einsatz von hohlen Schäften angeboten. Damit gelangte der Einsatz des sehr langen Fräswerkzeuges hinsichtlich seiner Funktionalität in eine Sättigungsphase. Diese Entwicklung hatte ihr Ende dann erreicht, als die werkstoffspezifischen Restriktionen angefangen haben zu wirken. Eine einfache Verlängerung des Werkzeuges war aufgrund der begrenzten biegeelastischen Festigkeit nicht mehr möglich. Die Verlängerung der Spindelnasen brachte nur eine geringfügige Erhöhung der Frästiefe.

Eine weitere Steigerung der Funktionalität des Werkzeuges ist nur durch einen grundlegenden Konstruktionswechsel, d. h. ein Sprung auf eine neue Entwicklungskurve, möglich. Der Übergang zu einem Folgesystem ist immer durch den Bedarf bestimmt. Das neue Werkzeug wird hauptsächlich durch die Dynamisierung des Systems erreicht. Dabei neigt das „starre“ Werkzeugsystem dazu „dynamischer“ zu werden, um die Anpassungsfähigkeit an die Bedürfnisse des gesamten Fertigungssystems zu verbessern. Die Dynamisierung erfolgt durch Integration eines Stabilisierungssystems in das Werkzeug. Sie erhöht die „Idealität“ des Werkzeugs, indem man einem Idealzustand ein Stück näher kommt. Eine genauere Betrachtung des neuen Systems offenbart, dass die vorgeschlagene Lösung nur mit Hilfe eines anderen Subsystems möglich geworden war. Die Stabilisierung eines drehenden Systems mittels Flüssigkeit war schon lange Zeit der Forschungsgegenstand der Rotortechnik. Dieses Subsystem hat seine eigenen Entwicklungsschritte (S-Kurve). Ohne diese Erkenntnisse wäre die Integration einer Ausgleichskammer in das Werkzeug nicht so durchführbar gewesen. Bei der Betrachtung der Evolution der Werkzeugkonstruktion sind unter anderem folgende wichtige Merkmale zu erkennen:

- ***Geometrische Anpassung***
  Hier handelt es sich um eine Evolution des Volumens mit dem Ziel die Masse zu reduzieren. Die Volumenänderung kann auf unterschiedliche Weise durchgeführt werden. Je nach Festigkeitsanforderung ergeben sich bei gleichen Volumina unterschiedliche Gestaltsvarianten des Körpers. Zum Beispiel, wäre es beim Übergang vom zylindrischen vollen Schaft zu dem verjüngten oder hohlen Schaft möglich gewesen bei gleichem Volumen verschiedene Festigkeitswerte zu erreichen. Eine optimale Verteilung des Materialvolumens bietet breite Möglichkeiten zur evolutionären Gestaltsanpassung der Werkzeuge. Die Erhöhung der Funktionalität der Werkzeuge erfolgte unter Beachtung der Prinzipien der Leichtbaukonstruktion. Bei konstanter Außenkontur kann die Evolution des Schaftes nur durch Schaffen der Hohlräume mit unterschiedlichen Formen erreicht werden. Die Gestaltungsfreiheit im Schaft hängt von den zur Verfügung stehenden Werkstoffen ab.
- ***Drehfrequenzanpassung***
  Die dynamische Anpassung eines technischen Systems mit mehreren Untersystemen, die unterschiedliche dynamische Eigenschaften haben, schafft die Grundvoraussetzung

für ihre Wirksamkeit. Das Betreiben des Werkzeugs bei höheren Geschwindigkeiten dynamisiert alle Werkzeugkomponenten. Die zusammengefügten Teile mit unterschiedlichen Eigenfrequenzen wirken dabei auf die Eigenfrequenzparameter des gesamten Werkzeuges verschiedenartig. Wenn man die Evolutionskurve der Entwicklung aus diesem Aspekt betrachtet, sieht man folgende Tendenzen:

- Am Anfang wird die Dynamik des Werkzeugs beobachtet und durch die Größe einzelner Teile gezielt beeinflusst (Abb. 8.37a).
- Bei der nächsten Entwicklungsstufe erfolgte die Verschiebung der schädlichen Frequenzen nach oben durch Geometrieoptimierung (Abb. 8.37b).
- Durch die Koordination von Wirkungen einzelner Komponenten erreichte man eine neue Dimension der Drehfrequenz des Werkzeuges (Abb. 8.37c).

Die Tendenzen der Entwicklung von überlangen Werkzeugschäften lässt die weiteren Schritte voraussagen, wenn man eine Evolutions-Potenzialanalyse durchführt. Sie liefert eine schnellere Aussage zur Lösungsrichtung, um anhand des vorhandenen Potenzials das bestehende System effektiv zu verbessern. Die Potenzialanalyse wird in Form eines Radardiagrammes beschrieben, in dem anhand von Fragen der Stand der Entwicklung bewertet wird (Abb. 8.38). Hier beschreibt die dunkle Fläche auf welcher Stufe des Potenzials 1 (schlecht) bis 10 (sehr gut) das analysierte System derzeit steht. Die noch nicht abgedeckten Felder stellen das Potenzial zur Weiterentwicklung des Systems dar.

Aus dem Diagramm sind einige Entwicklungsrichtungen zu erkennen. Einer der potentialreichsten Punkte stellt die Entwicklung von neuen Werkstoffen oder Werkstoffkombinationen dar, womit man bei der Herstellung von extra langen Werkzeugen deutlich bessere dynamische Parameter erreichen kann. Darüber hinaus ist es von großem Interesse die Sensorik des Werkzeuges durch entsprechende Integration zu erhöhen, so dass es sich beim Fräsen an den dynamischen Vorgang adaptiv anpassen lässt. Die Additive Fertigung eröffnet neue Möglichkeiten die inneren und auch äußeren Oberflächen des Werkzeuges aus dynamischer Sicht zu optimieren und problemlos herzustellen. Damit wird die Kombination verschiedener Untersysteme für einen besseren Wirkungsgrad möglich.

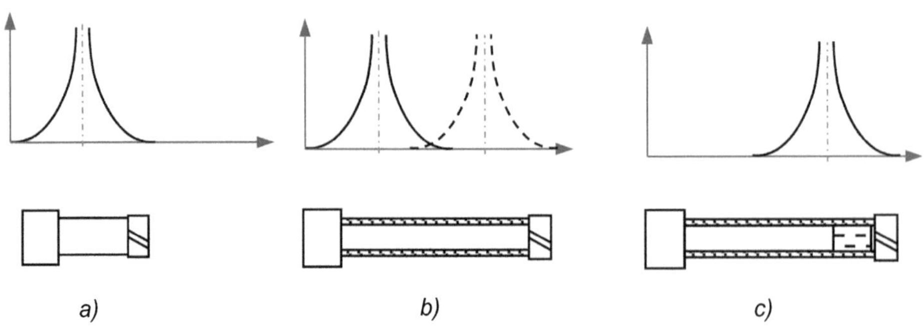

Abb. 8.37 Evolution der dynamischen Wirkung

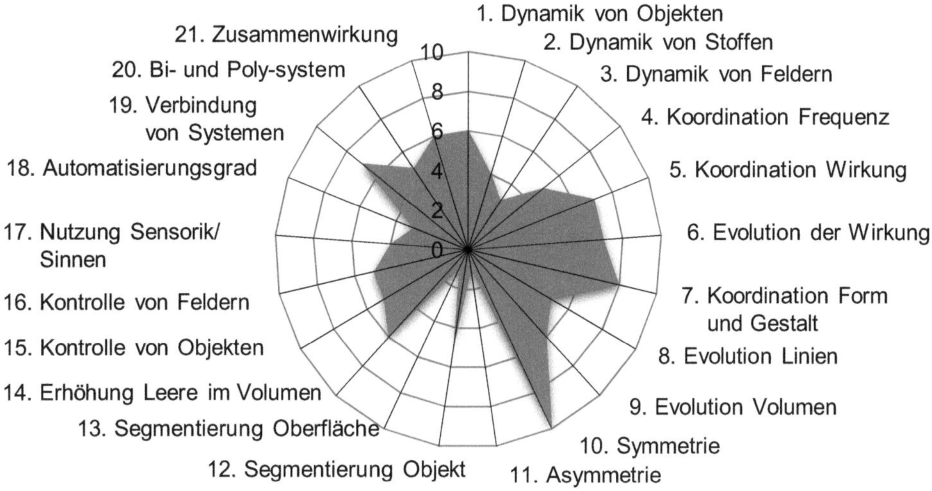

Abb. 8.38 Evolutionspotential-Analyse als Radardiagramm

Literatur

[ALTS73] Altschuller G (71) Erfinden (k)ein Problem?: Anleitung für Neuerer und Erfinder. Verlag Tribüne, Berlin

[ABEL08] Abele E, Stein S, Quirmbach, K (2008) Einfluss der Werkzeugaufnahme bei der Blechbearbeitung mittels Hochgeschwindigkeitsfräsen. Zeitschrift für wirtschaftlichen Fabrikbetrieb (ZWF) 103 (7–8):470–474

[ABEL10] Abele, E, Hohenstein J, Kolaric S (2010) Fliehkraftadäquate Auslegung von Fräswerkzeugen. Neue Entwicklungen in der Hochgeschwindigkeitsbearbeitung und deren Auswirkung auf die sicherheitstechnische Auslegung von Fräswerkzeugen. Zeitschrift für wirtschaftlichen Fabrikbetrieb (ZWF) 07–08: 681–686

[ABEL14] Abele E, Tian J, Turan E (2014) Grenzdrehzahlen lang auskragender Werkzeugsysteme – Einfluss der Werkzeug-Spannfutter-Kombination auf die erste biegekritische Eigenfrequenz. Werkstattstechnik, wt-online 1/2: 60-65

[ABEL14] Abele E, Tian J, Turan E (2014) Grenzdrehzahlen lang auskragender Werkzeugsysteme – Einfluss der Werkzeug-Spannfutter-Kombination auf die erste biege-kritische Eigenfrequenz. Werkstattstechnik, wt-online Ausgabe 1/2:60–65

[BAUM97] Baumann G (1997) Modelle und Computersimulationen granularer Materie. Dissertation, Universität Duisburg-Essen

[BREC17] Brecher Ch., Weck M (2017) Werkzeugmaschinen Fertigungssysteme Konstruktion, Berechnung und messtechnische Beurteilung Band 2. Verlag: Springer Vieweg; Doi: https://doi.org/10.1007/978-3-662-46567-7

[CHEN99] Chen X (1999) Analytische und experimentelle Untersuchungen zur Optimierung der Bearbeitung von Graphitelektroden beim Hochgeschwindigkeitsfräsen (HSC). Dissertation, TU Bergakademie Freiberg

[DEGI09] Degischer HP (2009) Leichtbau, Prinzipien, Werkstoffauswahl und Fertigungsvarianten. Verlag: Wiley-VCH

[DEIS04] Deissler J, Danz G, Köhler, B, Kaufeld M (2004) Mit In-Process-Auswuchten die volle Drehzahl nutzen. Werkstatt und Betrieb 137 (1–2):47 – 53.

[DIEB08] HSK Werkzeugaufnahmen DIN69893 – HSK Tool Holders. Produktkatalog, Ausgabe Januar, Firma Diebold Goldring Werkzeuge GmbH & Co.

[DIEB12] Werkzeugaufnahmen Steilkegel. Produktkatalog, Ausgabe März (2012), Firma Diebold Goldring Werkzeuge GmbH & Co.

[DIN01] DIN 69063-1:2008-08. Werkzeugmaschinen – Aufnahmen für Kegel-Hohlschäfte – Teil 1: Für Form A und Form C nach DIN 69893, Anschlussmaße

[DRAC08] Drach I (2008) Analysis and theoretical substantiation of work of auto-balancing units with liquid and free-flowing working bodies (in Ukrainisch). Dissertation, Khmelnitsky National University

[DRE16] Dresig H, Franz H (2016) Maschinendynamik. Springer-Verlag Berlin Heidelberg. Doi: https://doi.org/10.1007/978-3-662-52713-9

[ENK09] Enk, D (2009). Untersuchungen zum dynamischen Stabilitätsverhalten von Fräswerkzeugen zur HSC-Bearbeitung. Dissertation, TU Dortmund

[FEDE11] Federn K (2011) Auswuchttechnik – Band 1: Allgemeine Grundlagen, Mess-verfahren und Richtlinien. Springer Verlag, Berlin. Doi: DOI https://doi.org/10.1007/978-3-642-17237-3

[FIED03] Fiedler U, Sahm A (2003) An den Grenzen der Hochgeschwindigkeitsbearbeitung – Ein Blick über den Tellerand. In: Tagungsunterlagen ICMC-4th International Conference on Metal Cutting and High Speed Machining, 19.–21. März (2003)

[FLES16] Fleischer J, Schulze V, Klaiber M, Bauer J, Zanger F, Boev N, Leberle U, Spohrer A, Rothaupt B (2016) The Influence of Tool Holder Technologies on Milling Performance. Procedia CIRP Volume 46:226–229

[FRAN09] Francis FW (2009) Automatische Auswuchtstrategie für einen magnetgelagerten elastischen Rotor mit Auswuchtaktoren. Dissertation, TU Darmstadt

[GOBR09] Gobrecht J (2009) Werkstofftechnik – Metalle. Oldenbourg Wissenschaftsverlag

[GUSA02] Gusarov AA (2002) Avtobalansiruyushie ustroystva pryamoqo deystviya (in Russisch). Verlag Nauka, Moskau

[HAAC09] Haack A (2009) Dämpfungsverhalten ultrafeiner, kohäsiver Pulver beim langsamen, reibungsbehafteten Fließen. Dissertation, Otto-von-Guericke-Universität Magdeburg

[HAIM11] Haimer (2001) Werkzeugaufnahmen – Tool Holders. Produktkatalog der Firma Haimer GmbH

[HENT01] Hentschel, B (2000) Optimierung von Verfahren und Werkzeug zum Fräsen des Werkstoffes „X". Forschungsbericht TU Bergakademie Freiberg

[HENT15] Hentschel B, Aliyev R, Huseynov R, Geipel Th (2015) Körper mit einseitig fester Einspannung bei verschiebe- und kippsteifer Lagerung für bis in den überkritischen Drehzahlbereich drehende Teile eines Systems und Verfahren zur Herstellung der Körper. Patent WO2015/113541A1

[HENT16] Hentschel B, Aliyev R, Huseynov R, Geipel T (2016) A New Method for Reliable Rotary Tool Shank Use at Speeds above the Critical Speed Range. Procedia CIRP 46:218–221.

[HOFM05] Hofmayer B, Kuhfuß B (2005) Verfahren zum Auswuchten eines rotationssymmetrischen Hohlkörpers. Offenlegungsschrift DE10342096A1

[HOHE05] Hoheisel M, Müller H, Müller N (2005) Verfahren zur Verminderung einer Unwucht und Verwendung einer elektro-rheologischen Flüssigkeit zur Verminderung einer Unwucht. Patentschrift DE10320974B4

[HOUM08] Houming Z, Chengyong, W.; Zhenyu, Z (2008) Dynamic characteristics of conjunction of lengthened shrink-fit holder and cutting tool in high-speed milling. Journal of materials processing technology Ausgabe 207: 154–162. Doi: https://doi.org/10.1016/j.jmatprotec.2007.12.083

[HUER01] Huerkamp W (2001) Einsatzgrenzen lang kragender rotierender Werkzeuge unter besonderen Aspekten der Prozess- und Arbeitssicherheit. Dissertation, TU Darmstadt

[HUSE15] Huseynov R (2015) Entwicklung von Werkzeugschäften für einen Betrieb im überkritischen Drehzahlbereich. Dissertation, TU Bergakademie Freiberg

[ILSC10] Ilschner R, Singer R (2010) Werkstoffwissenschaften und Fertigungstechnik: Eigenschaften, Vorgänge. Springer-Verlag Berlin Heidelberg, Doi: 10.1007/978-3-642-01734-6

[ISO01] EN ISO 15641-2001-09: Fräswerkzeuge für die Hochgeschwindigkeitsbearbeitung – Sicherheitstechnische Anforderungen

[JANO96] Janovsky D (1996) Einfluss der Technologie auf Maßgenauigkeit und Prozesssicherheit beim Hochgeschwindigkeitsfräsen im Werkzeug- und Formenbau. Dissertation TH Darmstadt

[KALV05] Kalveram M (2005) Analyse und Vorhersage der Prozessdynamik und Prozessstabilität beim Hochgeschwindigkeitsfräsen. Dissertation, TU Dortmund

[KAUF04] Kaufeld M (2004) Inprocess-Wuchten erhöht die Wirtschaftlichkeit beim HSC-Fräsen. X-technik 6:10–11

[KELL87] Kellenberger W (1987) Elastisches Wuchten. Springer Verlag, Berlin, Heidelberg, New York u. a., 1987. Doi: https://doi.org/10.1007/978-3-642-82930-7

[KIND04] Kindemann R (2004) Analyse von Werkzeugaufnahmen für das Fräsen filigraner Strukturen. Dissertation, Universität Hannover

[KOLL02] Kollmann T (2002) Schwingungsinduziertes Fließen feinstkörniger, kohäsiver Pulver. Dissertation, Otto-von-Guericke-Universität Magdeburg

[KOLT11] Koltze, K., Souchkov, V (2011) Systematische Innovation: TRIZ-Anwendung in der Produkt- und Prozessentwicklung. Carl Hanser, München

[KOZI05-01] Kozin V, Baranov E (2005) Device for automatic multiple balancing of rotors. RU 2257558C1

[KOZI05-02] Kozin V, Kozin S (2005) Arrangement for balancing of rotors. Patentschrift RU 2256892C1

[KOZI05-03] Kozin V, Kozin S (2005) Device for automatic balancing of rotors. Patentschrift RU 2265814C1

[LEBL16] Leblanc M (1916) Automatic balancer for rotating bodies. Patent US No. 1,209,730

[LEOP99] Leopold J (1999) Werkzeuge für die Hochgeschwindigkeitsbearbeitung. Carl Hanser Verlag, München, Wien

[LEVI86] Levit ME, Rizhenkov VM (1986) Auswuchten von Maschinenteilen und Baugruppen (in Russisch). Verlag Mashinostroenie, Moskau

[LUNG02] Lungfiel A (2002) Ermittlung von Belastungsgrößen mittels der Diskrete-Elemente-Methode für die Auslegung von Sturzmühlen. Dissertation, TU Bergakademie Freiberg

[MUEL90] Müller J (1990) Arbeitsmethoden der Technikwissenschaften: Systematik, Heuristik, Kreativität. Springer, Berlin, Heidelberg. Doi: 10.1007/978-3-642-93442-1

[NN09] Schlank in engen Stellen. Pressematerial von Firma Schunk GmbH & Co. KG, In: Zeitschrift Maschine + Werkzeug, 11–12 (2009), Verlag Henrich Publikationen GmbH

[NN11] Spanntechnologie für hochpräzise Elektrodenfertigung. Fachbeitrag von Firma Schunk GmbH & Co. KG. Zeitschrift Stahlformenbauer, 2:20–26, Fachverlag Möller

[NN12] Schlanke und präzise Werkzeugaufnahmen, Artikel der Firma Schunk Intec AG. SMM Schweizer Maschinenmarkt 6

[PAHL97] Pahl G, Beitz W (1997) Konstruktionslehre: Methoden und Anwendung. Berlin: Springer Verlag, 1997. Doi: https://doi.org/10.1007/978-3-662-08161-7

[PASC06] Paschkov E (2006) Dynamik von Rotorsystemen mit flüssigen automatischen Auswuchtvorrichtungen (in Rusisch). Dissertation, Nationale Polytechnische Universität Tomsk/Russland

[REUT14] Reuter M (2014) Methodik der Werkstoffauswahl: Der systematische Weg zum richtigen Material. Carl Hanser Verlag, München

[ROGO89] Rogov V, Terminasova L, Solodkov I (1989) Fräser. Patentschrift SU 1771893 A1

[ROYZ09] Royzman V, Bubulis A, Drach I (2009) System Analysis of Automatic Balancing (Self-Balancing) Machine Rotors with Liquid Working Bodies. In: Solid State Phenomena (Main Theme: Mechatronic Systems and Materials III), 147–149:374–379, Verlag: Trans Tech Publications, Switzerland

[SEIT12] Seitz N (2012) Method, apparatus and system for reducing vibration in a rotary system of a watercraft. Patent US 2012/0252591 A1

[SIGL14] Sigloch H (2014) Technische Fluidmechanik. Springer, Berlin, Heidelberg. Doi: https://doi.org/10.1007/978-3-642-54292-3

[SCHL04] Schlicksupp H (2004) Innovation, Kreativität und Ideenfindung. 6. Auflage. Vogel, Würzburg

[SIM02] Simon U (2002) Rotor-Stator-Kontakt in polygonförmigen Fanglagern. Dissertation, TU Braunschweig

[SKOL18] Skolaut W (2018) Maschinenbau. Ein Lehrbuch für das ganze Bachelor-Studium. Springer Vieweg. Doi:https://doi.org/10.1007/978-3-8274-2554-6

[SCHM95] Schmidt D (1995) Auswuchten eines rotierenden Hohlkörpers. Offenlegung-sschrift DE 4 417 194 A1

[SNEI13] SchneiderH(2013)Auswuchttechnik.SpringerVieweg.Doi:10.1007/978-3-642-24914-3

[SUL09] Schulze D (2009) Pulver und Schüttgüter. Springer-Verlag Berlin, Heidelberg. Doi: https://doi.org/10.1007/978-3-540-88449-1

[SCHU99] Schulz H, Huerkamp W, Würz T (1999) Sichere Werkzeuge für die HSC-Fräsbearbeitung. In: Arbeits- und Gesundheitsschutz bei der Hochgeschwindigkeitsbearbeitung, Band 3. Verlag Institut für Arbeitswissenschaften, Kassel

[VOLK39] Volkers W (1939) Verfahren und Einrichtung zum selbststätigen Auswuchten. Patentschrift DE-PS 719 582

[WACI15] Wacinski M (2015) Keramische Schaftfräswerkzeuge für die Hochgeschwindigkeitsbearbeitung von Nickelbasis-Legierungen. Dissertation, TU Berlin

[WECK04] Weck M, Hork M, Krell M, Lembke D (2004) Verbesserung der Zerspaneigenschaften von lang auskragenden Werkzeugen durch Optimierung des Dämpfungsverhaltens der Werkzeugaufnahme. In: VDI-Berichte 1825:411–430

[WEHR84] Wehrfritz H (1984) Verfahren und Vorrichtung zum Auswuchten rotierender Systeme während des Betriebes. Offenlegungsschrift DE 32 48 085 A1

[WEIS18] Weißbach W, Dahms M, Jaroschek Ch (2018) Werkstoffe und ihre Anwendungen. Springer Vieweg. Doi: https://doi.org/10.1007/978-3-658-19892-3

[WERN93] Werner A (1993) Prozessauslegung und Prozesssicherheit beim Einsatz von schlanken Schaftfräsern. Dissertation, RWTH Aachen

[WIEL13] Wieland G (2013) Fanglager mit veränderbaren Parametern. Dissertation, TU Darmstadt

[WUER99] Würz T (1999) Sicherheit schnelldrehender Fräswerkzeuge. Dissertation, TU Darmstadt

[ZOBE09] Zobel D (2009) Systematisches Erfinden: Methoden und Beispiele für den Praktiker. Expert Verlag, Tübingen

Erratum zu: Erfinderische Wege zum Lösen technischer Probleme bei der Werkzeugentwicklung

Erratum zu: R. Aliyev, B. Hentschel, HSC-Fräsen von stäubenden Werkstoffen, https://doi.org/10.1007/978-3-662-63693-0_8

In der rechten Spalte der Abbildung 8.14 müssen die Parameter des idealisierten Fräswerkzeuges nicht mit „>>“, sondern mit „→“ dargestellt sein:

Gedruckt:	Korrigiert:
L/D >> ∞	L/D → ∞
Rundlauf-genauigkeit >> 0	Rundlauf-genauigkeit → 0
Steifigkeit >> ∞	Steifigkeit → ∞
Eigenfrequenz >> ∞	Eigenfrequenz → ∞

Die Abbildung 8.14 im Kapitel 8 wurde korrigiert.

Das aktualisierte Kapitel finden Sie unter
https://doi.org/10.1007/978-3-662-63692-3_8

R. Aliyev, B. Hentschel, *HSC-Fräsen von stäubenden Werkstoffen*,
https://doi.org/10.1007/978-3-662-63693-0_9

MIX
Papier aus verantwortungsvollen Quellen
Paper from responsible sources
FSC® C105338

If you have any concerns about our products,
you can contact us on
ProductSafety@springernature.com

In case Publisher is established outside the EU,
the EU authorized representative is:
Springer Nature Customer Service Center GmbH
Europaplatz 3, 69115 Heidelberg, Germany

Printed by Libri Plureos GmbH
in Hamburg, Germany